联合资助
甘肃省教育厅创新基金项目（2022A-244、“问题地图”制图系统误差研究）
甘肃工业职业技术学院项目（2023gsykcsz-sx3、2024gsykcsz-sfzy2）
甘肃省企业研发机构能力建设专项（23CXJE0002 ）
甘肃省科技型中小企业技术创新基金项目（23CXGE0060 ）
2023 年甘肃省高校产业支撑计划项目（2023CYZC-77）

新疆博罗科努山地质遥感解译研究

XINJIANG BOLUOKENU SHAN
DIZHI YAOGAN JIEYI YANJIU

王俊锋　张向阳　李　玲　申　静　著

中国地质大学出版社
ZHONGGUO DIZHI DAXUE CHUBANSHE

图书在版编目(CIP)数据

新疆博罗科努山地质遥感解译研究/王俊锋等著. —武汉:中国地质大学出版社,2024. 9.
—ISBN 978-7-5625-5896-5

Ⅰ. P627

中国国家版本馆 CIP 数据核字第 202496G9Q0 号

新疆博罗科努山地质遥感解译研究 王俊锋 张向阳 李 玲 申 静 著

责任编辑:郑济飞 韦有福 责任校对:徐蕾蕾

出版发行:中国地质大学出版社(武汉市洪山区鲁磨路 388 号) 邮编:430074

电 话:(027)67883511 传 真:(027)67883580 E-mail:cbb@cug. edu. cn

经 销:全国新华书店 http://cugp. cug. edu. cn

开本:787mm×1092mm 1/16 字数:352 千字 印张:13.75

版次:2024 年 9 月第 1 版 印次:2024 年 9 月第 1 次印刷

印刷:武汉邮科印务有限公司

ISBN 978-7-5625-5896-5 定价:138.00 元

前 言

实景三维技术和高分辨率遥感技术不断发展，为区域地质调查、矿产勘查、灾害地质调查等带来新的技术方法和工作思路。作者团队以新疆博罗科努山为研究对象进行高分辨率和实景三维等专项解译研究，通过改善遥感工作、地质工作等流程和技术方法，使遥感与地质工作有机结合，提高工作效率和工作精度。研究中采用多种技术方法进行探索，力求在现有条件下，使遥感技术更好地服务于博罗科努山地质调查工作。

第一章主要介绍研究区地理、地质概况，分析目前常见遥感地质工作采用的技术路线与工作方法。第二章主要介绍研究区常见的图像处理方法，包括立体影像获取、影像校正、图像预处理、图像增强、实景三维地质剖面方法以及遥感图编制方法等内容。第三章结合区域地质和矿产地质条件，进行遥感综合解译，主要包括典型沉积岩遥感解译、研究区地层解译、典型变质岩遥感解译、典型岩浆岩遥感解译、蛇绿混杂岩遥感解译和典型构造遥感解译。第四章结合博罗科努山地质灾害的发育特征，进行地震地质灾害专题解译、地质灾害空间分布特征分析、独库公路常见灾害解译和遥感地热提取，采用高分辨率遥感影像、实景三维影像、立体影像等对研究区不同类型地震灾害进行综合解译。第五章主要介绍实景三维典型地质灾害调查。本书通过对地震地质灾害解译，深入分析研究区地震活动特点和影响范围，并对地质灾害空间分布特征进行分析，有助于了解地质灾害的分布规律和主要影响因素，为灾害预防和管理提供科学依据。

本书编写分工如下：甘肃工业职业技术学院王俊锋负责编写第一章、第三章、第五章，并负责全书统稿，共计完成文字工作量约 13 万字；甘肃正昊测绘工程有限公司张向阳负责编写第二章，共计完成文字工作量约 14 万字；西安中景地理信息科技有限公司、宁夏空间信息科技有限公司李玲负责编写第四章，共计完成文字工作量约 8 万字；甘肃工业职业技术学院申静负责本书涉及的实景三维建模、修模、数据采集等工作，共计完成文字工作量约1 万字。

感谢成书过程中为本书提供帮助的张军教授、韩立钦教授、焦永清博士、杨军义高级工程师、陈维林工程师等。限于作者水平有限，本书错误和遗漏之处在所难免，敬请批评指正。

著者

2024 年 7 月

目　录

第一章 绪 论

第一节 研究区概况

中国境内的天山横亘于新疆中部，呈东西走向，并将新疆划分为北疆和南疆，东西绵延1700km，南北宽250～350km，面积约$5.7\times10^5 km^2$，约占全疆总面积的1/3，天山山势雄伟，山地的平均海拔约为4000m，其中托木尔峰为天山山脉最高峰（秦启勇，2023），受塔里木盆地、准噶尔盆地夹持，形成由冰川、积雪、森林、草地、湖泊、湿地、荒漠等共同构成的“两屏三带”生态地理格局。天山山地部分由众多山系形成4列平行的山脉，可划分为北天山、中天山、南天山和东天山。北天山主要由阿拉套山、科古琴山及博罗科努山等构成；中天山主干部分由乌孙山、阿拉喀尔山和那拉提山等构成；南天山由科克沙勒山、哈尔克他乌山、科拉铁克山等构成；东天山由博格达山、巴里坤山和喀尔力克山等构成（张雪莹，2023）。

研究区位于新疆北天山博罗科努山与阿吾拉勒山一带（图1-1），北天山山脉地形地貌非常复杂，主要由高山、低山、丘陵、平原、盆地等构成。其中，高山占据了主导地位，山峰众多，峰峦叠嶂，峰高谷深，多数海拔在3000m以上（图1-1）。博罗科努山因地处高海拔地区，气候非常特殊，主要分为寒温带干燥气候和高山亚寒带气候两种。由于北天山山脉南北跨度很大，气候也存在明显区别。北天山南部气候温和，年平均气温在8℃左右，降水量多，以夏季降水为主。而北天山北部气候则比较严寒，年平均气温在－10℃左右，降水量少，以冬季降雪为主。在北天山山脉高山区，冬季气温极低，夏季气温则相对较高，温差很大。

图1-1 研究区区位地貌略图

第二节　技术路线与工作方法

一、技术路线

随着测绘科学技术与地质调查工作不断融合，遥感技术在地质工作中的应用越来越广泛，特别是在区域地质调查、矿产勘查、地质环境监测等领域。应用多种技术手段获取研究区多源、高分辨率、多光谱遥感资料服务于遥感调查工作，成为资源环境调查的基本手段之一。

1.数据获取

传统地质遥感工作以航空、卫星遥感数据获取手段为主，近年来以无人机和近景摄影为代表的超低空、贴近摄影、近景摄影获取方式逐渐成为地质遥感工作的常规手段。特别是近年来实景三维技术的不断发展，为地质调查和矿产勘查手段带来新的技术变革。

通过多镜头倾斜数字相机、倾斜摄影测量软件、三维地理信息系统等设备和技术手段，获得高精度实景三维影像，应用于地质剖面测量、地质构造分析、断层解译、岩体解译、矿产调查、地质灾害分析等领域。由于新技术和新方法不断地应用于地质技术领域，以无人机和实景三维技术为代表的调查手段在工作效率和工作精度方面形成显著的技术优势，这种优势对传统地质调查方式、遥感解译方式产生了深远影响。

卫星遥感以其海量数据、高时空分辨率、全球覆盖、实时变化监测、灾害自动预警等良好的数据共享性、兼容性、廉价性等特征，在地质领域广泛应用。随着遥感数据空间分辨率、光谱分辨率、时间分辨率的不断提升，传统卫星遥感方法在地质调查、矿产勘查、地质灾害调查等领域的应用方法和技术流程需要进行新的技术探索，基于传统遥感影像、无人机、近景摄影方法融合研究进行的部分实验，如多源卫星影像和近景摄影数据融合的实景三维技术在不同尺度地质剖面测量中有一定的应用。

由于无人机技术的不断发展，在重点工作区进行大比例高精度航空影像的获取成为近年来遥感地质工作的技术创新点。航空影像的优点在于数据分辨率高，重叠性好，满足贴近摄影条件，满足中小工区灵活遥感获取和解译需求，满足低成本工作需求等。笔者以无人机实景三维技术为入口，结合独库公路沿线地质灾害进行构造解译、地层解译、矿产解译、地质灾害监测和预警领域研究。

近景摄影测量方式可以获取超高分辨率实景三维，能够满足1：50、1：100、1：200、1：250等不同比例尺精度的地质剖面。因此，随着近景摄影测量技术不断发展，便携式单反相机、长焦相机、普通家用相机、智能手机因其良好的便携性、低成本性、高精度性等特征，使其在地质调查、矿产勘查、灾害监测、地质灾害风险评估等技术领域不断得到创新应用。例如，研究区地质队员利用普通单反相机或智能手机，通过贴近或近景摄影方式获得岩石详细的变形和裂隙特征，进行高精度实景三维建模并获取分析统计信息，用于灾害监测。

2. 遥感数据处理与分析

数据预处理是指在遥感数据获取后，对数据进行基本的预处理操作，包括数据校正、范围裁剪、辐射校正等。主要目的是消除数据中的噪声和误差，减少畸变和大气影响，提高数据质量。遥感数据预处理后，依据研究区的范围及工作目的进行信息提取与分析、遥感综合解译等；依据多光谱或高光谱遥感影像进行地物分类解译，或依据典型矿物的蚀变特征进行特征矿物的提取，并对地质调查、矿产勘查提出建议；依据遥感信息提取和分析结果对遥感数据进行综合解译，通过遥感图像中的特征进行综合分析，解译获取地物空间分布、形态、纹理等信息，对地质信息进行分析和应用。

3. 解译成果综合应用

解译成果综合应用是本次地质解译工作的重要部分，调查成果主要服务于区域地质调查、矿产资源勘查、灾害地质调查、公路灾害防治、地热资源开发和利用、旅游资源开发和利用等领域。

(1)通过获取大范围、高分辨率、多光谱或高光谱遥感数据进行蚀变矿物提取，用于矿产资源的勘查与评价。通过遥感解译和分析，识别地质构造、矿化蚀变带、矿化矿床等特征，为矿产资源的勘查提供重要的信息。例如在研究区开展某种金属矿产的成矿预测工作。

(2)通过遥感方法对典型的地质灾害如崩塌、滑坡、泥石流等进行综合解译，对研究区1812年地震地质灾害的地表特征进行综合分析，对研究区独库公路沿线地质灾害和气象灾害开展实景三维工作等。通过遥感分析，快速确定灾害范围、灾害类型和灾害程度，为灾害防治提供科学依据。

(3)通过遥感方法对地表覆盖类型或地表基质进行基础研究，包括地表覆盖类型、土地利用状况、土壤类型等信息。通过遥感分析，对部分尾矿坝区、环境脆弱地区、土地退化区、土壤污染区等进行长时间序列分析，为地质环境保护和治理提供参考。

通过遥感方法获取地表地貌、地质构造、沉积特征等信息，用于地质调查和地质图绘制。通过遥感解译，提取地表地貌特征、地质构造特征、岩性特征，为基础地质图件生产提供技术保障。通过提取和分析地表水文特征，为水文地质调查提供必要参考。

二、工作方法

广泛收集并研究前人成果，通过野外验证、蚀变信息提取及综合地质解译，重点开展无人机、近景摄影测量、实景三维、多光谱、高光谱遥感方法探索，为综合地质研究提供可靠依据。

1. 资料收集

遥感资料主要包括卫星遥感资料、航空摄影资料、地面遥感资料等。卫星遥感技术方法较成熟，可提供高分辨率、多光谱、多尺度等多种数据。目前，野外调查工作广泛使用的卫星有陆地卫星、海洋卫星、气象卫星等。其中，陆地卫星主要用于土地利用、植被覆盖、地表温度等研究；海洋卫星主要用于海洋水文、海洋生物等研究；气象卫星主要用于天气预报和气候变化研究。相对于卫星遥感，航空摄影资料具有更高分辨率和时间分辨率，对于地形测绘、特殊地区地质调查、矿产勘查等具有重要意义。航空遥感数据主要包括航空摄影、航空激光雷达、多光谱摄影测量等，目前无人机技术及实景三维技术逐渐应用于地质工作。地面遥感是指在地面通过脚架、摇臂、车载设备等手段获取地球表面信息。地面遥感数据分辨率相对较高，可以提供逼近目视效果的遥感影像。近年来，地面多光谱遥感在矿物识别、近景摄影测量、实景三维建模方面的应用较为广泛。

区域地质资料主要包括地质调查、矿产勘查、遥感地质调查、灾害地质调查等基础性资料，是工作布设的依据和重要前提。通过区域地质资料可以全面了解研究区的地质、矿产、构造、地貌、水文、地质灾害、地震、岩石化学、同位素等情况。地质资料的收集应综合考虑其形成背景、研究目的、比例尺、学派观点等，应按从新到老、比例尺从大到小等特征进行分类。

遥感地质解译基础资料涉及地质、矿产、构造、地貌、水文、灾害、岩石地球化学、同位素、地震等方面。地质资料包括地质图、地质剖面图、地质报告、探槽图、矿产图等，其中地质图是较为基础的图件，但它能够全面提供前人在地质、构造、矿产、地貌、水文等方面所作的基础研究成果；矿产资料包括区域矿产图、矿点分布图、矿产报告、化探图等，它是进行遥感找矿的基础；构造图反映地质构造分布情况和特点，是构造分析、地震地质的基础，主要包括地震地质图、构造略图、构造分区图等；地貌资料包括地形图、地貌图、地貌发育史图等，是进行地貌研究和环境评价的重要资料；水文资料包括水文地质图、水文地质剖面图等，它反映水资源的分布情况和特征，是进行水资源评价和管理的重要资料；地质灾害资料包括滑坡地质图、地震烈度图、地质灾害分布图等，它可以反映地质灾害的类型、分布和危险程度，是进行地质灾害防治和管理的重要资料；岩石地球化学资料包括岩石化学分析数据等，可以反映岩石成分性质等，是进行岩石成因和地质演化研究的重要资料；同位素资料包括同位素分析数据、同位素年代学图等。

1∶20万、1∶25万地质调查成果是区域地质研究的基础资料重要成果，也是我国早期基础性、研究性、综合性地质成果的主要呈现形式。它主要包括地质图、地质剖面图、矿产图、物探图、地球化学图等。收集1∶20万地质成果时，应注意比较各地质图的研究程度和新旧关系，以便了解区域地质特定问题的研究进展及最新成果。随着我国1∶5万地质调查工作的不断进展，1∶5万地质资料在地质调查、矿产开发、基础建设、生态环保、灾害防治等方面起到了重要支撑作用，1∶5万地质调查成果对区域遥感地质工作具有较好的指导作用。

笔者充分收集博罗科努山一带现有的遥感影像、历史航片、重力数据、航磁数据、化探数据、地质灾害调查成果、历史地震等资料，工作按照由浅至深、由粗至细进行，充分利用新技术和新方法，对遥感地质解译工作具有积极作用。

2. 遥感地质解译

遥感地质解译是从遥感影像中获取地质专题信息，其中最重要的工作是建立解译标志。遥感地质解译工作主要流程：首先收集前人图件、报告等资料，根据制图要求选取适当的遥感数据，在此基础上，掌握研究区基本地质基础现象，包括地质体出露特征及地质现象的分布等，了解其景观特征。其次以1∶5万标准图幅为尺度，研究遥感地质解译标志特征，建立解译标志库，进行野外踏勘验证解译标志精度；根据解译标志对研究区进行详细的解译，可通过再次野外踏勘不断完善解译标志细节。最后编制图件，进行研究区专题遥感解译研究。从已知到未知，从整体到局部再到整体完成解译工作。遥感地质解译工作为区域地质调查提供了十分重要的遥感地质信息(李长伟，2017)。遥感地质解译工作流程如图 1-2 所示。

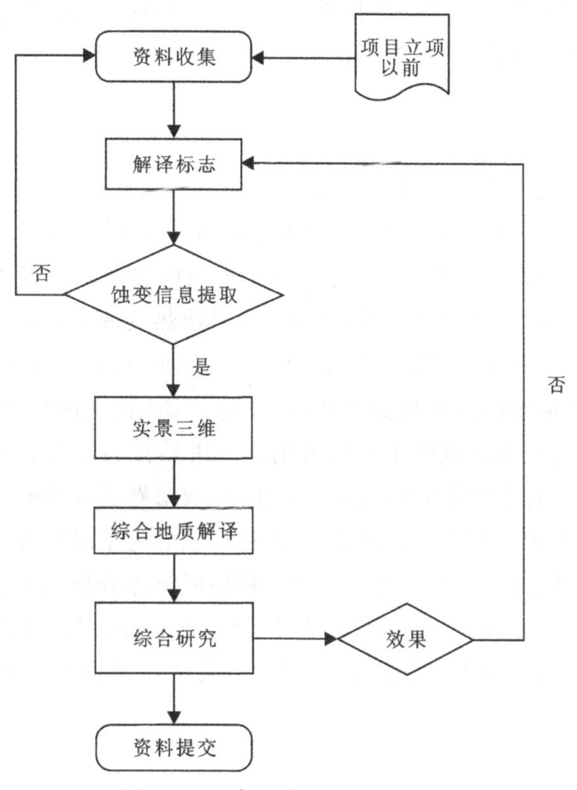

图 1-2 遥感地质解译工作流程图

3. 蚀变信息提取

围岩蚀变在很多情况下会有伴生矿床，国内外专家经常利用围岩蚀变作为找矿标志进行实际找矿，例如加拿大、美国和俄罗斯的大部分斑岩铜矿，我国安徽铜陵铜官山铜矿及美国犹他州的铝矿等，这些充分证明了围岩蚀变作为找矿标志的可行性与可取性。蚀变作用是岩石或矿物因为热液形成了新的物理化学环境，使原岩结构构造及成分改变形成新矿物的作用。围岩蚀变只是热液成矿作用的一个部分，但是围岩蚀变却包含了成矿物质与元素迁移和富集的过程，蚀变矿物的形成也与矿石矿物成因有着密不可分的关系。

岩石蚀变信息的种类及分布情况可作为成矿作用的证据，结合当地矿产实际情况进行找矿作业，可有效减少地面踏勘范围。据以往调查研究成果，围岩蚀变生成的产物中含有大量的基团离子，这些基团离子在可见光-近红外区具有独特的波段图像特点，凭借图像增强处理技术可成功提取这些离子的光谱信息。蚀变岩在原始影像上的影纹、亮度差异难以被肉眼发觉，研究人员可采用不同的图像增强技术以改善影像的色彩显示情况，有利于反映不同地物的差异信息，对提高蚀变信息提取结果的精准性有着极大的帮助（张保平等，2007；陈光剑，2022）。

钠长石化、矽卡岩化、钾长石化、绢云母化、云英化、泥化、青磐岩化、硅化等是矿化围岩常见的蚀变类型，依据不同类型的蚀变特征，遥感影像在特定波段内有不同的反映，通过蚀变信息的提取获得找矿有利地段。特别是在我国西部高寒高原地区，通过遥感技术进行蚀变信息提取并获得找矿突破是一种快速、高效的找矿方法。

4. 综合地质解译

综合地质解译是借助多源遥感数据，再结合地质、物探、化探、地质灾害、矿产等不同专业和技术手段，根据工作主要目的，对研究区主要地层、矿产、断层等进行详细调查。刘志龙等（2020）在尉氏县地热资源开发起步阶段，为适应大规模地热资源开发需求，急需探明该区地热资源赋存情况，进行地球物理综合解译，调查结果对地热资源远景区预测有一定作用；相关学者以 2009 年和 2016 年两期数字高程模型（digital elevation model，DEM）数据和西藏阿里地区措勤县和改则县的遥感影像为数据基础，对单期 DEM 数据进行坡度分析，对多期 DEM 数据进行差分分析，从而识别西藏阿里地区改则县和措勤县的地形表面变化，再叠加影像信息识别地质灾害类型，并对灾害提取结果进行表达，完成措勤县和改则县地质灾害分布图，利用多源、多类型数据对灾害研究有一定裨益；田社权（2023）为了减轻外业勘察工作量，提高工作效率，充分发挥遥感技术优势，采用遥感综合工程地质解译分析法对沿线基础地质、水文地质、不良地质等要素展开详细的分析研究。结果表明，遥感综合解译的研究成果可有力地支撑外业工程地质调查以及线路方案设计工作，并充分发挥遥感技术在铁路工程地质勘察中的支撑作用。

5. 地质实景三维

地质实景三维是综合利用遥感测绘、大数据、云计算、智能感知等新技术，真实表达地形地貌、地表覆盖、建（构）筑物等物理世界的数字重建，具有直观、精度高、可测量、信息丰富、沉浸感强等特点。实景三维模型作为数字化改革和数字城市推进实施的一项重要新型空间信息基础设施，具有广阔的发展前景。随着无人机、近景摄影测量、实景三维等技术的不断发展，地质技术领域实景三维应用呈明显的增长趋势。例如，王俊锋等（2023）以数字相机、智能手机、无人机、多源遥感影像等可广泛获取的资源为基础，对典型地质剖面进行实景三维模型获取和三维剖面测量研究分析，并引入投影方法和制图综合技术进行剖面测量和制图工作，取得了较好的成果。与传统剖面相比，地质剖面测量技术、测量成果具有详细准确的数据基础，工作成果具有明显的高精度、高效率等特征。因此笔者采用的实景三维地质剖面测量技术具有较好的应用前景，以“8·8”九寨沟地震灾区地质灾害调查数据为基础，以地质灾害隐患早期识别“三查”技术成果和地质灾害隐患防治效果动态监测等为依据，研究地质灾害隐患实景三维场景中多源数据处理与发布、场景按需组装、快速分发部署等关键技术，结合地质灾害隐患研判分析和防治设计等实际需求，研发了地质灾害隐患一张图三维管理平台，为灾后地质灾害隐患管理、风险分析、动态管控及相关灾后重建工作提供了及时、可靠、高效的测绘地理信息保障服务，同时也为存在地质灾害风险的区域和有地质灾害防治需求的区域提供了一套地质灾害隐患防治和应急管理解决方案。

地质实景三维建模基本步骤包括数据采集、数据处理、三维建模、纹理贴图、模型测量、定量分析等。利用近景摄影、倾斜无人机等设备对地质体、地质地貌、构造等进行采集，建模软件进行建模并获得三维坐标，实景模型进行地质要素测量。因地质实景三维建模具有高效率和高精度特征，实景三维技术已经改变了地质调查传统的工作方式。

6. 综合研究及成果图编制

综合研究是指对特定区域或某一领域地质现象进行全面系统的研究，包括区域地质构造、地质演化史、矿产资源开发、地质灾害监测和预警等方面。它的目的是为更好地认识和综合分析该区域地质特征，为相关领域的开发、利用和保护提供科学依据。地质综合研究中的成果图编制是非常重要的环节，它通过图形的形式直观地展示该区域的地质概况。成果图编制通常包括基础地质图、矿产图、地质剖面图等。通过成果图的编制，地质综合研究可以更加直观、准确地展示研究区域的地质信息，为地质勘探、资源评价和环境保护等提供科学依据。

第二章 遥感资料图像及处理方法

第一节 立体影像的获取

传统地质解译以二维为主,二维影像因高程变化使信息无法很好地被感知,所以二维影像给地质地貌解译带来一定困难,高效率的遥感地质三维化一直是技术应用研究前沿的技术问题。王俊锋等(2014)利用可公开获取的资料,在谷歌地球中利用三维遥感影像对走向、倾向、倾角的解译进行了有益尝试,并结合谷歌地球中的高分辨率遥感影像资料对一些地质现象进行立体观察,阐述了解译方法和步骤,结果表明可公开获取的资料在地质解译中具有一定的价值。刘桂卫等(2019)针对某山区铁路工程地质勘察需求,采用多光谱遥感、热红外遥感、雷达遥感、高分辨率遥感和三维遥感相结合的综合判释方法,开展沿线断层、高地温、滑坡、崩塌、泥石流、不稳定斜坡、岩屑坡、冰川融蚀等地质问题的解译工作。李盼盼等(2020)提出了一种借助遥感影像精细空间特征快速识别地表断层构造,运用三维地表模型、三维地质模型辅助断层三维空间精确定位方法,以山西沁水盆地柿庄南部地区为试验区,通过综合运用差值与比值运算、混合彩色比值合成等图像增强算法突出断层构造的形状、大小、纹理等精细空间特征,结合解译标志快速提取地表断层,依据地质勘查成果、三维地表模型对识别结果进行验证对比、优化综合及空间变换,并结合地下断层构造分布,实现地表、地下一体的三维断层对比连接及地学模型集成。李艳等(2023)在水电站库区地质灾害研究中,采用机载激光雷达快速获取高精度的地理信息数据,为地质灾害信息可视化解译提供重要技术手段,为库区地质灾害的管理与防治提供科学决策依据。

采用立体影像多方位、多角度、多层次对复杂问题进行讨论和研究,已经成为遥感解译工作的必要手段和基础方法,因此遥感三维可视化、动态分析等技术手段的优势已引起地质工作者和测绘工作者的高度重视。目前基于卫星遥感立体影像、无人机及近景摄影立体影像、激光雷达立体影像、GIS立体影像、公共资源立体影像技术已经逐渐应用到遥感地质解译工作中。随着测绘技术和地质调查技术不断融合,三维地质解译的数据获取手段和解译方法将不断更新。

一、卫星遥感立体影像

卫星遥感立体影像覆盖面积大,使用较少的控制点可满足测图精度要求,在一定程度上可减少外业控制测量的工作量。卫星立体影像对核线影像节省了恢复模型所需要的时间,在一定程度上提高了生产效率。由于卫星遥感影像获取周期短，采用卫星影像进行立体测图在前期的数据订购、数据处理及外业控制等方面可节省一定的时间，现势性比较好，从而缩短生产周期，带来一定的经济效益（白峰等，2013）。

随着10m、5m、2m、1m、0.61m甚至0.41m高分辨率卫星影像的相继诞生，卫星遥感技术为全球航天事业的发展带来了一场崭新的技术革命，它具有时效性好、实用性强、数据获取容易、生产周期短、成本低、效率高等鲜明特点，可以实时弥补航空摄影技术的不足，给地理信息的快速提取带来了契机，已经在地球科学、资源环境、大型基础建设工程等领域得到广泛应用。由于高分辨率遥感数据是复合多样的，更是复杂多变的，给传统的遥感数据处理技术带来挑战，因此，必须结合高分辨率遥感数据的特点寻找新的数据处理技术，以满足不同领域、不同层次的应用需求（毛文军等，2013）。

长期以来卫星立体测图主要服务于地形测量工作，随着国产立体测图卫星的广泛应用和卫星资料的普及，在地质调查工作中进行基于卫星遥感立体影像地质建模具有一定的实际意义和较高的应用价值。利用高分辨率立体卫星资料进行大比例尺地质剖面测量、地质矿产调查具有一定的应用前景。通过研究区多传感器类型、高分辨率、大面积的建模分析，卫星立体地质测图的主要建模过程和解译过程包括资料收集、建模软件及方法选择、立体地貌生成、DEM及DOM获取、精度检查、地质要素测量、地质解译等。卫星遥感立体影像建模及解译主要工作流程如图2-1所示。

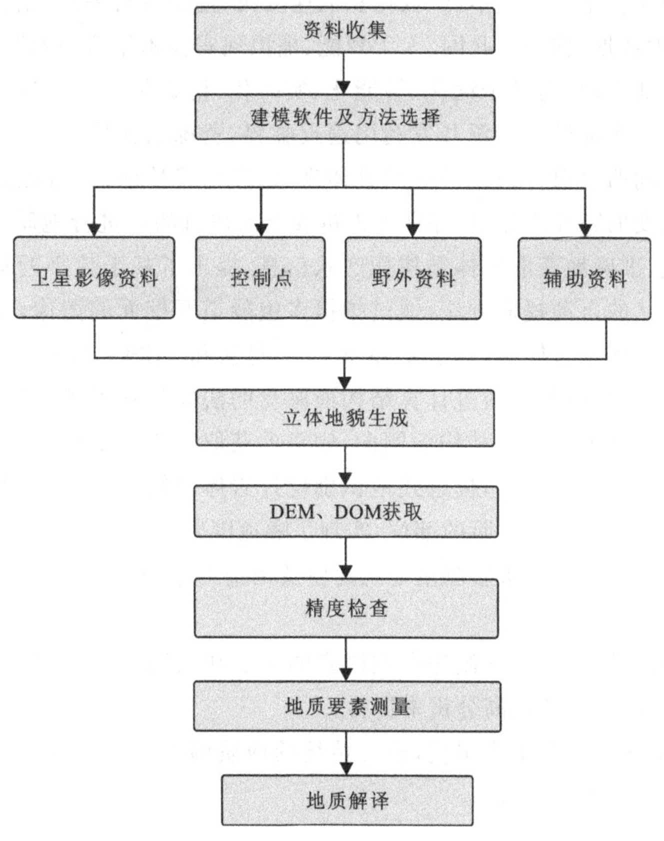

图2-1　卫星遥感立体影像建模及解译过程

二、无人机及近景摄影立体影像

随着无人机技术的不断发展及其成本的不断降低，在地质调查和地质测量工作中引入无人机技术使调查精度和调查效率不断提高。由于无人机技术具有高机动性、易操作性、可视化、智能化特征，在地质调查和矿产勘查不同技术节点或整个技术流程中起到明显的作用。卢立吉等(2016)以边坡为研究对象，针对基于罗盘、免棱镜全站仪、激光测距仪、三维激光扫描仪和数字摄影测量工作站的5种产状测量方法，采用误差理论进行产状测量精度评定。研究表明，罗盘产状测量的倾向、倾角中误差分别为±4°和±3°，其精度评定既可以提高对罗盘产状测量精度的认识，也可为其他4种非接触类产状测量方法的精度评定提供验算数据。周林辉(2022)针对地质调查的特点及需求，充分运用当前已日益成熟的无人机倾斜摄影和三维建模技术，提出一种基于无人机三维建模的地质调查手段，对研究区域的地质点、线、面、体等信息进行采集及分析，并开展综合地质研究，力求在地质调查工作量越来越大的当前，构建一种高效率、低成本、易普及的调查方式，提高地质调查的速度和精度。郑明等(2022)在青藏高原空气稀薄、气候恶劣、环境脆弱、地质构造极为复杂的地区，首次将无人机引入海拔5000m的藏北高原开展地质调查工作，探索研发无人机地质填图技术，通过5种不同类型无人机填图飞行试验，固定翼和旋翼无人机经螺旋桨、机身机翼以及倾斜摄影平台升级后可用于高海拔、难进入地区的大—中等比例尺(1∶5万至1∶1000)区域地质调查等地学领域野外作业，认为无人机地质填图技术具有成本低、数据获取速度快、空间分辨率高、搭载设备类型多样等优势，在未来可与大数据、移动互联网、人工智能、虚拟现实技术结合，创建一种安全、多维度、高精度虚拟地质作业平台，满足个性化、智能化、实时化、精确化的地质矿产工作需求。冯端国等(2023)针对我国东部矿产资源开发利用逼近临界、资源消耗持续增加，众多矿产资源勘探和开采工作逐步向西部艰苦地区转移的具体现状，提出将传感器、智能算法、无人化、智能化概念引入复杂多变的野外工作中，保证无人机安全前往目的地进行地质数据采集。赵桐远等(2023)为了快速、准确地获取岩体结构面产状信息，提出了基于数字近景摄影测量技术的隧道岩体结构面产状的自动提取方法，通过拍摄多组隧道开挖面的图像，生成开挖隧道岩体表面的三维实体模型和点云模型，基于k-means++算法和DBSCAN算法实现了点云法向量的自动分组与结构面圆盘拟合，通过计算结构面圆盘的法向量获得了结构面的产状，将该方法应用于朱家山公路隧道开挖面结构面倾向、倾角的获取。研究结果表明：该方法可快速生成开挖隧道三维点云模型，能够非接触式地识别统计岩体的结构面信息，尤其适用于岩体破碎而技术人员接触测量有安全危险的部位，实现了隧道围岩结构面信息的自动提取。

通过前人对无人机及近景摄影测量地质建模及调查工作的研究可知，该技术在地质调查中具有显著的优势。

(1)它能够克服地形、地貌、气候等不利因素的影响和限制，对无法到达或者到达比较困难的地区进行无接触工作，获取高分辨率资料。

(2)显著提高工作效率和工作精度，改变传统的地质调查方式。例如，遥感解译方法、结构面产状的测量方式和解译方式。

(3)资料的共享方式变革。由传统的纸质方式转变为实景三维方式,有利于资料的重复利用以及地质问题的数字化再现。

(4)减少作业风险,降低工作成本。

图 2-2 为某地无人机协同近景摄影测量方法获取实景三维地质剖面,通过实景三维地质剖面解译可以获得详细的地层解译结果和高精度的测量成果,剖面测量效率高、精度高,资料可复用度较传统剖面测量方法具有明显优势。

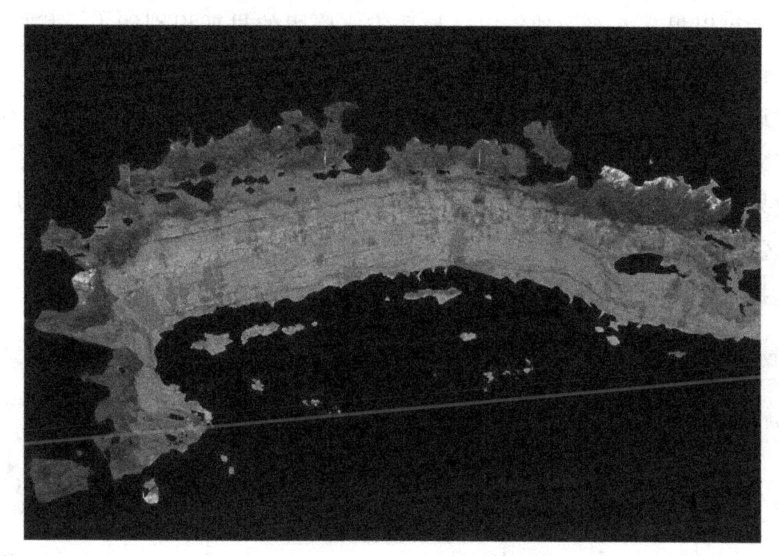

图 2-2　无人机技术地质剖面建模

三、激光雷达立体影像

激光雷达集激光、全球定位系统、惯性导航技术于一体,常用于获取高精度 DEM、地面形变信息等测绘工作。近年来,随着激光雷达与无人机技术的不断融合,车载、机载、手持激光雷达等不断应用于基础测绘工作中。以激光信号作为介质,通过地物如道路、桥梁、隧道、树木后向散射回波获取地物具体位置及运动状态,经过后处理技术获取高精度三维立体影像。随着激光雷达应用领域的不断拓宽,有关学者对地质技术领域激光雷达的应用研究不断深入。佘金星等(2018)采用机载激光雷达测量技术,快速获取九寨沟地震核心景区的激光点云数据,通过构建高精度数字高程模型(DEM)、数字正射影像图(DOM),建立三维地质灾害解译场景,利用数字地形分析、地形形态学分析和计算机图像识别等技术,综合开展九寨沟高位远程区域内隐蔽性强、随机性大的地质灾害隐患早期识别与分析。彭艺伟等(2021)针对江苏省山区植被覆盖茂盛、地质灾害隐蔽性强的特点,以宜兴市竹海风景区公路旁一处道路边坡为研究对象,基于无人机机载 LiDAR 低空测取的高密度激光点云数据,使用 Terrasolid 的 Terrascan 模块进行滤波处理,得到剥离植被后的地面点云,进而利用 ArcGIS10.6 生成 DEM、等高线图和一系列数字地形分析图件,并据此分析和解译出该边坡区一处隐蔽滑坡的各种地表参数信息。该研究不仅总结出一套针对植被覆盖区小型地质灾害进行机载激光雷达快速识别的技术流程,同时也为植被茂密区相对隐蔽地质灾害隐患的调查及防灾减灾提供了思路。刘刚等(2022)通过分析 CZMIL Nova Ⅱ机载激光雷达测深系统获取的南海某岛高分辨率海底地形数据,发现除地貌类型的识别以外,该数据还可用于海底断裂构造的高精度解译、激光雷达测深渲染图像的解译,发现工作区海底地貌由沙嘴、海岬、海湾、古波切台、岸坡、断陷洼地、峡谷、平原和断块残丘组成,海底主要发育 NW、NNW、NNE 和 NEE 向 4 组断裂,环绕海岛的岸线和水下地貌受多组断裂的控制,海底断裂系统在地表的延伸部分得到了 CZMIL Nova Ⅱ系统数字相机同步拍摄的陆地高分辨率图像的验证。应用实践表明,机载激光雷达测量技术可以提高九寨沟地震灾区地质灾害隐患的早期识别能力,对进一步提高综合防灾减灾能力提供了一些可借鉴的思路。

传统光学遥感方式如无人机倾斜方式、卫星遥感方式、地面近景摄影方式在传统的地质调查中发挥较大作用,特别是在地质灾害调查中,由于地表植被等因素影响,上述光学设备在林区工作时效果较差。主动激光脉冲的雷达方式可部分穿透植被并可对点云去噪、剔除植被等,在部分地区应用时其精度较高。

激光雷达技术应用于地质调查工作中的主要流程如图 2-3 所示。

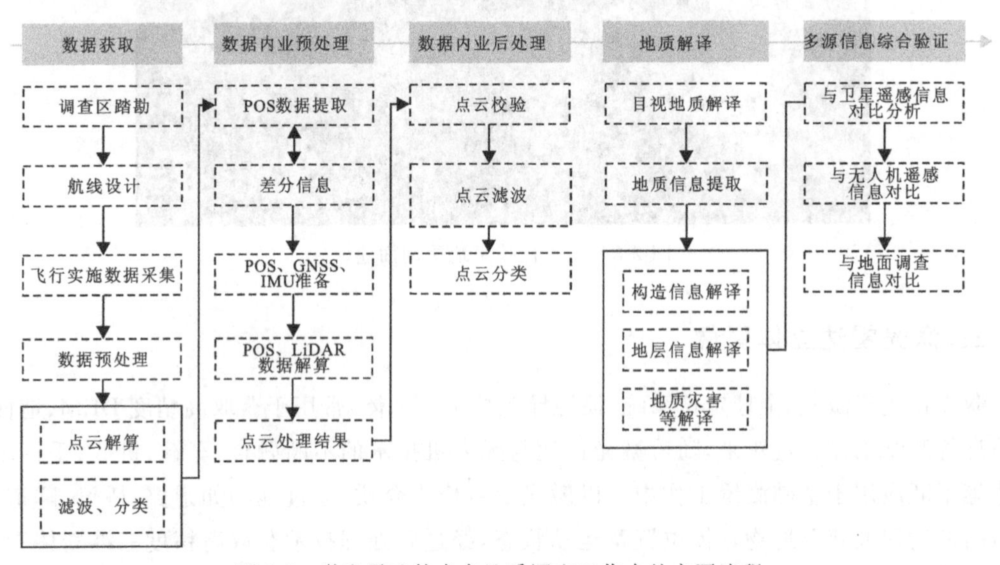

图 2-3　激光雷达技术在地质调查工作中的主要流程

四、GIS 立体影像

三维地理信息系统是集三维建模技术和空间分析技术为一体的建模及综合分析应用平台。它将摄影测量、卫星遥感、激光雷达、DEM、DOM 等数据高度集合,通过空间分析手段和数据分析模型对常见地理空间数据进行有效整合。其中丰富的三维分析功能如视场分析、空间分析、网络分析等能够为城市规划、建筑设计、教育、旅游、资源管理、灾害评估、应急响应、交通管理、导航等提供决策支持。柯佳宏等(2019)选取木里梭罗沟金矿为研究区,通过收集矿山的 DEM、DOM、VR 全景图、矿山调查报告以及现场采集的实景照片等建立矿山地理信息空间数据库,基于 Supermap 三维 GIS 技术和 VR 全景技术,实现矿山实景三维展示、查询、漫游等创新功能,为矿山设计、生产作业、安全管理、应急救援等提供基础平台和决策支持。

胡美娟(2021)以杨家湾尾矿库为背景，针对现行主流二维监控系统无法实现空间数据分析，简单依据单因素预警无法实现致灾因素关联分析等不足，以三维 GIS 技术为基础，构建涵盖三维地形地貌、坝体结构、交通路网等信息的三维实景模型，并在此基础上依据规范开发监测预警功能；另外，为了实现多元化监测数据的采集以及跨平台数据读取，首先开发了通用性物联网网关，其次建立了库岸边坡稳定性分析模型，实现了多因素协同作用下边坡稳定性计算。李道震等(2022)开发地质灾害监测信息系统，针对边坡地质灾害发生特点，综合应用传感器技术、无线通信技术、三维 WebGIS 技术、倾斜摄影测量三维建模技术等，实现了边坡地质灾害监测信息的全天候远程、实时、精准采集和传输，并及时发布预警信息，该系统已成功应用于边坡地质灾害的监测与预警，取得了良好的效果。目前基于 ArcGIS、MapGIS 等系统的地质三维平台建设较多。

三维地理信息系统将遥感数据与地理信息数据进行整合，使得地质遥感解译结果能够以三维形式呈现，通过三维可视化可以更好地理解地质现象的空间分布和关系，有助于揭示地质过程的规律性。例如，地质构造研究中，可以将遥感图像与地质地貌数据、地震数据等进行融合，通过三维可视化展示地质构造的立体形态，辅助分析地质构造发育演化。图 2-4 为博罗科努山 GIS 立体影像。

图 2-4　博罗科努山 GIS 立体影像

五、公共资源立体影像

相对于商用遥感地理信息数据资源平台，公共可获取的立体影像平台因其使用成本低或免费使用等因素在地质解译中被广泛使用。公共资源立体影像广泛使用于地质解译的主要原因：①覆盖范围广泛，从洲际、国家、地区等尺度影像中可快速广泛地获取，可以满足不同地理单元、不同尺度、不同观察角度的影像解译需求；②数据更新快，满足公共使用的广谱性，如影像删选、影像更新、数据优选等功能强大，可以满足不同层级的用户解译需求；③影像种类较多，包括雷达数据、卫星数据、无人机影像等，将不同种类影像资料融合使用，提高地质解译效率;④支持用户一般的信息提取解译工具等;⑤具有开放性和共享性,可以促进不同地质解译领域的合作与交流,提高解译效率和准确性;⑥具有多样性和丰富性,可以提供丰富的地质信息和细节,帮助地质解译人员更全面、准确地理解地质现象和特征;⑦具有高分辨率和高精度,可以提供更清晰、更准确的地表特征和地质结构信息,为地质解译提供可靠的依据;⑧具有便捷性和灵活性,可以通过互联网等方式随时获取和使用,方便地质解译人员在不同时间和不同地点进行解译工作;⑨具有可视化和直观性,可以通过三维模型和影像可视化技术直观地展示地质信息,帮助地质解译人员更好地理解和分析地质现象;⑩具有可量化和可分析性,可以通过遥感影像处理和地理信息系统等技术对地质信息进行量化和分析,提供更多的解译指标和数据支持。常见可公开获取的立体影像平台有天地图、91 位图助手、奥维地图、谷歌地球等。图 2-5 为天地图立体影像。

图 2-5　天地图立体影像

第二节　影像校正

一、大气校正

大气校正可消除地表遥感图像中的大气干扰。由于大气对辐射传输的影响,遥感图像中存在大气散射、吸收和反射等误差,这些误差会影响到遥感图像在定量分析和信息提取方面的精度和可靠性。

大气校正实际是将表观反射率转换为地表实际反射率的过程,从而消除大气散射、吸收、反射引起的误差。遥感图像大气校正模型很多,地质工作实践中解译主要采用基于简化辐射传输模型的黑暗像元法(DOS)和基于辐射传输模型的 FLAASH 大气校正法。

基于简化辐射传输模型的黑暗像元法是一种经典的大气校正方法，基本原理是在假定待校正影像上存在黑暗像元、地表朗伯面反射和大气性质均一，并忽略大气多次散射和邻近像元漫反射作用的基础上反射率很小（接近0）的黑暗像元，由于大气作用使得这些像元反射率相对增加，因此将其他像元减去这些黑暗像元值后，可减少大气（主要是大气散射）影响，从而达到大气校正的目的（石宽等，2014）。图2-6为基于黑暗像元法的校正。

FLAASH模型法是由美国光谱科学研究所和空军研究实验室共同研制开发的，采用MODTRAN4＋辐射传输模型的代码，然后基于查找表和插值方法，能够精确补偿大气影响，是目前普遍认为精度较高的大气辐射传输模型方法。该方法是基于像素级的校正，常见遥感处理软件均有集成，能对400～2500nm波长范围内的遥感影像进行大气校正（张川等，2023）。图2-7为采用FLAASH大气校正法的前后效果对比图。

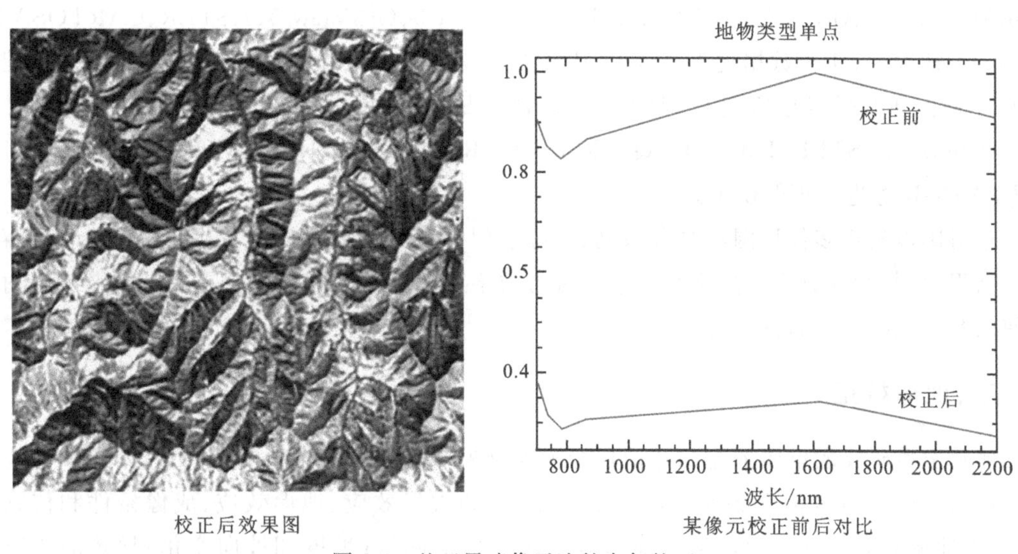

图2-6　基于黑暗像元法的大气校正

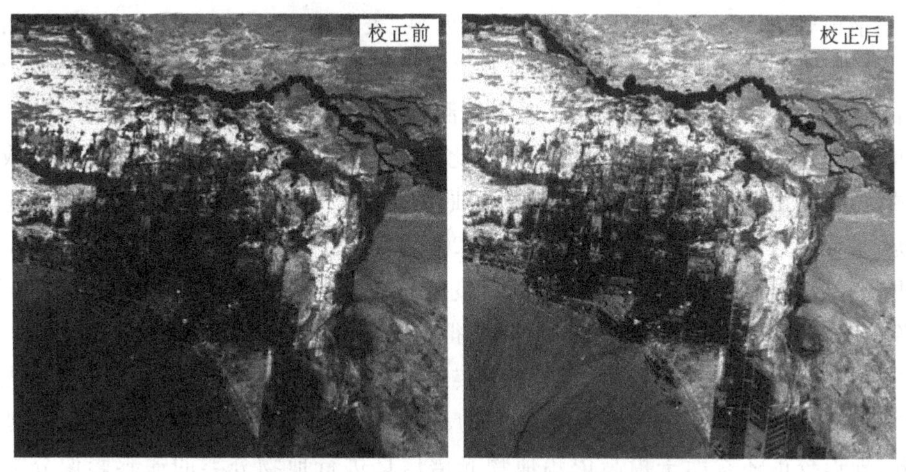

图2-7　FLAASH大气校正法前后效果对比图

二、正射校正

正射影像图是按照地理坐标生成的具有几何精度和影像特征的数字地图，具有直观准确、制作周期短等特点，越来越广泛地应用在空间地理信息建设中。遥感卫星影像在成像的过程中，由于地球曲率及地形起伏、摄影轴倾斜、大气折光等诸多因素的影响，致使影像中每个像点产生不同程度的几何变形而失真。正射校正不仅可以减少或消除成像过程中由于各种因素导致的影像畸变，也是各种影像应用的前提与基础，特别是对于山区等地形起伏较大、常规的几何校正难以消除几何变形的区域(董玉刚，2022)。

通用遥感处理软件正射校正模型较多，较常使用的正射校正模型可选严格轨道模型、RPC 有理多项式系数等。上述模型适用于常见的卫片资料，包括 Kompsat-2、GeoEye-1、FORMOSAT-2、ALOS、IKONOS、QuickBird、SPOT1-5、OrbView-3、ASTER、CARTOSAT-1(P5)、WorldView-1 等数据类型。常见卫星影像校正也支持地面控制点或外方位元素建立 RPC 文件。在获得卫星资料自带的轨道参数情况下，利用上述模型对常见的卫星影像如 WorldView-1、ASTER、IKONOS、QuickBird、CARTOSAT-1、IRS-C、MOMS、ALOS PRISM and AVINIR 等进行正射校正。

正射影像校正多使用国产高分系列、资源系列卫星全色或多光谱数据，结合 30m 分辨率数字高程模型、90m 分辨率数字高程模型进行数字正射影像校正。部分重点区域航测正射影像使用实景三维建模软件获得。

三、地形校正

遥感定量研究的重要依据和评价指标为地物光谱信息的反演精度，遥感技术获取地物光谱信息的准确性和客观性受到多种因素的影响，如大气效应、地形效应、成像条件和传感器等，其中地形效应影响尤为显著。地形效应是由地形起伏(坡度和坡向变化)导致的辐射畸变，使得地面像元接受到的太阳辐射能量产生差异，即使是同一地物覆盖类型，像元间的太阳辐射、天空散射辐射和邻近地形反射辐射差异明显，表现出阳坡较亮、阴坡较暗的光谱特征，“同物异谱”现象明显。地形效应随传感器方位角与太阳高度角几何关系的变化而变化，阻碍了地表生物量反演、土地覆盖分类以及地表检测变化等应用的发展，严重影响了地表信息提取的精度，制约了遥感影像的可利用程度，因此利用地形校正算法消除地形效应已成为地势复杂区域，特别是山区遥感应用的先决条件。地形校正是地势较为复杂地区遥感信息提取的重要前提，是遥感数据处理的重要步骤(金燕，2021)。

依据各种数学模型对遥感数据进行各种变换，使得所有像元亮度值归算到统一参考面，以便消除由于地形起伏所引起的亮度畸变，使得像元更好地反映特定的地物光谱特性。经过地形校正后的遥感影像能有效反映地表的真实光谱信息，提高了后续基于遥感影像光谱值的各种生物量反演精度，特别是真实植被信息的反演精度。由于削弱了同一地物阴阳坡的光谱信息差异，地形校正还有助于提高依赖地物光谱信息进行地物分类的遥感影像分类算法精度。经过地形校正后，山区等地形起伏大的区域遥感影像亮度值基本被校正到同一平面，改善了成像过程中影像阴影部分地物亮度较暗的情况，同时保留了阳坡地物真实亮度值，大大提高了基于地物光谱特征的地表信息的获取精度，降低了山区遥感的反演误差。因此，在遥感定量反演领域，针对 Landsat8/OLI 等中高分辨率卫星，地形校正算法具有重大的研究意义和应用价值（金燕，2021）。

复杂地形下遥感影像受传感器方位与太阳高度、方位等影响，造成阴坡接收到的照度较弱从而具有较低的亮度值，阳坡接收到的照度较强从而具有较高的亮度值。地形校正是指通过各种变换，将所有像元的辐射亮度变换到某一参考平面（通常取水平面），从而消除由于地形起伏而引起的影像辐亮度值的变化，使影像更好地反映地物的光谱特征（高永年等，2008）。

基于数字高程模型（DEM）的地形校正模型是当前使用最多、发展最快的一类地形校正模型，DEM 的地形校正模型又分为统计-经验模型、归一化模型、朗伯体模型和非朗伯体模型四大类（金燕，2021）。图 2-8 为研究区典型影像正射校正前后效果对比图。

图 2-8　研究区典型影像正射校正前后效果对比图

第三节　图像预处理

遥感图像预处理是遥感解译之前的一项重要工作，对原始图像进行处理和优化，以提高图像质量和可用性。遥感图像预处理是遥感解译的工作基础，直接影响后续遥感图像分析和目视解译效果。对原始遥感图像进行预处理、波段优化选择、消除噪声、增强图像对比度、调整图像色彩等，使得图像更加清晰、准确、可用，为后续的遥感图像分析和应用提供基础数据。遥感图像预处理的主要目的是提高图像的质量和可用性，具体包括：消除图像中的噪声和杂点，提高图像的清晰度和准确度；增强图像对比度，使得图像中的信息更加明显和突出；调整图像色彩，使得图像更加真实和自然；去除图像中的阴影和遮挡，提高图像的可视性和解译能力。常见的预处理主要包括：使用滤波算法去除图像中的噪声和杂点，常用的滤波算法包括均值滤波、中值滤波和高斯滤波等；通过直方图均衡化、对比度拉伸等方法增强图像的对比度，使得图像中的信息更加明显和突出；根据图像特点和应用需求，调整图像色彩平衡、色调和饱和度，使得图像更加真实和自然；利用图像光谱信息和几何特征，去除图像中的阴影和遮挡，提高图像的可视性和解译能力；根据地面控制点和数字高程模型，对图像进行几何校正，消除图像的扭曲和变形，提高图像的准确度和精度；根据图像辐射特性和大气影响进行辐射校正，消除大气散射和吸收影响，提高图像的质量和可用性。

一、数字图像处理主要流程

依据研究区工作目的和工作精度要求，数字图像处理在流程上主要分为遥感图像获取、几何校正、辐射校正等步骤，主要流程如下。

(一)遥感图像获取

依据工作区范围、工作目的、工作成本、工作方法等因素，选取不同分辨率、波段、覆盖范围的遥感影像。

1. 分辨率选择

空间分辨率是遥感解译数据源选择的重要指标，分辨率大小代表地面对应位置实际面积大小，反映影像细节程度和清晰度。较高空间分辨率意味着影像中的每个像素代表地面区域较小，细节更加清晰；而较低空间分辨率则表示每个像素代表的地面区域较大，细节表达可能不太清晰。遥感地质解译中，空间分辨率决定遥感影像中地质特征和地貌细节的可见性和分辨能力。较高空间分辨率能够捕捉到更多解译细节，获取更明确的解译信息，如地层界线、纹理特征；较低空间分辨率可能导致地质特征模糊。研究区地质解译选取国产高分系列卫星及WorldView-1、QuickBird等遥感影像，基本满足地层、构造、地质灾害解译需求，并在部分重点区域开展无人机航空摄影作业。

光谱分辨率是遥感图像中能够区分不同波长的最小单位。在遥感地质解译中，光谱分辨率对于矿物诊断具有一定的应用价值。高光谱遥感图像能够提供更多波段信息，例如，高光谱遥感图像可以提供数十个或者数百个波段的信息，可以区分不同矿物质的光谱特征，可以用于岩性识别和蚀变信息填图。通过对不同时域的高光谱影像进行分析，可以获取特定地域或岩石表面矿物特征。例如，通过不同时域高光谱数据对某一矿区污染源进行检测，可以发现矿区污染活动范围是否扩大或者缩小。

时间分辨率指影像获取时间间隔，即两次获取影像之间的时间间隔。时间分辨率越高，表示两次获取影像时间间隔越短，反之则表示时间间隔较长。时间分辨率选择与具体解译的应用案例有关。例如在冰川融化、火灾监测、地质灾害监测等领域需要选择时间分辨率较高的影像进行目标监测。对于目前可公开获取的遥感影像，时间分辨率分周、天、小时 3 个级别。由于技术限制，目前高时间分辨率的影像通常对应着较低的空间分辨率。时间分辨率、空间分辨率、几何分辨是矛盾的几个方面，在影像选择过程中需要权衡其关系。

2. 波段的选择

遥感地质中依据不同地质问题及研究目的确定常见遥感影像的波段组合。对于矿物诊断，常用波段组合选择近红外、短波红外波段。波段能够刻画出地表典型矿物质的吸收特征，对于矿物识别和蚀变信息提取具有一定作用；水体识别常用短波红外和中波红外组合，其反射率较为典型，能较好与周围地表覆盖类型区分开；土壤类型识别和选择采用红光、近红外和短波红外等波段组合，不同类型土壤在相应波段下具有不同反射特征，通过分析波段组合进行土壤类型区分；植被监测可以选择包括红光、近红外等波段组合。

基于高光谱矿物识别和岩性识别，不同学者使用的方法略有不同。王吉源(2022)提出利用深度学习神经网络的方法自动识别矿物种类，通过模拟专家目视识别矿物的方式采集了矿物 RGB 图像和高光谱图像样本，利用以上样本对卷积神经网络进行训练并得到矿物种类识别模型，实验分析结果表明，矿物 RGB 图像包含的信息较单一，不足以区分矿物种类，识别效果较差，识别准确率仅约 39.52%；矿物高光谱图像所含信息更为丰富，能有效表达矿物种类特征，因此识别表现优异，模型识别准确率超过 94.7%，能满足实际的生产需求。谭宏婕等(2023)开展了近红外和短波红外成像光谱仪光学设计，采用凸面光栅进行分光，在此基础上研制了近红外和短波红外成像光谱仪，经过实验测试近景成像获取了近红外-短波红外影像数据。光谱实验表明获取的光谱曲线与 ASD 实测同像元光谱曲线相关性可达 98%以上，典型矿物特征吸收峰位置偏差均在 1 个像元以内，最后利用近红外-短波红外高光谱影像进行矿物信息识别，取得了良好的应用效果。基于高光谱遥感地质应用是目前遥感地质工作方法的热点之一，研究区工作中采用不同类型遥感影像开展基性、超基性岩的填图实验及矽卡岩的典型找矿案例研究。

(二)几何校正

几何校正是指将遥感图像从传感器坐标系转换到地理坐标系或测量坐标系的过程，将遥感图像与相应坐标系对应。几何校正主要目的是消除遥感图像中的几何畸变，使得遥感图像能够准确地反映地面现象的位置特征。

1. 坐标系转换

坐标系转换是几何校正的核心内容，其过程包括将遥感图像的像元坐标转换为地理坐标，以及将地理坐标转换为投影坐标。坐标系转换需要用到地图投影、大地坐标系、平面坐标系等知识。地质遥感工作常面临不同类型坐标系(如 WGS84 坐标系、1954 年北京坐标系、1980 年西安坐标系、CGCS2000 坐标系等)的转换问题，依照项目资料收集的基本格式和要求确定工作坐标系，将不同类型坐标系通过投影变换、四参数转换、七参数变换等方法进行统一。

2. 控制点选择

由于研究范围较大且不同类型资料的背景和年代不同，不同类型坐标系之间表现出较大的不一致。例如 20 世纪 50 年代、60 年代、90 年代不同时期资料的校正需要共同的同名点进行校正。不同时期的航片和卫星影像也需要同名控制点进行校正。校正需选择控制点，控制点可用于将遥感图像与地图进行对应。控制点选择需要考虑地形、地物的特征，以及遥感图像的分辨率等因素。通常控制点的选择应该尽可能分布均匀，且数量越多越好。

3. 处理方法

几何校正处理方法有多种，常用的方法包括仿射变换、多项式变换、透视变换等。不同的处理方法适用于不同的遥感图像，需要根据实际情况选择合适的方法。

（三）辐射校正

为消除大气、地表反射等因素对数据的影响，遥感影像需进行辐射校正。目的在于减少影响图像质量的因素，确保图像表达的准确性和一致性。通过校正，可以消除由于不同光源、摄像机参数等造成的辐射差异，使图像更具真实性和可比性。

二、图像输入输出

遥感图像输入输出是指将遥感图像从一个系统或软件中输入到另一个系统或软件中，或者将遥感图像从一个系统或软件中输出到其他存储介质的过程。遥感图像输入输出是遥感图像处理的工作基础之一，也是遥感数据共享和应用的必要条件。

不同软件环境中，遥感图像输入输出格式不尽相同，如遥感软件、地理信息系统软件、图像处理软件、计算机辅助设计软件等软件，他们对格式的要求差异明显。研究区遥感数据处理过程中应充分考虑数据格式的通用性、存储效率等特征。常用的遥感图像输入格式有以下几种。

ENVI 标准格式是一种用于存储遥感图像数据的格式，主要由头文件和包含像元值的二进制文件组成。头文件包含了图像的基本信息，如行列数、数据类型、投影坐标信息以及对应二进制文件的存储方式(BSQ、BIL、BIP 等)。ENVI 标准格式具有以下特点：头文件存储了图像的元数据信息，包括数据类型、分辨率、坐标系统、波段信息等，这些信息对于图像的打开和处理至关重要；图像数据以二进制形式存储，可以高效地读取和处理；支持多种遥感数据类型，如多光谱、高光谱、雷达等。由于 ENVI 标准格式在遥感图像处理领域具有较高的通用性，被广泛应用于科研和工程领域。

TIFF 格式是遥感技术领域中常见的一种图像文件存储格式，主要用于存储高质量位图图像。因 TIFF 具有灵活、可适应性强等特征，它多被用于存储不同类型图像，包括照片、插图、扫描图像等。TIFF 格式具有以下特点：无损压缩，可以保留图像的原始质量；高灵活性，支持多种不同的颜色深度和压缩选项，可以根据不同的需求进行选择；具有可编辑格式，支持元数据，可以存储关于图像的信息，如作者、标题、分辨率等；格式可以在不同的操作系统和计算机平台上使用。由于 TIFF 格式可以保存不同坐标系信息，因此它在遥感和地理信息技术领域中被广泛应用。

JPEG 格式是一种常用的压缩图像格式，可以用作遥感图像输入格式。JPEG 格式可以存储单波段的遥感图像数据，支持多种数据类型，如整型、浮点型等。JPEG 格式还支持压缩和解压缩，可以有效地减小遥感图像数据的存储空间。

IMG 格式支持多波段数据，可以存储和处理多个波段的遥感影像数据。它的优点是具有灵活性和可扩展性。它可以存储大量的遥感影像数据，支持各种数据类型和波段配置，并能够与其他遥感软件和工具进行相互操作。但遥感影像中使用IMG格式数据时,需要借助专业遥感软件。IMG格式因可以保存不同坐标系信息,因此在遥感和地理信息技术领域中被广泛应用。

三、投影变换

不同年代、不同来源的地质图、遥感数据、地理信息数据等的投影坐标系存在明显的差异,地质解译过程中通过传统投影方法进行坐标系统一,以解决不同数据的数学基础不一致问题。研究区工作过程中常用遥感影像投影方法有以下两种。①地理坐标投影(Geographic Coordinate System,GCS):使用经度、纬度作为单位的坐标系统。遥感工作过程中,常见地理坐标系有1954年北京坐标系、1980年西安坐标系、WGS84坐标系、CGCS2000坐标系。②平面坐标投影(Projected Coordinate System,PCS):将地理坐标投影到一个平面上的坐标系统。遥感工作中常见投影为高斯克吕格、UTM、兰勃托投影等。

四、图像镶嵌

图像镶嵌是指在一定数学基础上将多景相遥感图像拼接成一个大范围、无缝的图像的过程,主要目的是获得更大范围、更全面和更高分辨率的遥感图像数据。博罗科努山范围较大,在进行综合遥感解译、小比例尺遥感图制图过程中需对不同时域、不同类型、不同分辨率的遥感影像进行镶嵌。

(一)遥感图像镶嵌内容

遥感图像镶嵌常分为两种:全色图像镶嵌、多光谱图像镶嵌。全色图像镶嵌将多幅全色遥感图像拼接成一幅宽度较大的全色遥感图像,利用镶嵌影像完成区域遥感地质解译底图工作;多光谱图像镶嵌将多幅多光谱遥感图像拼接成一幅大的多光谱遥感图像,通过辐射定标及大气校正完成影像镶嵌工作,在影像镶嵌基础上完成信息提取工作。

(二)遥感图像镶嵌流程

1. 数据获取和预处理

依据遥感制图要求选取遥感影像、DEM、控制点等数据源进行图像预处理,图像预处理包括图像校正、辐射校正、几何校正等处理,同时对数据格式、坐标系、投影方式等进行转化。

2. 图像匹配

图像匹配是遥感图像镶嵌中的核心步骤,主要是将多幅遥感图像进行匹配,确定其几何关系。常见图像匹配一般是指基于图像特征的匹配技术,特征匹配是通过分别提取两个或多个图像的特征,对特征进行参数描述,然后运用所描述的参数来进行匹配的一种算法。基于特征匹配所处理的图像一般包含的特征有颜色特征、纹理特征、形状特征、空间位置特征等。特征匹配首先对图像进行预处理来提取其高层次的特征,然后建立两幅图像之间特征的匹配对应关系，通常使用的特征基元有点特征、边缘特征和区域特征。特征匹配需要用到许多诸如矩阵的运算、梯度的求解、傅立叶变换和泰勒展开等数学运算。常用的特征提取与匹配方法有统计方法、几何法、模型法、信号处理法、边界特征法、傅氏形状描述法、几何参数法、形状不变矩法等。

3. 图像拼接

图像拼接是遥感图像镶嵌中的重要步骤，主要将匹配好的多幅遥感图像进行拼接，生成区域整幅遥感图像。常用的图像拼接方法包括分块拼接方法、图像融合拼接方法、光谱信息拼接方法等。

4. 质量评价

质量评价是遥感图像镶嵌中的最后一步，主要对拼接后的遥感图像进行质量评价，包括影像光谱质量、几何精度、地物信息提取等方面的评价，同时对影像几何精度、色调、亮度、对比度、接图处色差等是否满足生产要求进行质检。

第四节　遥感图像增强

遥感图像增强是一种通过特定的算法和手段在原始图像上按照需求变换或者增加一些信息的方法。对于感兴趣的特征进行选择性的突出，对于影响图像效果的特征进行抑制或者掩盖，使图像和人的视觉感受更加匹配。图像增强技术路线各异，图像增强算法是图像处理技术中极为重要的组成部分，对于提高图像质量具有显著的作用。目前对图像增强技术的研究在不断推进，新方法不断涌现。例如相关研究者根据模糊映射理论对图像增强方法进行了研究，提出了新的方法，解决图像增强方法中存在的如何选择映射函数的问题，并且使交互式的图像增强技术得到发展和应用，实现了主观控制图像增强效果，同时直方图均衡图像增强算法也有新进展，较为突出的方法有结合多层直方图的亮度保持均衡算法和动态分层算法（杜晓川，2022）。

遥感影像可能受大气散射、折射、反射或者云雾等影响，影像中地质要素解译受到噪声干扰从而影响解译效果。当图像的色调、亮度、对比度等不能很好体现地质要素信息时，影像一般呈现较模糊或地物目视解译不能明显区分等情况。在进行地质解译中，对岩石地层特征进行有针对性的图像处理，以提高图像质量，使目标岩石地层界线、特征清晰与围岩对比明显。图像增强技术是图像处理中重要环节，不仅能提高遥感图像的质量，也能提高遥感数据解译效果。例如，线状断层解译常采用图像锐化增强算法突出现状纹理；或为了提取多光谱遥感影像中的岩石蚀变信息，采用一定算法对多波段影像进行去相关处理；或为了较好识别侵入岩与沉积岩界线，采用拉伸算法对图像进行线性或者非线性拉伸等。在地质解译过程中依据目标区域的岩性特征采用不同算法，使目标区域影像特征能够较好显示，目的就是增强地物的特征，提高遥感目标的可解译性。

一、图像空间增强

利用遥感像元自身 DN 值及周边 DN 值，采用一定算法，使图像整体在色调、纹理、对比度等各个统计要素中满足地质解译的要求。常见图像空间增强方法有图像融合、卷积处理、纹理分析、锐化增强等。通过对上述方法进行综合应用，可以提高遥感图像的综合图像显示效果，以利于图像的综合解译。

1. 图像融合

常见遥感软件提供的图像融合方法包括 PCA 分析、IHS 变换、乘积运算、Brovey 变换、GS(Gram-schmidt Sharpening)融合等方法。GS 融合方法是地质遥感中常采用的融合方法，通过统计方法对各个波段进行最佳匹配，避免融合过程在信息过度集中和高空间分辨率全色波段波长及波长扩展带来光谱相应范围不一致等一系列问题。图像融合之前需要采用投影变化等方法使不同源数据具有相同的空间坐标系，并具有比较精确的图像配准。

研究区地质解译过程中，通常收集到高空间分辨率全色遥感影像，例如在生产过程中收集国产资源三号影像及哨兵二号多光谱影像，全色影像几何分辨率可达 2.1m。采用图像融合技术，将低分辨率多光谱影像哨兵二号数据与高分辨率全色影像资源三号重采样生成高分辨率多光谱影像遥感，使得影像处理后既有较高空间分辨率又具有多光谱特征。图 2-9(a)为资源三号全色影像，图 2-9(b)为哨兵二号多光谱影像，图 2-9(c)为采用 GS 方法融合后的影像，融合后的影像对岩石接触界线、岩性、断层等解译效果较为明显。

(a)资源三号全色影像

(b)哨兵二号多光谱影像

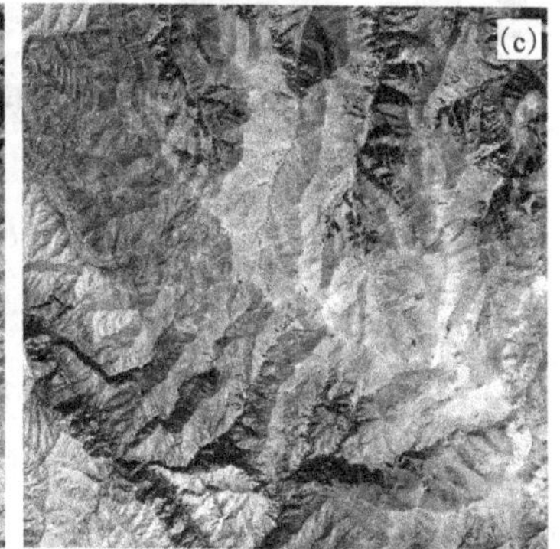

(c)GS融合影像

图 2-9　图像融合效果图

2. 卷积处理

地质解译过程中为了消除特定的空间频率从而抑制无用或干扰信息，通过滤波卷积设计有针对性地增强低频、中频、高频信息。针对不同的解译目的设计低通滤波、中通滤波、高通滤波算子。通过卷积算子还可以实现遥感数据特定方向的特征滤波。卷积处理的核心是卷积算子的设计。常见的遥感软件可以提供较多基础卷积算法，如遥感地质解译中高通滤波、低通滤波、拉普拉斯算子、高斯高通滤波、高斯低通滤波、中值滤波、Sobel 滤波、Roberts 滤波等处理方法较为常用(图 2-10)。通过常见卷积处理对比影像解译效果以提升综合遥感解译质量。

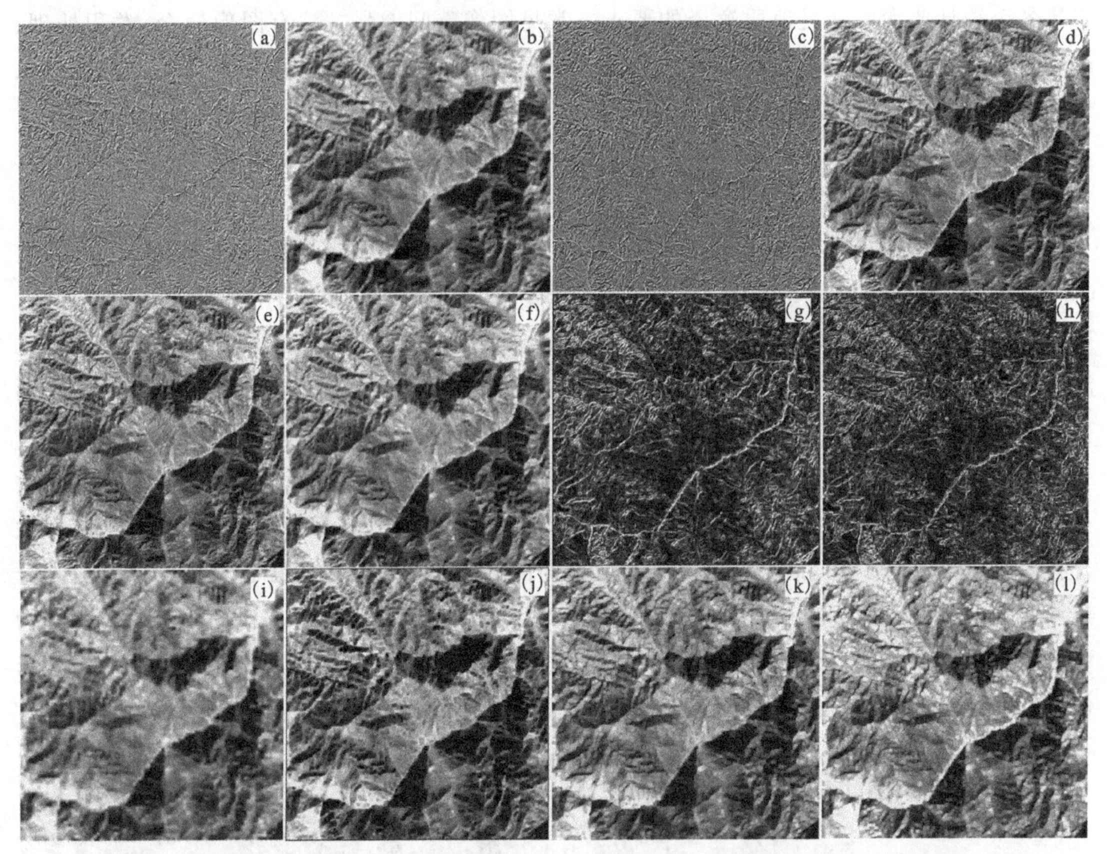

(a)高通滤波;(b)低通滤波;(c)拉普拉斯算子;(d)高斯高通滤波;(e)高斯低通滤波;(f)中值滤波;
(g)Sobel 滤波;(h)Roberts 滤波;(i)膨胀;(j)腐蚀;(k)开运算;(l)闭运算

图 2-10 卷积滤波及数学形态滤波

高通滤波。采用高通滤波算子,通过运算保持图像高频信息同时消除图像的中低频成分。高通算子运算后部分纹理信息增强、边缘信息明显增强。常见的高通算子应用高中心值的算子通过乘机变换改善图像。图 2-10(a)为高通滤波效果,研究区遥感解译过程中主要针对水系和断层。高通滤波对线状、带状目标具有明显的增强作用,图中主要线状断层滤波后特征明显。

低通滤波。为了改善图像的平滑程度使用低通滤波算子,常见的低通滤波器设计使用 3×3算子,且每个算子包含的权重有差异,为了改善图像平滑程度,使用算子外围均值代替算子中心像元值,从而避免部分像元的高值、低值点影响图像整体质量。图 2-10(b)为低通滤波效果,滤波后图像平滑,畸变异常点明显减少,图像细腻、色彩均匀。

拉普拉斯算子。为了强调图像边缘的滤波真强效果,拉普拉斯算子在计算过程中无须考虑边缘方法,在图像滤波过程中强调最大像元值,通过在算子中设计一个高值中心来实现,即在滤波器设计中使用 3×3 方案，中心值为 4，东西向和南北向均为－1。在实施过程中该滤波器的维数一般为奇数。图 2-10(c)为拉普拉斯算子处理后影像，与高通滤波相似，断层等线状信息突出，与线状无关背景信息不突出。

方向滤波。地质解译过程中需要对部分特定走向断层或线状地物进行增强，常见的较成熟方法为方向滤波算子，该算子对特定的方向或梯度具有一定的增强效果。该算子的设计一般将算子滤波变换核元素，其总和设为 0，从而使不同的像元值呈现较亮的边沿值。

高斯高通滤波。通过高斯函数设计高斯高通滤波算子，其默认大小为 3×3，并且其维数为奇数。

高斯低通滤波。通过线性平滑的滤波方式改善影像并减少噪声过程。低通滤波器算子大小为 3×3，其卷积算子维数为奇数，通过高斯卷积函数对图像进行滤波。

中值滤波。通过种植卷积算子设计，对消除图像椒盐噪声或斑点非常有效，使图像平滑，中值滤波算子默认卷积核大小为 3×3，其利用滤波算子的大小限定邻近区中值，以代替每一个中心像元。

3. 形态滤波

形态滤波主要是对图像结构进行调整改变。它的基本原理是利用形态学处理方法对结构元素进行处理。通常的处理方法包括膨胀、腐蚀、开运算、闭运算等。

膨胀。该算法通过二值或灰度图像对图像中的小孔进行处理，基本方法是用结构元素中的中心元素去扫描图像中的每一个像素，用结构元素与其覆盖二值图像做平移并集操作，二值图像与结构元素 B 重合部分只要有黑色，结构元素 B 中心元素所在的图像位置就设置为黑色。

腐蚀。该方法是用结构元素中的中心元素去扫描图像中的每一个像素，用结构元素与其覆盖二值图像做平移交集操作，即结构元素与其覆盖二值图像重合部分全都为黑色(0)，则结构元素中心点所在二值图像灰度值才为黑色(0)，换而言之，两者重合部分只要有白色(1)则结构元素的中心点所在的二值图像灰度值就为白色。

开运算。该方法常用于平滑图像边缘、消除孤立像元、锐化图像最大最小值信息等。一般情况下，开运算能够去除孤立小点、毛刺、小桥(连通两块区域的小点)，且总位置和形状不变。

闭运算。闭合滤波器一般用于平滑图像边缘，融合窄缝、长而细部位，消除图像中小孔，填充图像边缘间隙等。一般情况下，闭运算能够填平小孔，弥合小裂缝且总的位置和形状不变。

4. 纹理分析

通过提取研究区特定岩石地层的纹理特征参数，从而改善岩石地层遥感解译效果。常见纹理分析方法有结构分析方法、统计分析方法、信号处理方法、模型方法等。常用遥感软件中提供的基于概率统计、二阶概率统计的纹理滤波方法。

5. 自适应滤波

地质解译过程中，对感兴趣区域进行针对性的对比度拉伸处理，以达到局部增强解译效果的目的，通过改变算子移动窗口大小和乘积倍数，常见的移动窗口如3×3、5×5、7×7等。例如对研究区高大山区阴影区域及影像效果不佳区域有一定增强效果。

6. 锐化增强

通过增强图像边沿使得图像轮廓清晰，常见的图像锐化增强分为频域增强和空域增强。遥感地质解译中，通过图像的锐化突出岩石接触界线、岩层界线等。这种滤波形式通过提高地物边缘像素的反差从而提高地质信息的可识别程度。锐化处理是通过锐化算子进行图像卷积滤波处理，从而改善专题遥感内容信息。在地质解译实践中，该类卷积处理的方法通常分为两种：一种通过设计矩阵算子对图像进行直接卷积处理，另一种通过主成分分析，对第一主分量进行卷积处理后再进行主成分逆变换。图2-11为研究区蛇绿混杂岩带使用锐化、光滑、中值化等方法后呈现的效果图。

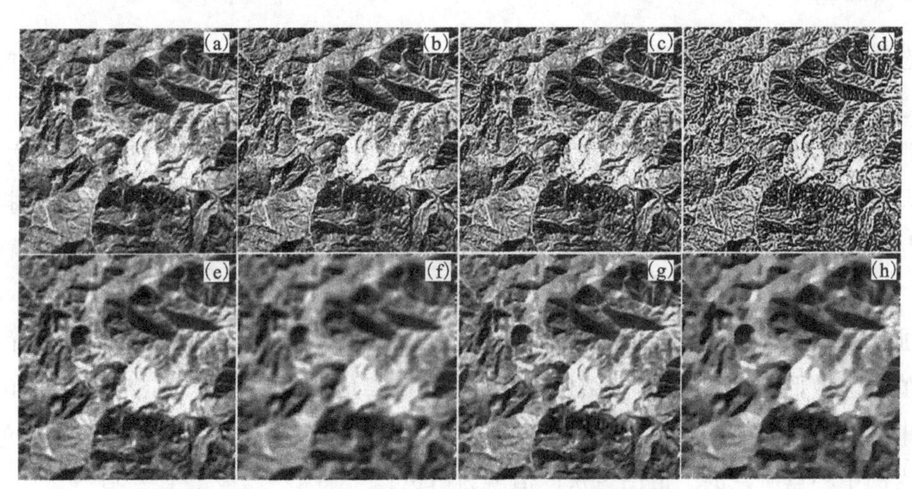

(a)NONE；(b)锐化18；(c)锐化14；(d)锐化10；(e)光滑3×3；
(f)光滑5×5；(g)中值3×3；(h)中值5×5

图2-11 地质解译锐化、平滑、中值化效果图

二、图像光谱增强

光谱增强通过对遥感影像光谱信息处理，从而增强图像可视化效果和辅助信息提取。光谱增强是地质遥感中图像处理的重要技术手段和基本处理方法，对高岩性、蚀变信息、构造信息等提取有较好效果。利用波段处理算法增强图像信息，以更好地显示目标物特征。在地质遥感解译中，不同岩石地层的光谱特性存在一定差异，通过调整、组合不同波段光谱信息，达到增强图像中不同物体遥感特征的目的，从而更好地实现遥感图像可视化和信息提取。常见光谱增强方法有主成分变换、主成分逆变换、去相关拉伸、缨帽变换、色彩变换、色彩逆变

换等。

1. 主成分变换

主成分变换是一种多变量统计分析方法，通过正交变换将相关性较高的多光谱或高光谱影像转换为一组线性不相关变量，其目的是通过该分析方法对多维数据进行降维处理，把多指标转换为综合指标。分析研究多变量实验时，变量数太多会使研究变复杂。因此，需要用最少的变量获取最多的信息。如果两个变量之间存在某种相关性，则可以说这两个变量具有某些重叠信息。主成分分析是删除重复叠加在所有原始变量上的信息，建立包含信息多变量少的新变量，使新变量之间不相关，并且这些新变量尽可能保持原来信息。PCA 高度集中了影像的第一主成分信息要素，以此最大限度地将光谱特征保留在合成影像中。PCA 在遥感图像处理中有广泛的应用，如降维、特征提取、分类和监督分类等（李特，2022）。

2. 主成分逆变换

将主成分变换获得的图像经特定的处理后，再将处理结果重新恢复到 RGB 彩色空间的过程为主成分逆变换。主成分变换过程中正变换选取主分量或波段数量相等，主成分逆变换获取与原图像相等；逆变换过程中选择波段或者主分量少于原数量，其效果相当于信息的压缩。因逆变换的方案不同，获取结果与原始影像差异较为明显。

3. 去相关拉伸

去相关拉伸是对图像主成分进行对比度拉伸处理，并不是对原始图像进行拉伸。实际操作时，只需要输入原始图像，系统将首先对原始图像进行 PCA 变换，并对主成分图像进行对比度拉伸处理，然后进行主成分逆变换，将图像恢复到 RGB 空间。去相关拉伸用于改善或消除多光谱数据中的相关性，增强色彩饱和度的同时保留色度信息，进而获取彩色合成图像。经去相关拉伸后图像相关性明显得到改善，部分不能识别的岩石地层、断层、解译界线等信息能较好识别。去相关拉伸后遥感影像质量提高，处理结果一般用于解译底图、专题底图等制作。

4. 缨帽变换

缨帽变换旋转坐标空间，但旋转后的坐标轴不是指向主成分的方向，而是指向另一个方向，这些方向与地物有密切的关系，特别是与植物生长过程和土壤有关。缨帽变换既可以实现信息压缩，又可以帮助分析农作物特征，因此具有较大的实际应用意义。

5. 色彩变换

研究区地质解译工作中，常涉及两种常见色彩体系，一种是由红、绿、蓝构成的彩色空间（RGB 空间），另一种由亮度、色调、饱和度 3 个变量构成的彩色空间（IHS 空间）。在 IHS 空间，亮度是指人眼对光源或物体明亮程度的感觉，一般来说与物体的反射率成正比，取值范围为 0～1；色调也称色别，是指彩色的类别，是彩色彼此相互区分的特征，取值范围是 0～360；

饱和度代表颜色的纯度，一般来说颜色越鲜艳，饱和度也越大，取值范围为0～1。色彩变换是将遥感图像从红、绿、蓝3种颜色组成的彩色空间转换到以亮度、色调、饱和度作为定位参数的彩色空间，以便使图像的颜色与人眼看到的颜色更为接近。

将红、绿、蓝彩色空间表示的图像变换为用亮度、色调、饱和度构成彩色空间表示的图像，在遥感地质解译过程中，可以较好地提高地质体的色彩感知。通过研究区遥感影像的色彩变换，可以提升地质体的可感知程度，对博罗科努山地区部分地质体解译工作起到了较好的范例作用。

6. 色彩逆变换

色彩逆变换是将遥感影像从以亮度、色调、饱和度为变量的色彩体系转换为以红、绿、蓝为变量的彩色空间，这种色彩变换过程称为典型的色彩逆变换过程。例如，地质解译过程需要改善影像饱和度特征，通过色彩变换使图像从RGB空间变换为IHS空间，通过对饱和度分量进行有针对性地处理，从而改善图像质量，再对图像进行色彩逆变换。遥感地质解译过程中，使用色彩逆变换方法改善图像质量，通过色带变换增强图像色调，使不同地质体纹理、色调等特征明显。

三、图像辐射增强

图像辐射增强是通过图像辐射增强改善图像整体质量，提高地质遥感图像可视化和综合分辨力等。图像辐射增强方法较多，遥感地质解译中常使用线性拉伸、分段线性拉伸、高斯拉伸、直方图均衡化拉伸等方法改善图像质量。通过辐射增强手段改善不清晰图像或不清晰部位，使部分有用信息清晰或特征突出，并抑制部分无用信息。

线性拉伸常用于改善图像亮度、对比度等要素。遥感图像每个像素代表该位置的亮度或反射率等，由于不同传感器响应范围、存储格式、处理方法等存在差异，导致不同类型图像之间存在比较明显的差异。通过对遥感图像线性变换，将原像素范围映射到合理的范围，以协调图像整体的对比度和亮度。

灰度均衡、平滑拉伸是地质遥感中常用的图像拉伸方式。通过分析图像中的灰度实现线性拉伸，以整体增强图像中的高亮或阴影部分，该方法对研究积雪、冰川、山体阴影等部位图像有一定作用；平滑拉伸算法依据图像拉伸设置或参数的不同，对特定区域进行平滑拉伸。图2-12为研究区典型图像线性拉伸效果。

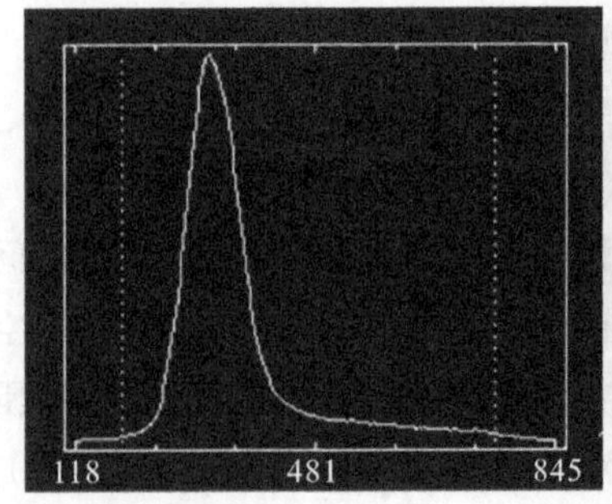

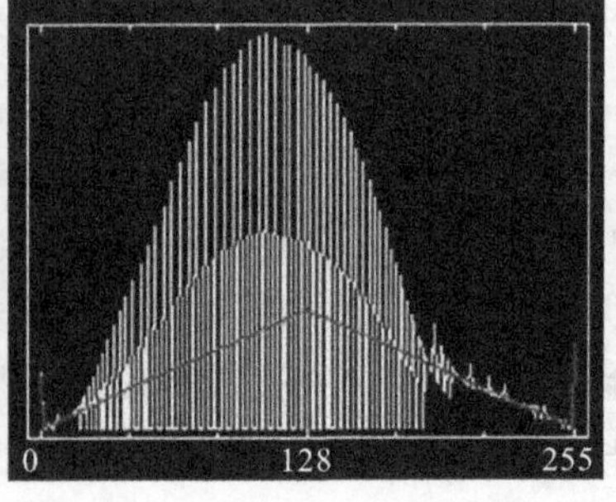

图2-12　研究区典型图像线性拉伸效果

分段线性拉伸是指依据解译区岩石地层、地形地貌等不同将图像灰度值进行分段变换，按照分段方式分别进行线性变换，从而改善图像整体质量的一种方法。一般情况下，遥感影像灰度值分布集中程度不均匀，按照分段方式进行图像拉伸有利于提高像素比较集中区域的图像质量。分段图像拉伸的方法较多，常用的有直方图均衡化、分位数法和标准差法等。

高斯拉伸是通过遥感影像的统计特征，对图像及其统计特征进行高斯函数变换，使图像像素分布区间更加合理，从而使得图像整体更加清晰。高斯拉伸方法主要包括以下几个步骤：①计算原始图像的灰度均值和标准差；②确定高斯函数的均值和标准差；③利用高斯函数对原始图像的像素值进行变换，得到拉伸后的图像。图 2-13 为研究区典型图像高斯拉伸效果。

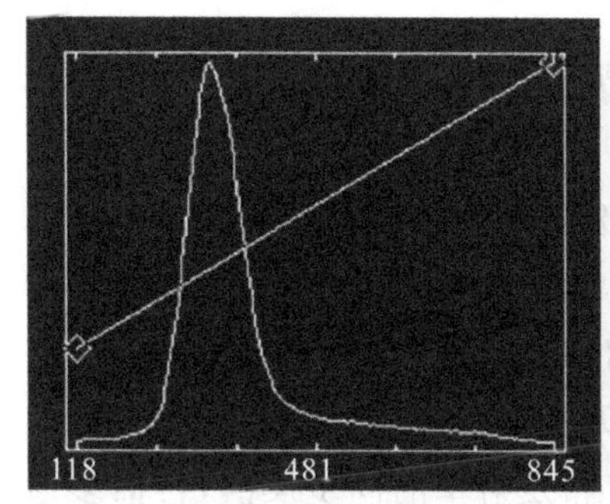

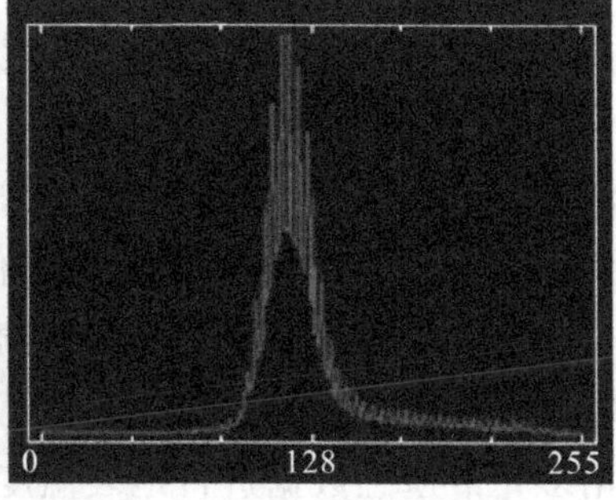

图 2-13 研究区典型图像高斯拉伸效果

直方图均衡化是将图像灰度级分布通过一定的数学变换映射到一个新的灰度级分布。遥感影像中灰度级的频数统计可以用一个直方图来表示，直方图均衡化的目的是将图像直方图映射成均匀分布的直方图，以调整图像的对比、色调等。图 2-14 为直方图均衡化效果图，通过重新分配图像的像素值，使图像整体对比度增强，暗部和亮部细节更加突出，图像纹理更加清晰，图像中细节更易辨识。原本被压缩在相对较窄范围的像素值，经过均衡化后被拉伸到适当的范围，使图像细节得到明显改善。

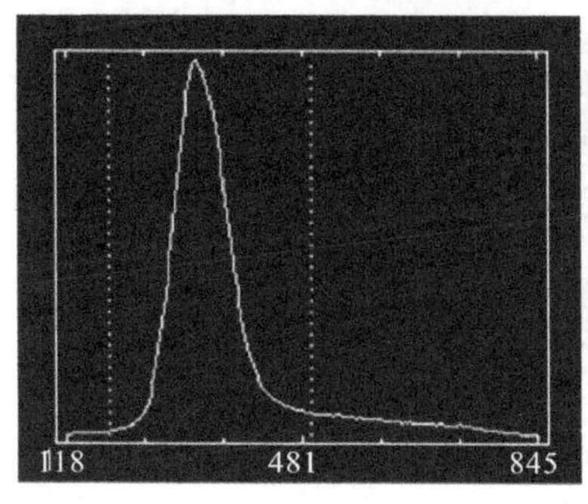

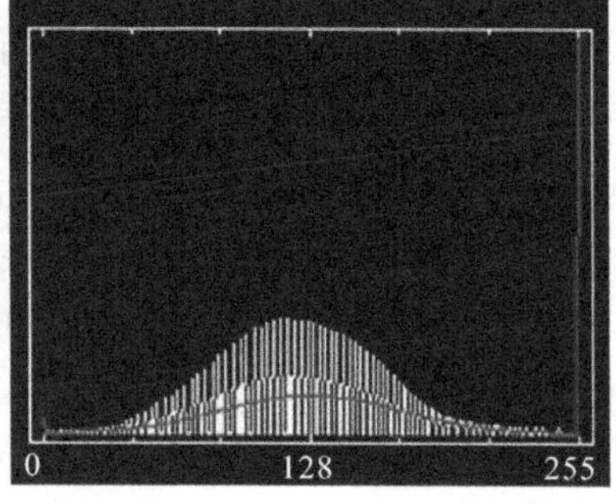

图 2-14 研究区典型图像直方图均衡化效果

第五节　地质解译常见图像处理工具

ENVI、ErdasImagine 等常见遥感软件可提供较为方便的解译集成工具，工具集合前人较为成熟的算法或应用过程，它的应用能够减少晦涩难懂的技术文献阅读时间，并将成熟方法快速应用到地质解译过程中。功能插件或模块涵盖图像数据输入/输出、图像定标、图像增强、几何校正、正射校正、图像镶嵌、数据融合、投影变换、信息提取、图像分类、基于知识的决策树分类、GIS 整合、DEM 及地形信息提取、雷达数据处理、三维立体显示分析等。

一、地温反演

地表温度的反演方法有很多，主要有单窗反演算法、分裂窗算法、多通道算法等。其中单窗反演算法采用单窗算法对地表温度进行反演，它主要有 3 个步骤：首先利用热红外波段栅格的像元值，通过辐射定标的方式计算得到辐射亮度；其次选用合适的大气校正模型对栅格影像进行大气校正，对大气的影响进行消除；然后确定栅格像元的发射率。该方法主要适用于 TM/ETM＋等单个热红外波段的卫星产品数据。分裂窗算法即地表温度的分裂窗法，是采用大气窗区吸收特征不同的两个临近波段的辐射量进行大气改正。多通道算法即地表温度的多通道算法，主要是利用多光谱遥感数据进行地表温度和发射率的同步反演，目前多通道算法又包括昼夜法、灰体发射率法以及温度发射率分离法（王康，2020）。

卫星接收热红外辐射亮度值 L_λ 如下式（李喆等，2022）：

$$L_\lambda = [\varepsilon B(T_S) + (1-\varepsilon)L\downarrow]\tau + L\uparrow \tag{2-1}$$

式中：ε 为地表比辐射率；T_S 为地表真实温度（K）；$B(T_S)$ 为黑体热辐射亮度；τ 为大气在热红外波段的透过率；$L\uparrow$ 为大气向上辐射亮度；$L\downarrow$ 为大气下行辐射亮度。

温度 T 的黑体在热红外波段的辐射亮度 $B(T_S)$ 为

$$B(T_S) = [L_\lambda - L\uparrow - \tau(1-\varepsilon)L\downarrow]/\tau\varepsilon \tag{2-2}$$

T_S 可以用普朗克公式的函数获取，即

$$T_S = K_2/\ln[K_1/B(T_S)+1] \tag{2-3}$$

对于 TIRSBand10，$K_1 = 774.89\mathrm{W/(m^2 \cdot \mu m \cdot sr)}$，$K_2 = 1\,321.08(\mathrm{K})$。

博罗科努山一带地质构造丰富，沿主要构造带发育多处温泉及地热异常。开展以遥感方法为主的地热资源研究对本区域地热资源开发利用、地质旅游、地质构造研究具有一定的意义。图 2-15 为 4 月、7 月、8 月和 10 月研究区的热红外地温反演。

二、监督分类

通过目视解译，野外调查确定地表岩石、水系、植被等不同类型，利用已知地物对遥感解译过程进行训练以达到提高解译效果的目的。常见的监督分类包括支持向量机、最小距离、马氏距离、平行六面体、神经网络、最大似然。高光谱技术领域解译算法包括二进制编码、正交子空间投影、波谱角、最小能量约束、自适应一致估计、光谱信息散度等方法。图 2-16 为研究区监督分类图。

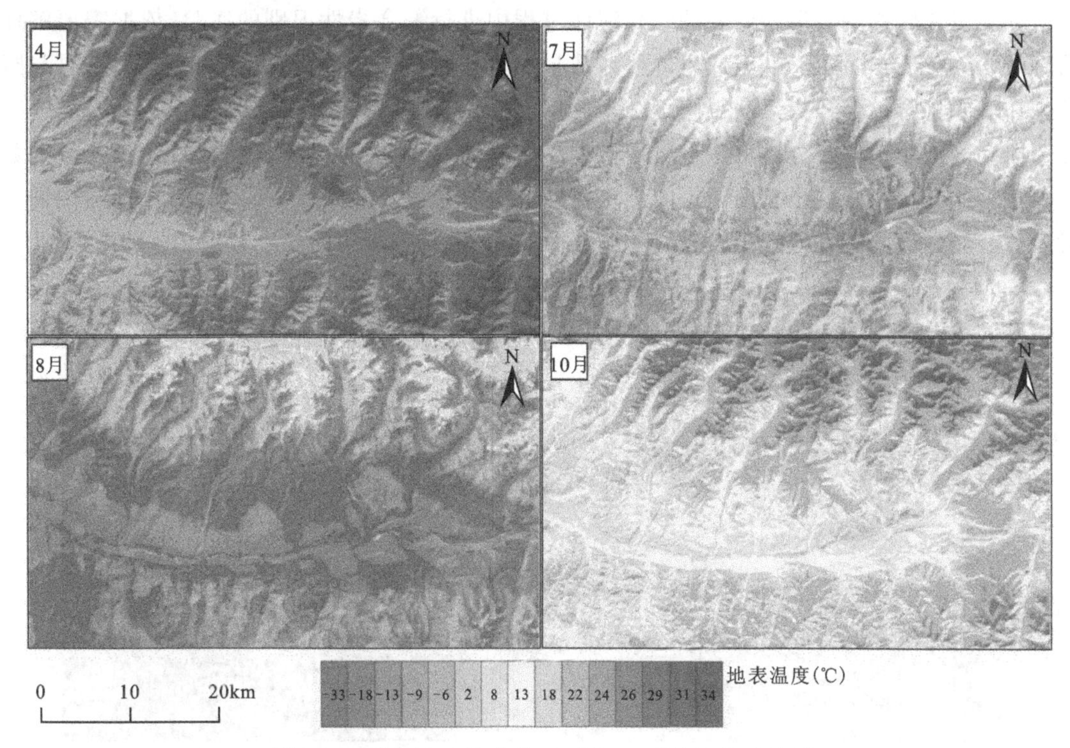

图 2-15　研究区 4 月、7 月、8 月和 10 月的地温反演图

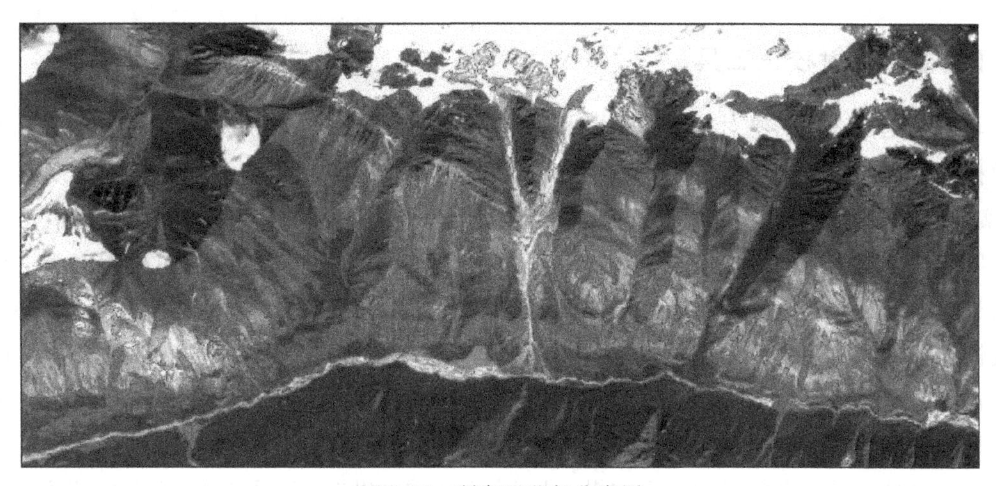

图 2-16　研究区监督分类图

三、非监督分类

非监督分类是指在未获得先验经验或知识指导下进行图像的聚类和分类分析。通过单波段、多波段聚类后进行自然地物相似光谱集，非监督分类无需获得先验知识，依靠多光谱、高光谱要素按影像中的图像本身相似信息进行统计，以达到分类的目的，最后再依据对应地表特征确认分类属性。常见的、较为成熟的是 ISODATA、K-Mean 方法等。

在对研究区蛇绿岩混杂岩岩性综合解译过程中进行综合岩性识别的实验，依据需要解译的辉长岩、蛇纹石化橄榄岩、玄武岩等块体数量设置非监督分类数目，将非监督分类结果与野外工作结果进行综合分析以获得解译结果。

研究区采用非监督分类方法进行岩性类型解译时，一般分类设置分类数目比最终分类数目要多3～4倍为宜，这样有助于不同类型岩性的提取和识别。如图2-17所示，小范围内需要对砂岩、泥岩、砾岩、灰岩、花岗岩进行非监督分类，非监督分类中的类别数以10～15个为宜。

图2-17　研究区非监督分类解译效果

四、相对辐射校正工具

辐射校正方法包括绝对辐射校正和相对辐射校正两种。绝对辐射校正使用卫星同步观测数据，通过精确的遥感器校准、大气校正等，将影像中像元值转换为地物的辐射亮度或反射率，实际应用中存在较多限制。相对辐射校正（即归一化）通过调整目标影像的像元值来实现目标影像与参考影像的近似匹配，不需要卫星同步观测数据，计算简便，应用更为广泛。相对辐射校正方法又分为基于分布和基于像元对的方法。前者考虑整个影像的数据分布特征，通过线性拉伸的方法使得目标影像具有与参考影像相近的灰度分布，如直方图匹配、最大-最小归一化等，计算简便但容易造成原始光谱的变形。后者使用伪不变地物作为辐射控制样本来建立目标影像和参考影像各个波段间的回归关系，然后使用回归方程进行相对辐射校正。该类方法简单易行且具有较好的校正效果，但该类方法的关键在于PIF的准确选取（施海霞等，2021）。

研究区使用遥感数据种类较多，由于不同遥感影像的辐射、传感器特征差异，使用相对辐射校正工具进行数据处理以降低不同图像之间的图像差异。对不同的遥感影像进行相对辐射校正后，可以较大幅度提高监督分类、非监督分类和其他模型分类的实验效果。

由于研究区范围较大，因云雪、气候、植被、光照、季节等影响，需将多景不同源、不同时域、不同类型影像进行融合拼接。图2-18是经过相对辐射校正后的图像效果，经过图像相对辐射校正后，消除不同卫星影像之间明显辐射差异，使图像亮度和对比度更加明显。图像可视化效果好,目标物体更加清晰可辨,细节更加丰富。同时,相对辐射校正还能减少图像中噪声和阴影影响,使图像整体质量得到改善。图像质量的改善对后期 1∶5 万遥感解译图制作、监督分类、非监督分类、目标监测、变化监测、目视解译等有一定意义。

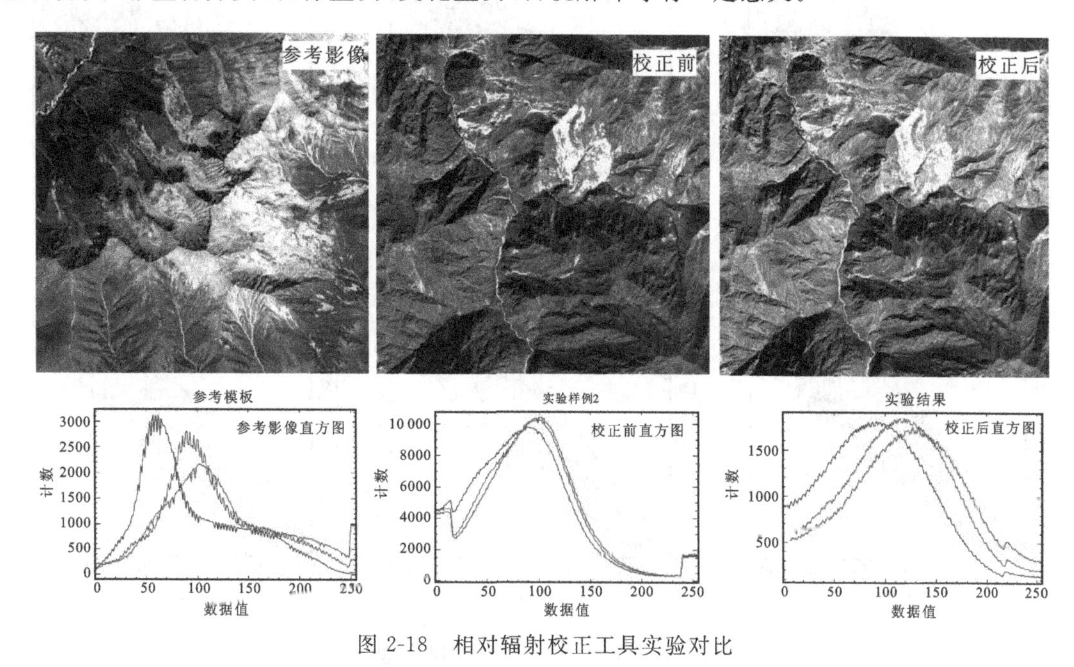

图 2-18　相对辐射校正工具实验对比

五、散点图

地质解译中常需要讨论不同波段的相关性,散点图是比较常见的统计工具。在不同波段回归分析中,将不同波段点数据投射在直角坐标系平面上。散点图表示因变量随自变量而变化的大致趋势,据此可以选择合适的函数对数据点进行拟合。二维散点图用两组待考察波段投图到直角坐标系,考察投射点的分布状况,判断两波段之间是否存在某种关联或总结坐标点的分布模式。散点图虽可以同时观察多个变量间的联系,但是观察平面散点图时,有可能漏掉一些重要的信息,三维散点图就是在 3 个变量确定的三维空间中研究变量之间的关系,由于同时考虑了 3 个变量,常常可以发现二维图中未能发现的信息(张文彤等,2011)。

研究区典型地层二维散点工具可直观投射散点(图 2-19),依据波段之间回归关系进行数学关系预测,常见的预测模型有线性模型、二次模型、指数模型、几何模型、双曲线模型、对数平方模型等。

六、图像归一化

图像归一化指将不同遥感图像数据进行统一量纲处理,使其具有相同范围或分布特性。遥感图像处理中,不同图像可能具有不同亮度、对比度和直方图分布等特征,这会使图像分析较为困难。因此,需要对图像进行归一化处理,以消除亮度和对比度差异,使不同图像具有一致的特征。遥感归一化目的是使不同图像具有相同数值尺度和数字范围,使其在统计和空间

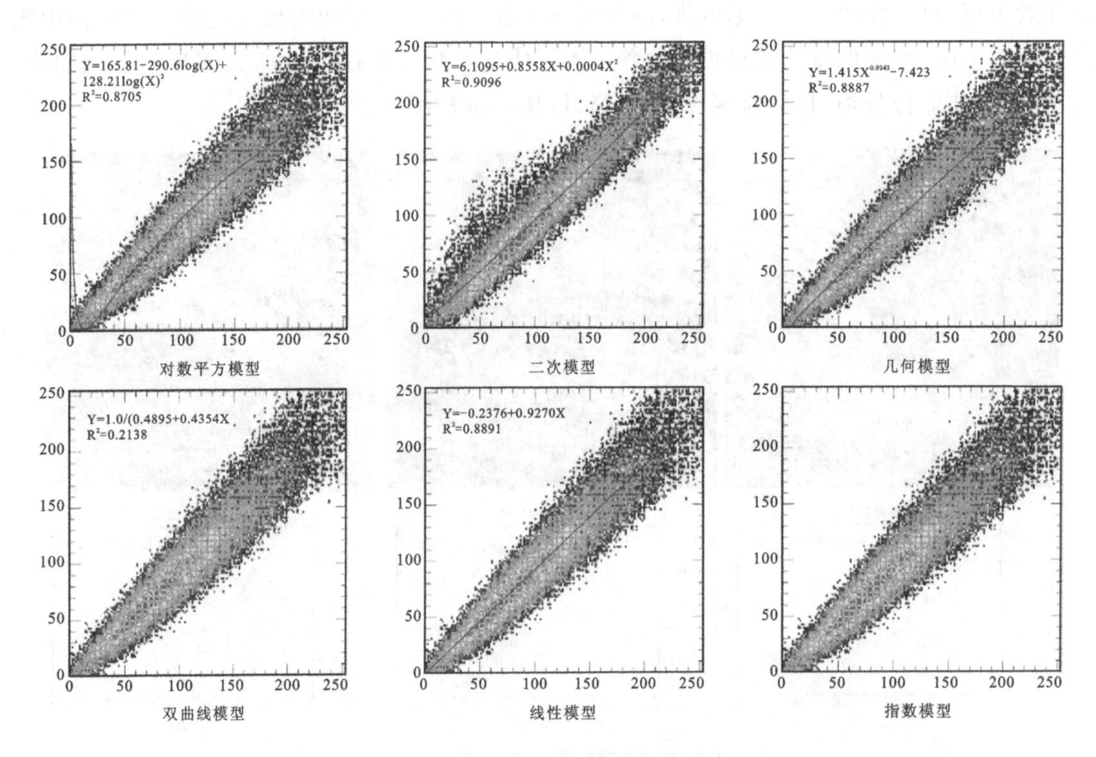

图 2-19　常见二维散点图回归预测

分析中能够直接进行比较和分析。常用归一化方法包括线性拉伸、直方图匹配、百分比线性拉伸等。例如，由于研究区不同时域、空域图像需要进行图像镶嵌，但不同影像之间存在较大的图像差异，因此需要进行归一化图像处理，图 2-20 为对研究区典型岩石地层进行归一化操作后的效果图。

使所有 DN 值范围统一到[0,1]之间，常见的线性归一化公式：

$$\text{Result}=(DN-DN_{min})/(DN_{max}-DN_{min}) \tag{2-4}$$

式中：Result 为归一化之后的值；DN 为原始像元值；DN_{min}、DN_{max} 分别为波段的最小值、最大值。

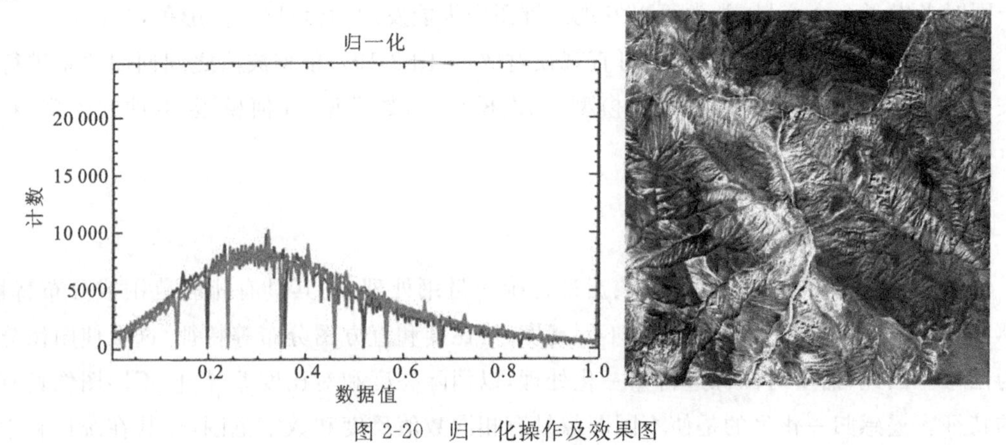

图 2-20　归一化操作及效果图

地质遥感解译过程中,部分综合评价工作可能会涉及多指标评价体系的综合计算,由于各评价指标性质和量纲不同,且在计算过程中存在精度、量纲转换等问题。当各指标间数值水平相差很大时,如果直接用原始指标值进行分析,就会突出数值较高的指标在综合分析中的作用,相对削弱数值水平较低指标的作用。在进行多源数据、不同量纲数据进行综合计算时,需要按照一定的规则进行图像的归一化。

第六节 实景三维剖面解译

地质剖面是地质调查工作的基本方法和基本手段之一。地质剖面的测量方法较多,从博罗科努山地质工作过程看,罗盘、测绳等传统地质剖面测量方法已经难以满足高精度、高效率地质调查工作的高质量发展需求。随着无人机、实景三维技术的不断发展,利用无人机、数字相机、多源遥感影像开展基于数字技术的地质剖面研究,对调查区地质遥感工作具有一定的实际意义。

研究区实景三维技术地质剖面主要从实景三维获取方法、剖面实景三维建模流程、三维剖面测量方法等方面进行研究,通过引入实景三维、二维投影技术为实景三维剖面测量技术赋予较高的数学精度,与传统剖面相比,地质剖面测量技术、测量成果具有较好的数学基础,工作成果具有明显的高精度、高效率等特征,因此实景三维地质剖面测量技术具较好的应用前景。

一、实景三维获取方法

地质剖面实景三维获取的主要方法有传统方式建模、倾斜摄影测量建模、激光测量建模、近景摄影测量建模等。

早期地理信息三维建模利用 DEM、DOM 进行快速建模,通过常用软件获取三维场景。使用三维场景和表面模型技术,结合真实地理空间数据、高程数据和其他数据建立三维模型,通过三维建模,用户直观地观察三维模型与地质信息,把点、线、面数据通过贴合展示于 DEM 表面。三维建模的主要功能包括地形分析、三维分析、虚拟漫游等。三维地质遥感解译中,DEM 结合多源、多时相遥感影像,通过目视方法进行断层解译、地层解译、地质灾害解译等。

倾斜摄影测量是通过倾斜方式获取地表或地物三维信息的测量技术,它早期主要服务于测绘工作,随着地质调查和矿产勘查工作精细化需求不断加深,倾斜摄影测量方法广泛应用于地质技术领域。相对于传统垂直摄影测量,倾斜摄影测量能够提供更多角度的影像数据,获取更全面和精确的地物形态和纹理信息。倾斜摄影测量是通过航空或无人机等平台搭载倾斜摄影系统完成倾斜摄影。倾斜摄影系统通常包括多镜头相机、定位设备(如 GNSS)、姿态传感器等。通过航向、旁向摄影测量,摄影同时定位设备和姿态传感器,以获取影像准确位置和姿态信息。

机载、手持、可移动式激光设备获取小范围地质剖面实景三维。激光实景三维技术通过激光扫描和测量物体表面,将数据转换为三维模型,在建筑、遗址、文物、地形、道路等测量和建模应用较成熟。利用激光束发射器发射出脉冲激光束,经过反射、散射等过程,接收器接收到返回的激光信号,并通过计算光的往返时间来确定目标物体距离。激光雷达可以提供高精度、高分辨率的地理数据。在地质领域中,激光雷达可以应用于地质剖面测量、地质灾害监测和地质探槽测量等方面。通过激光雷达可快速获取地质体三维信息,包括地表高程、地形特征、地表变形等。这些信息对于地质调查和地质灾害预测具有重要意义。

智能手机、数字相机等便携式摄影设备不断普及,地质队员携带便携式摄影器材可以进行特殊地质现象近景三维获取。通过多组重叠相片实景三维建模,可生成高分辨率地表模型或地质剖面模型。基于近景摄影测量的实景三维影像可以获取典型地质现象、地质剖面、探槽等详细特征,例如确定地表出露形态、构造变形特征。近景摄影测量在地质调查中的具有携带设备方便、建模快速;获取实景三维分辨率高,成图比例尺大,获取数据可测量特征明显的优势。

二、剖面实景三维建模流程

1. 数据采集

针对不同地质应用领域,依据不同地区数据获取的难易程度、效率、质量等,通过多镜头无人机、消费级无人机、近景摄影测量相机、激光雷达等进行数据获取。例如,某矿产重点勘查区范围为 $20km^2$,利用长航石油动力无人机进行五镜头实景三维数据获取;独库公路灾害地质调查因地质灾害点沿公路带状分布,采用大疆 M600 多镜头无人机小区域三维数据获取;独库公路部分路段崩塌调查研究中,可使用激光雷达获取实景三维影像;区域地质调查中,地质队员单人携带便携式无人机、单反相机、智能手机等,就典型地质现象进行近景摄影测量,获取典型地质剖面或现象的实景三维;在秦岭矿产勘查区进行地质探槽工作,可以使用无人机、智能手机、照相机、激光雷达等进行实景三维获取。

2. 数据检查和预处理

数据采集后需对数据质量进行检查和数据预处理,数据预处理和质量满足建模要求才能进行三维建模。常见的数据检查和预处理主要包括:影像质量及文件格式检查、影像重叠度检查、POS 记录信息及影像对应关系检查、影像匀光及匀色处理、单张航片偏色检查等。检查影像文件格式是否符合建模要求,并对影像质量进行评估,如分辨率、清晰度、噪声等方面的检查;通过对不同航摄航线之间的重叠部分进行比较,检查影像重叠度是否符合建模要求;POS 记录是航摄飞行时记录的位置和姿态信息,通过检查 POS 记录信息与影像的对应关系,可以验证影像的几何精度和位置信息的准确性;对原始影像进行匀光和匀色处理,以保证影像的亮度和颜色在整个测区内一致。匀光处理可以调整影像的亮度均匀性,匀色处理可以调整影像的颜色一致性;检查每张航片是否存在偏色问题,例如色偏、色彩过饱和等。对于有偏色的航片,可以进行色彩校正处理,以保证单张航片的色彩准确性。

3. 剖面三维建模

剖面三维建模的流程主要包括倾斜影像空中三角测量、匹配生成密集点云、纹理提取及三维实景建模等。倾斜影像数据包括垂向影像数据和倾斜影像数据两部分,虽然倾斜影像数据获得了更加全面的地物纹理信息,但是给数据的计算增加了难度,使用传统的同名像点自动量测算法无法满足两种数据计算的需求。倾斜摄影过程中形成了实时动态的 POS 数据，可将其作为初始方位元素，借助多基线多特征匹配技术完成相对定向和绝对定向处理，生产出多视角联合空中三角测量，为三维实景建模奠定基础。在完成多视角联合空中三角测量的基础上，通过多视角影像密集匹配流程获得拟建模区域密集点云数据，经过点云提取、合并、优化、光滑处理后构建 DSM，进而可用于三维实景模型的构建或生成正射影像。在完成多视角影像空中三角测量处理后就具备了三维实景建模的基础，在点云密集匹配过程中，纹理提取按照单模型点云提取的方式进行，即将建模区域分割成不同规模的区块，可将其表述为子区域，对子区域进行纹理影像的配准和纹理贴附，同时对相应文件进行优化处理，最终将各个子区的纹理融合在一起，不仅提高了模型分层次浏览的效率，还提高了三维实景建模质量（叶思远，2021）。

4. 三维模型的优化

在地质剖面实景三维建模后，三维模型常有水体空洞、图像模糊、视场盲区、模型悬浮物、细小的杆状地物、镜面等反光、地物产生的模型漏洞、区域色调差异过大等不良现象（徐娜，2020），对三维地质模型进行优化和编辑，可以提高模型的质量和精度。对模型进行去噪、填补空洞、修复不完整的部分等操作，以获得更准确和完整的地质模型。

三、三维剖面测量方法

1. 产状测量

传统产状测量是在岩层露头上，通过直接测量目标岩层倾向、倾角等参数获得产状。这种测量方法主要依靠地质罗盘，罗盘产状测量方法简单可靠且测量结果准确度较高，但缺点也显而易见，如测量人员需具备一定的专业知识和测量技能，罗盘测量过程中需避免磁场、金属物的干扰，相对于专业测量仪器，罗盘观测精度较低。相对于三维技术的产转测量方法，罗盘测量法的观测精度和观测效率还存在争议。彭思元等（2022）针对高陡边坡、岩性不稳定等不易到达的区域，开发了无人机三维虚拟化构造产状测量软件系统，解决了传统测量方法存在的安全性差、测量效率低等问题，采用无人机与三维虚拟化等方法，对于进一步应用其开展三维地质测量等工作具有一定作用。董文川等（2022）针对高陡岩质斜坡三维实景建模精度较低且自动解译困难现状，提出一种基于无人机多角度贴近摄影测量技术的高精度三维实景模型构建方法，实现毫米级三维实景模型的构建，为后续结构面的精细解译提供数据支撑。他将突变理论运用到由实景模型生成的三维岩体结构面点云检测中，通过在尖点突变模型中判断点云物理信息是否处于突变状态，实现结构面的自动识别，简化了传统算法需要输入大量参数的过程。在此基础上，他又开发了岩体结构面自动解译（ARFD-RMS）平台，实现了岩体结构面识别与解译过程的自动化和可视化。付德荃等（2023）在高陡边坡的危岩体调查中，受限于调查人员可到达的范围，难以获取危岩体的特征参数，从而影响危岩体的稳定性判别。通过无人机摄影测量技术能够安全、快速、全面、精准地获取危岩体的特征信息。他以鸡冠岭崩塌隐患为例，利用无人机摄影测量技术获取坡面高精度影像，通过提取点云数据构建三维模型，基于最小二乘法完成平面拟合，获取危岩体的体积及结构面产状信息。通过实践，无人机摄影测量技术在识别高位隐蔽危岩体方面具有优势，同时对于发展基于无人机摄影测量技术定量判定危岩体的稳定性方面具有借鉴意义。

三点法或线性回归法是产状测量的常见方法（王俊锋等，2014），基于产状面三点或多点坐标测量数据，通过计算获得平面倾角和倾角。图 2-21 为研究区典型实景三维影像，通过直接测量岩层产状面获得测量坐标，采用三点法或线性回归法进行产状测量计算。

图 2-21　实景三维地质剖面测量模型

2. 玫瑰花图绘制

地质玫瑰花图制作简便、特征醒目，可以清楚地反映主要节理趋势方向，有助于分析区域构造。路线地质调查、剖面地质调查中节理走向玫瑰花图较为常用，通过将玫瑰花图与区域地质构造结合起来，分析区域构造方向、层次等。例如，把节理玫瑰花图按测点位置标绘在地质图上，就能清楚地反映出不同构造部位的节理与构造（如褶皱和断层）的关系。综合分析不同构造部位节理玫瑰花图的特征，能得出局部应力状况，甚至可以大致确定主应力轴的性质和方向走向，节理玫瑰花图多应用于节理产状比较陡峻的情况，而倾向和倾角玫瑰花图多用于节理产状变化较大的情况。

相对于罗盘测量方法，实景三维方法测量步骤和工作量明显简化，因此基于不同的研究区和地质剖面，不同类型的产状一般不小于 40 组。将实景三维测得的节理产状输入到分析软件中，完成产状各要素的计算、倾向玫瑰花图、裂隙等密图绘制工作。图 2-22 为玫瑰花图示例。

3. 剖面绘制

因实景三维具有较高的数学精度和较好的可测量性，因此实景三维的地质剖面制图宜采用投影方式完成（王俊锋等，2023）。它的投影原理是空间点在平面的投影可以看成经过特定点的直线与平面的交点。空间点在平面上的投影问题可概括为直线和平面交点的求解（朱鹏先等，2021）。

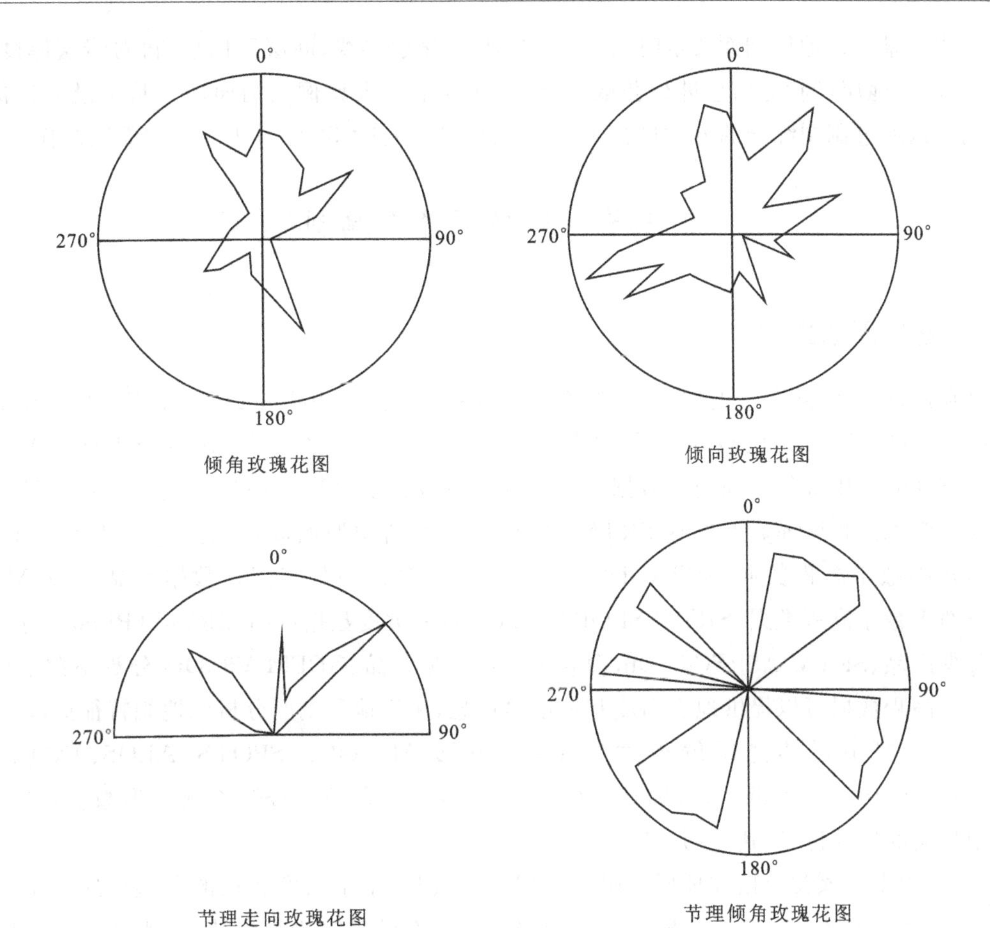

图 2-22 典型玫瑰花图

设非零向量 $\boldsymbol{g}=(m,n,p)$

设实景三维体一点 $w=(x_0,y_0,z_0)$

设投影平面 S 方程为 $Ax+By+Cz+D=0$

设水平面为 H。

经过 w 点的向量 $\boldsymbol{g}$ 方程为：

$$\frac{x-x_0}{m}=\frac{y-y_0}{n}=\frac{z-z_0}{p} \tag{2-5}$$

当 $Am+Bn+Cp\neq 0$ 时，非零向量与投影面有交点，交点为投影点坐标

$$x=x_0-\frac{m(Ax_0+By_0+Cz_0+D)}{Am+Bn+Cp} \tag{2-6}$$

$$y=y_0-\frac{n(Ax_0+By_0+Cz_0+D)}{Am+Bn+Cp} \tag{2-7}$$

$$z=z_0-\frac{p(Ax_0+By_0+Cz_0+D)}{Am+Bn+Cp} \tag{2-8}$$

投影至平面的实景三维模型实际是将地质剖面构造、地层等信息以二维平面方式展现。通过三维采集软件进行剖面要素的采集，可以获取投影后精度较高的地质剖面图。利用三维

软件采集实景三维地质剖面要素时，首先采集地层、接触界线、断层等信息，再对岩层厚度、砾石直径大小、地层产状等信息进行获取，最后初步获取最大比例尺剖面图。基于最大比例尺剖面图可以通过制图综合的方式进行 1∶2000、1∶1000、1∶500、1∶100 等剖面图制作。

第七节 遥感解译图编制

一、基础遥感数据

地质解译和蚀变信息提取遥感影像主要数据源包括 Modis、Landsat、EO-1、Sentinel、NOAAVHRR、高分一号、高分二号、高分三号、资源一号、资源三号、Aster、SPOT5、ALOS、IKONOS、QuickBird 等不同类型数据。这些数据可以提供高分辨率地表信息并用于蚀变信息提取。常见高程解译数据包括 SRTM DEM 90m 分辨率原始高程数据、ASTERG GDEM 30m 分辨率数字高程数据、SRTM DEM UTM 90m 分辨率数字高程数据产品、GDEM V2 30m 分辨率数字高程数据、SRTM SLOPE 90m 分辨率坡度数据产品、SRTMTPI 90m 分辨率坡位数据产品、SRTM ASPECT 90m 分辨率坡向数据产品、GDEM V3 30m 分辨率数字高程数据等。高程数据可以提供地表高度和坡度等信息，用于地质剖面分析和地貌特征提取。

博罗科努山遥感地质解译过程中，常用 ETM、Aster、SPOTS、ALOS、IKONOS、QuickBird、Sentinel、Modis、Landsat8、EO-1、WorldView、资源三号等不同类型数据，针对不同类型数据的技术特点，其应用领域略有差异，具体如下。

ETM 数据。该类数据在地质遥感中应用时间较长，基于该类数据的典型性应用案例也较多，技术较为成熟。由于该数据幅宽、时相较多，具有较易收集等优势，该类数据在一般地质解译中应用较多。研究区内 1∶25 万、1∶50 万、1∶100 万、1∶150 万、1∶250 万综合解译底图使用该数据；1∶5 万、1∶10 万、1∶25 万、1∶50 万蚀变信息提取常采用该数据；多源遥感信息综合提取中，该方法获取的蚀变异常可以对其他类型遥感进行对比分析；在 NDVI 综合分析中也常使用该类数据。

Aster 数据。该类数据获取简单且成本较低，光谱分辨率较好，研究区内使用该数据进行岩性识别、蚀变矿物填图、构造解译等。研究使用该数据完成 1∶5 万、1∶10 万、1∶25 万蚀变信息提取，并开展 1∶5 万、1∶10 万、1∶25 万岩性填图实验。

SPOT5 数据、ALOS 数据。该类数据空间分辨率高，可完成 1∶5 万地质底图解译及其他图件生成。

IKONOS 数据、QuickBird 数据。该类数据分辨率较好，部分重点区域无人机无法工作或范围较大地区一般采用该数据进行构造解译。研究区运用该类数据完成 1∶1 万遥感底图解译或针对典型地质现象进行重点解译。

Sentinel 数据。该数据时效性较好且易于收集和处理，不同于常见影像，该类数据的大气校正方法较为简单且精度较高，多光谱几何分辨率高达 10m，可用于 1∶5 万遥感底图解译，其中雷达数据可用于典型地震带的研究。

Modis 数据。该类数据具有易于收集和处理、覆盖范围较大、数据获取成本低、重复观测时间短等特点，但其分辨率较低，一般适宜于大范围中小比例尺遥感底图解译生产，研究区内主要用于 1：400 万、1：100 万等遥感底图解译生产。

Landsat8 数据。该类数据具有便于收集、覆盖范围大、分辨率适中、处理简单等特征，一般用于研究区 1：50 万、1：25 万、1：10 万、1：5 万等遥感底图解译；该数据经过彩色合成后与高空间分辨率影像融合形成解译底图；综合蚀变信息提取可靠性较高；研究区部分地热异常提取可以采用该遥感数据完成。

EO-1 数据。该类数据可搭载民用成像光谱仪 Hyperion，拥有 242 个波段，光谱覆盖范围为 355～2577nm，空间分辨率 30m。依据光谱分辨率高、空间分辨率适中、包含可见光近红外短波红外等特征，它在研究典型矿物识别、岩性识别等领域应用较广，依据该影像可以对部分重点区域的岩性进行识别实验。

WorldView 数据。该数据的全色分辨率为 0.46、多光谱分辨率为 1.85，主要用于典型矿区遥感底图解译、高分辨率地质解译等，研究区重点部位 1：5000、1：10 000 地质底图解译。例如，研究区典型蛇绿混杂岩带填图采用该数据生产解译底图。

资源三号数据。国产高分辨率立体测图卫星，资料廉价且易于收集和处理，主要用于研究区部分 DEM 生成、地形修测、图像融合、大比例尺遥感底图解译。

二、解译底图编制

不同类型遥感影像的参数差异在遥感解译底图生产过程中因用途和使用方法不同表现出明显差异，区域构造解译常采用幅宽较高、分辨率低的影像；小范围大比例尺填图常采用分辨率较高的影像；小范围岩性识别采用多光谱或高光谱影像等。针对不同层次的遥感应用，本次研究主要收集 Aster、QuickBird、TM/ETM、WorldView、Sentinel 系列卫星及资源三号等遥感卫星资料。数据收集坚持多时域、多类型遥感资料的对比和分析，资料收集中云雪覆盖度最小，遥感影像解译满足不同时域分布，数据无明显畸变或者拉花现象，基本覆盖博罗科努山—阿吾拉勒山地区。经过初步检验，数据能够较好地反映岩石地层等特征，遥感底图色调、对比度、纹理等均能满足一般的解译和研究需要。

针对不同的地区及不同的找矿和研究需要，灵活采用不同时相、不同类型、不同分辨率的遥感影像进行综合研究。高分辨率的影像有 QuickBird 和 IKONOS；中等分辨率的影像一般包括 SPOT5、Landsat8、ETM、Sentinel-2 等；低分辨率的影像有 Modis 等。因解译地区及解译目的不同，所选取遥感影像、波段组合、解译方法等存在较多差别。遥感底图制作流程主要包括原始影像收集、数据预处理、图像镶嵌、图像校正、彩色合成、数据融合、图像增强、蚀变信息提取等。在遥感底图制作基础上按照制图要求进行数据裁剪、地图整饰、注记、解译等。基础性遥感底图的制作需获得解译地区丰富岩石遥感信息、信息可解译性、底图的现势性等特征。针对不同的解译目的，优选不同遥感影像和不同波段的组合。

1. 影像处理流程

常见卫星影像格式如 Landsat8、Sentinel-2、Modis 等在处理之前需要采用相应的软件将数据转换成通用数据格式。制作过程主要包括原始影像数据的收集、处理、拼接、几何校正、投影等。遥感底图制作过程如图 2-23 所示。

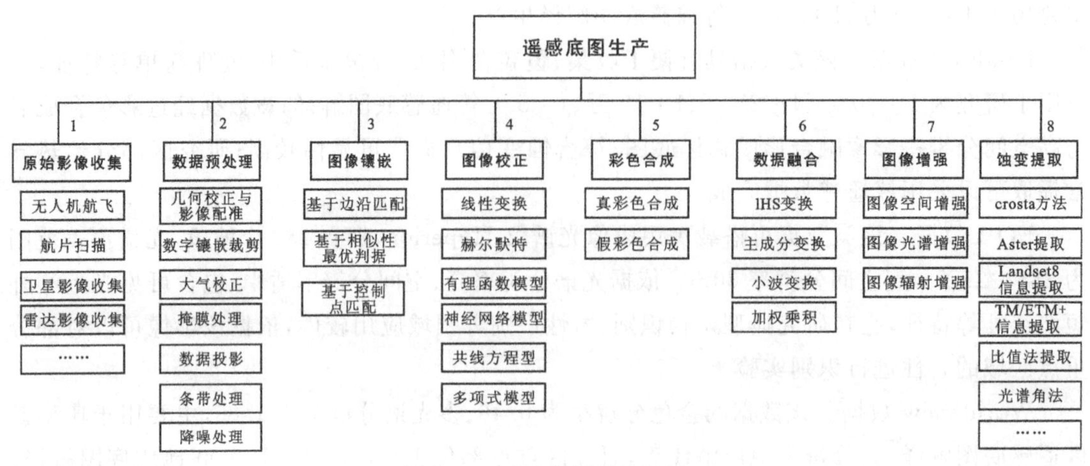

图 2-23　遥感底图制作流程

2. 影像处理方法

为保证遥感影像效果,需对遥感影像整体质量进行初步检查,检查内容主要包括数据云雪覆盖度、有无坏道、有无缺失等,检查植被、冰雪等对解译目标的影响程度,评估影像的整体质量。及时发现并修正影像中存在的质量问题。数据预处理的流程主要包括几何校正与影像配准、数字镶嵌裁剪、大气校正、掩膜处理、数据投影、条带处理、降噪处理等。对形变信息的提取需要在预处理阶段进行数据的归一化等,以改善不同类型时域、不同分幅的数据背景差异问题。预处理阶段中常见的预处理方法主要包括辐射校正、地形校正等。

高光谱或多光谱遥感影像需在地质解译过程中获得最佳的波段组合,为整个研究区解译基础图像提供保障,波段组合选取是区域性、基础性影像的制作重点之一。例如:Landsat7 影像选择 TM(7、4、1)波段,组合后的影像清晰度高,干扰信息少,有利于地质信息的解译,并且有利于各类岩性、褶皱等信息的体现;Landsat8 影像选择 TM(4、3、2)波段,组合为自然色组合;Landsat8 影像选择 TM(7、4、2)波段,假彩色合成岩石信息能较好体现,常用于岩石地层解译。图 2-24 为针对城镇、湿地、裸岩、农田等不同波段组合进行的解译对比实验,依据解译对比实验选择合适的波段进行遥感解译。

通过建立地面标志点与测量值(理论值)之间的函数关系,使原始遥感影像获得新的数据基础。通常地面标志点的选择主要满足均匀、无歧义、足量等条件,校正过程中通常设置野外检核点进行检核或者采用大比例尺地形图进行检核等。校正点常选用道路交叉点、河流交叉点、铁路交叉点等。每景遥感影像控制点不少于 25 个,并适当增加 10%的检核点,以检查校正精度。

多传感器、多分辨率级别、多光谱、多时相是现代遥感影像的基本特征,为了解决不同传感器之间空间分辨率、光谱分辨率、时间分辨率之间的矛盾,常采用多源影像进行影像融合,融合后的影像可以获得较高的光谱信息、较高的空间分辨率,以及更多的细节信息。

遥感影像融合是信息融合技术的一种,是根据应用目的,通过高级影像处理技术对多源

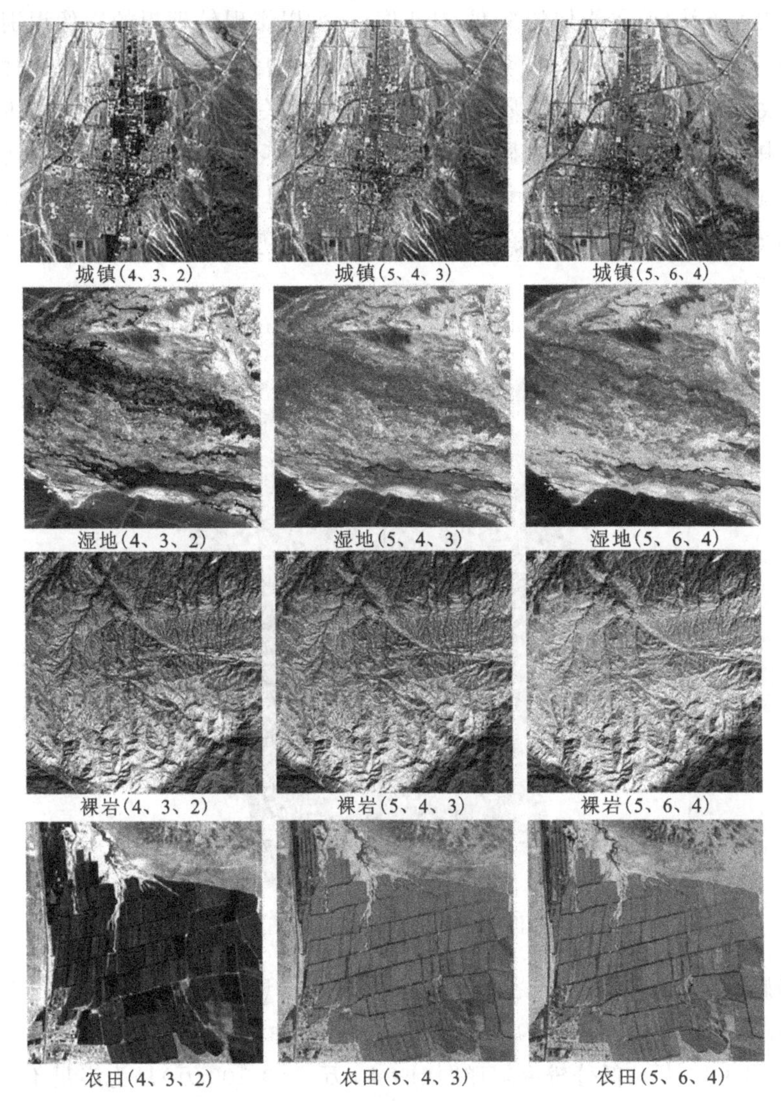

图 2-24　不同类型地质地貌波段组合对比图

注：括号内数字为所使用波段。

影像进行复合，从而生成新影像的过程。目前，遥感影像融合方法有数百余种，较为常用的有IHS变换法、主分量变换法(PCA)、BROVEY、基于小波的融合法等。融合方法有IHS变换法、比值运算法、主成分变换法、GS正交化光谱融合法、小波变换法等，不同方法优劣各异。图像融合后对其光谱分辨率、空间分辨率的表达效果进行对比研究，筛选效果中较好的底图作为解译成果底图。

博罗科努山-阿吾拉勒山遥感解译中常采用Aster、Landsat8影像、资源三号、快鸟影像等进行融合，运用IHS、比值变换融合方法，融合后色彩还原性较好、信息丰富。在1∶1万～1∶5万尺度解译中效果更好。

通过影像空间增强、光谱增强、辐射增强等，使不同影像获得较佳识别能力。为了突出岩石、构造等遥感信息，常采用直方图拉伸、直方图均衡化、直方图正态化、直方图规定化、对数变化、指数变化等方法，改善影像的亮度、对比度、色度以实现较理想的影像识别效果；通过空域或频域变换来增强高频、中频、低频的信息，通过锐化增强、边缘增强、卷积滤波等来提取影像边沿信息、纹理特征等，以及与地质构造、地层岩性有关的信息；为降低不同时域影像在拼接、接边过程中色调、纹理特征的明显差异，通过直方图匹配或适当调整影像色彩平衡度、亮度和对比度等功能实现影像色调匹配；镶嵌处理过程是用于两景或多景影像整合为一幅整体影像处理过程，研究区覆盖范围较大，不同类型影像涉及色调匹配、镶嵌以避免接边处有明显的色差(图 2-25)。

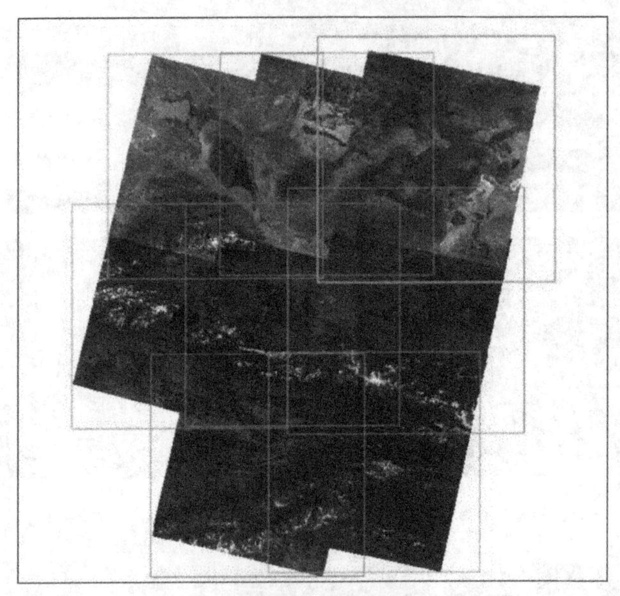

图 2-25　遥感影像镶嵌图

研究区遥感专题图依据解译内容的不同分为蚀变信息提取图、构造解译图、综合解译图(图 2-26)；依据解译比例尺不同分为高分辨率解译图(1∶1000～1∶2.5 万)、中分辨率解译图(1∶2.5 万～1∶10 万)、低分辨率解译图(1∶10 万～1∶100 万)。为满足不同类型专题地图解译效果，通过信息增强、波段计算、信息融合等方式有效利用其丰富的光谱信息，提取与地质、成矿有关的影像信息。依据制图范围、制图比例尺制作专题图框，裁剪遥感影像，遥感解译，添加遥感解译信息，制作图例、接图表、图名等。

3. 影像图制图

研究区 1∶50 万遥感地质综合解译底图制作数据源可选 MODIS、Landsat7、Landsat8 等，解译底图按标准分幅进行镶嵌和裁剪。1∶50 万标准分幅图有 L44B002002、L45B002001、K44B001002、K45B001001 等 4 幅。图 2-27 为 Landsat8 影像镶嵌及裁剪示意图。例如，收集行列号 145028、145029、145030、146028、146029、146030、147028、147029 等图幅 Landsat8 影像经遥感影像，经过投影、波段组合、影像拼接、图像裁剪、图像增强、图框制作、接图表制作等初步形成遥感地质解译底图；1∶25 万解译底图采用 Landsat8、资源三号等资料，经影像裁剪、投影变换、地图编辑等形成解译底图。

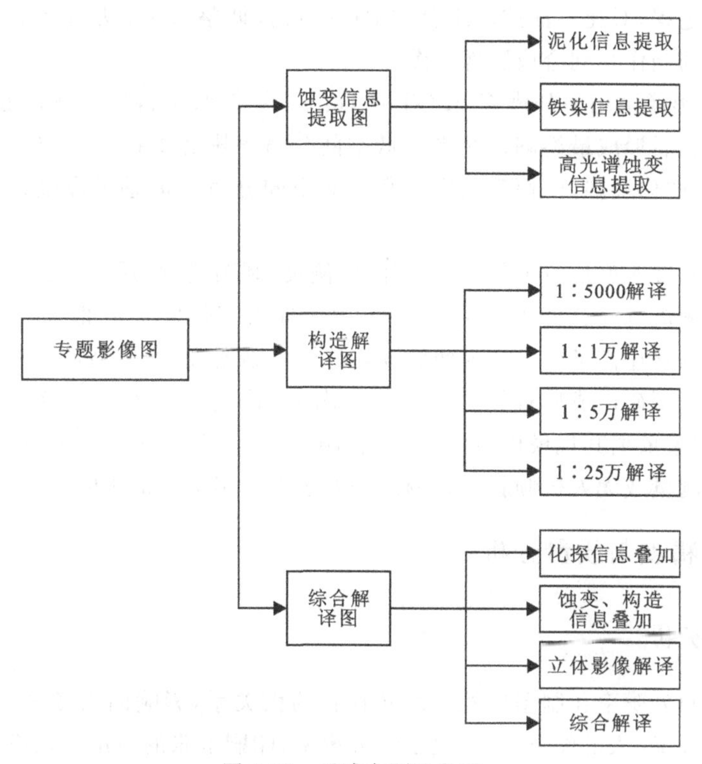

图 2-26 遥感专题图类型

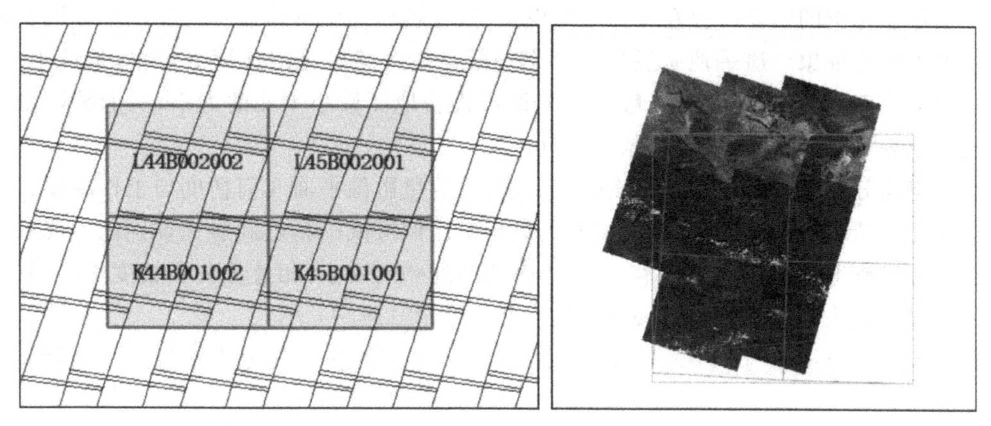

图 2-27 L44B002002 幅 Landsat8 影像镶嵌及裁剪示意图

1∶5 万遥感影像解译主要满足区域地质、水文地质、植被、地质灾害等调查解译，遥感影像经数据预处理、校正、镶嵌、裁剪、图像增强等，依据不同地质地貌特征选择适当的波段组合。Landsat8 遥感影像(4、3、2)波段组合为真彩色合成，合成影像接近地物真实色彩，图像色调适中，纹理均匀，但该合成图像易受大气影响，云雾影响时图像不清晰；(5、4、3)波段为标准伪彩色波段，用于农作物、植被、湿地等相关监测，在这种波段组合下，地物色彩鲜明，植被显示为红色，植被越健康，红色越亮，有利于区分植被的种类和水体的识别；(5、6、4)波段为红外波段与红色波段合成，合成影像水体边界较清晰，利于水陆边界识别，有效区分陆地和湿地。研究区解译底图针对不同类型地质地貌，遥感影像彩色合成组合方案略有差异，针对较为特殊地形地貌解译过程，对比不同波段组合方案进行最优调整，1∶5万遥感影像解译底图生产依据不同解译目的制作系列合成影像底图。

1∶1万遥感影像采用中分辨率SPOT或资源三号影像资料形成解译底图，部分全色影像需进行图像融合后形成最终解译影像。低空间分辨率影像Landsat8、Landsat7、Sentinel-2等通过几何校正、图像增强、图幅裁剪等步骤与高空间分辨率遥感影像融合形成大比例解译图件。

依据研究区发现典型地质现象范围、制图比例尺、制图目的、遥感数据覆盖范围等对典型地质现象制图区域进行综合分析。例如：中天山韧性剪切带发育呈北西向宽1～2km带状，韧性剪切带综合解译还需考虑剪切带两侧围岩的综合制图表达；典型矿区成矿预测遥感制图应适度考虑与该类型矿产成矿有关的地层出露制图表达，遥感影像分辨率需按照最大分辨率取值；典型地质现象依据其规模确定制图范围、制图比例、影像分辨率等，特别重要地质现象可采用近景摄影测量或无人机倾斜摄影测量等方法进行实景三维建模。

三、影像图精度与质量分析

1. 制图精度分析

遥感影像空间分辨率和制图比例尺之间存在约束关系，影响因素较多，比如与一般人的肉眼分辨率(0.1mm)、人的阅读习惯、显示器分辨率、印刷纸张的质量等均有一定联系。不同研究者采用不同评价方式得到相应的公式(翟晓彤等，2007)。对数据本身而言，高分辨率遥感影像制作小比例的解译图存在资源浪费现象；低分辨率遥感影像制作大比例解译图存在模糊或精度不够等现象。遥感地质卫星分辨率一般是指遥感影像的地面分辨率，是最小像元，代表地面最小面积的几何特征，一般以一个像素代表地面最小单元的大小，例如某影像一个像元代表地表1m×1m，其几何分辨率为1m。

影像空间分辨率是影响影像精度的重要指标，卫星影像平面几何精度与工作主要目的所要求平面几何精度保持一致，影像精度要满足相应比例尺成图精度和影像识别能力要求。过高的空间分辨率增加影像购买成本；若分辨率达不到一定要求，相片控制点精度得不到保证，细小的地物就无法判读，无法满足成图精度(李莉等，2011)。

普通人肉眼分辨率为0.1mm，以两倍误差为限，遥感影像空间分辨率与制图比例尺对应关系见表2-1。

表2-1 比例尺对应空间分辨率范围(李莉等，2011)

序号	比例尺	空间分辨率/m
1	1∶1000	0.2～0.4
2	1∶2000	0.4～0.8
3	1∶5000	1.0～2.0
4	1∶10 000	2.0～4.0
5	1∶25 000	2.5～10.0

研究区地质遥感解译实践中，依据遥感影像整体质量和空间分辨率、光谱分辨率等参数，典型的应用案例如下。

Landsat8、Lansat7 等遥感影像空间分辨率约为 30m，能满足一般 1∶10 万或更小尺度遥感图制作。SPOT4、Aster 等遥感影像空间分辨率优于 15m，能满足一般 1∶5 万或更小尺度遥感图制作。Sentinel-2 等遥感影像空间分辨率优于 10m，可满足一般 1∶2.5 万或更小尺度遥感图制作。RapidEye、SPOT5、ALOS 等遥感影像空间分辨率优于 5m，可满足一般 1∶2.5 万或更小尺度遥感图制作。QuickBird、GeoEye 等遥感影像空间分辨率优于 1m，可满足一般 1∶1 万或更小尺度遥感影像图制作。高分辨率影像（如资源三号）等与多光谱影像（如 Landsat8 影像）融合，获得较高分辨率的遥感影像，可适应相应级别遥感影像解译。1∶50 万、1∶25 万区域遥感地质图制作常采用 Landsat8、Landsat7、Sentinel-2 等多幅镶嵌后完成。Landsat8、Landsat7、Sentinel-2 等多高光谱影像经融合处理，基本可以满足 1∶5 万遥感解译图制作。典型构造现象、典型矿床的专题遥感底图制作其比例尺一般为 1∶1 万、1∶5000、1∶2000等不同尺度，多使用 QuickBird、IKONOS、WorldView 或无人机航片等。多光谱数据如 Landsat8、Aster 等融合后完成 1∶1 万、1∶5000 等图纸。典型地质现象、重要剖面、重要矿产、重要接触关系、重要但未解决的地质证据遥感影像图制作一般采用无人机航飞、近景摄影测量等技术进行实景三维建模。无人机航飞、近景摄影测量技术等获得遥感影像其制图比例尺通常为 1∶5、1∶10、1∶25、1∶50、1∶100、1∶200、1∶500、1∶1000 等比例尺。

2. 影像图坐标精度分析

预处理是对遥感影像中的明显噪声进行处理。常见遥感软件均可完成其基本处理，如平滑滤波、高斯滤波、自适应滤波等提高影像质量。

多光谱或高光谱遥感影像各波段之间可能存在错位或者位置平移等现象，这种现象可能会较大地影响遥感图的色调、纹理等，对于蚀变信息提取等工作会产生较大的伪异常，因此需要对各波段进行图像波段匹配。针对上述精度问题一般采用坐标平移法进行各波段之间坐标旋转、缩放等处理。图像匹配的质检一般采用公共像控点或特征点检查。

影像融合阶段，检查高空间分辨率影像与低空间分辨率影像的融合几何特征。当存在两者几何位置不匹配时需进行图像的几何配准。一般以特征点、控制点等精确匹配为原则，特征点、控制点的选取以满足分布均匀且精确匹配为原则。匹配误差在工作条件较好的丘陵、平原地区不超过 1 个像素；在山区适当放宽至 1.5 个像素。

图像融合一般采用常见遥感软件数据融合工具完成，可选方法一般为高通滤波、小波变换、色度空间变换等方法。图像融合精度的检查主要是保证融合后多光谱图像光谱信息不失真、多光谱影像与高分影像的位置精确匹配等。图像融合阶段影像检查一是对失真、重影、错位、空洞等现象进行检查；二是对影像融合后图幅边缘等区域的瑕疵、不匹配等现象进行详细检查。

当制图比例尺大于 1∶5 万时，下垫面高差引起遥感影像的投影、摄影空间几何畸变等，会显著影响制图精度，因此需要进行正射校正形成正射影像。正射影像的基础地形资料一般包括实测地面控制点、大比例数字线划图、数字地形图、数字影像图等；正射数字高程模型一般选择同精度级别数字高程模型。正射校正之前需检查 DEM、基础地形资料、遥感影像等，以保证数据基础的统一。以地形资料为基础时，在检查影像同名控制点、地物点、特征点等的同时，也应检查几何点分布是否均匀；采用几何多项式模型时，控制点个数与多项式阶项(n)及地形情况相关，控制点个数最少应两倍于$(n+1)(n+2)/2$；要求控制点残差小于 1.5 个图像像元；以基础地形资料为基准，在基础遥感图像上找出与地形资料上地物相匹配的、均能正确识别和准确定位的明显地物作为地面控制点；地面控制点应分布均匀，图像的边缘部分要有控制点分布，同时要考虑控制点在不同高程范围的分布。

单景影像不能覆盖研究区，需多景影像进行镶嵌。精确几何校正或正射校正的影像一般能较好地接边，接边误差大于 1 个像素时需要重新进行控制并镶嵌融合。图像镶嵌还需检查接线处的影像色调、纹理、图像增强等内容，避免接边处的影像存在较大的差异。为减少接边图像差异，接边处应进行彩色匹配，以降低镶嵌图像之间的色调差异；拼接图像两侧采用加权平均值方法进行羽化处理，能较好地改善上述问题。为增强地质解译的相关信息图像，还需进行反差增强和空间信息增强，如分段线性拉伸、自适应增强、锐化处理、方向滤波处理等。

3. 影像图质量分析

遥感影像地图的影像应反差适中、清晰、不偏色、层次丰富。遥感影像地图上随机抽取地物点平面位置的中误差绝对值小于等于图面上的 0.50mm。根据专题遥感影像地图应用需求，该指标可适当放宽，但不应超过上述指标的两倍。需要多景图像镶嵌时，应选用成像季节相近的遥感图像。相邻图像之间一般应有大于 100 个图像像元的重叠，特殊情况下应不小于 20 个图像像元的重叠，应选用影像层次丰富、图像清晰、色调均匀、反差适中的遥感图像资料，应选用云、雪遮挡研究区重要目标物较少的遥感影像资料。一般云、雪分布面积应小于图面的 5%，特殊情况下可放宽到 10%。应选用最新的遥感图像资料，也可根据需要选用特定时期的遥感图像资料，还可选用遥感图像处理所需的卫星轨道姿态等参数数据。

第三章　区域地质遥感解译

利用遥感技术对地表目标及其环境进行观察、测量、分析，通过相关专家知识库判断岩石、构造、矿化等内容，辅助解决地质调查、矿产资源勘查、地质灾害等基础问题。地质解译在资源调查、地质灾害监测及调查中的应用等是常见地质遥感工作的主要内容。在以遥感方法对地质现象进行观察和研究的基础上，结合地质学、地理学、测绘科学、统计学等基本知识，推断构造模式、岩石类型、地质地貌现象的成因及演化，是地质遥感的重要工作方法。

第一节　典型沉积岩遥感解译

岩石在地质学研究中作为重要内容之一，有着不可替代的重要作用，尤其是沉积岩。沉积岩作为三大岩类之一，对矿产和地史研究有极其重要的意义。沉积岩指在地表环境下，由沉积岩、变质岩或是岩浆岩，经过风化作用、剥蚀作用、搬运作用、沉积作用以及成岩作用，最终形成的岩石(孙兴文，1996)。沉积岩虽只占岩石圈5%，其分布在地表的比例占70%，大洋洋底几乎都是沉积岩，因此它是可以被称为最重要的岩石了。拥有46亿年历史的地球，36亿年前就出现了沉积岩，因此在地球的发展和演化中，沉积岩的研究始终占据着重要的位置。沉积岩中蕴藏着占世界矿产资源总储量80%的能源矿产，这使沉积岩的地位显得更为重要(魏丽，2019)。在区域地质调查、矿产勘查、地质灾害防治工作中对沉积岩的研究是一项主要的内容。

岩石矿物光谱特征的差异是遥感方法岩性识别的基础，由于不同岩石矿物组成、矿物含量、岩层组合差异，加上不同卫星遥感影像在空间分辨率、光谱分辨率、辐射灵敏度等方面差异，不同遥感影像针对同一地区或不同地区的岩性解译差异比较明显。常见沉积岩遥感中，可见光-近红外波谱范围遥感影像常用于目视解译和自动提取。沉积岩目视解译主要指在遥感卫星资料及波段最优组合情况下，通过遥感资料对沉积岩分布规律、组合特征、典型矿物、典型沉积构造等信息进行提取，主要内容包括分析区域地质背景，结合典型地质地貌特征，对沉积岩所发育的典型地貌、地形、地层及其接触关系进行目视或者定量解译。例如，岩层产状解译、地层厚度解译、岩层岩石组合特征解译等；利用光谱分析方法，结合典型矿物光谱特征进行信息提取和岩石识别；利用典型蚀变矿物光谱特征进行找矿靶区研究，或结合典型岩石地层解译标志进行岩石地层目视解译；结合典型岩石地层、矿物的遥感特征，进行遥感影像有针对性地图像增强。

沉积岩类解译标志主要利用色调、影纹、地形地貌和水系类型等标志，实施对沉积岩类、岩石类型组合及松散堆积物的解译区分(陈华慧,1984)。博罗科努山常见沉积岩包括砂岩、砾岩、泥岩、灰岩、火山灰凝灰岩等,由于多数岩石成层性较为明显,部分岩石地层在遥感影像中的层理信息清晰可见并易于解译,因此研究区沉积岩的解译和解译标志主要从以下几个方面进行。

1. 岩石组合

岩石组合是沉积岩解译的主要内容,依据高分辨率遥感影像的测量结果、多光谱影像中的纹理色调等对岩层组合的岩性、厚度、韵律特征、岩性比例等进行综合推断。结合定量、定性分析对沉积岩岩石组合特征进行解译或推断。例如,博罗科努山北侧山前发育一套紫红色砾岩、紫红色泥岩、青灰色泥岩、深灰色煤线,遥感影像中岩石地层对应色调纹理与相应岩石风化色基本一致,利用解译标志进行目标地层的解译。

2. 结构及接触关系

同一岩层具有基本均一的成分、结构、构造和颜色,岩层是沉积岩野外调查的基本单位。岩层之间界面称为岩层面,岩层按照厚度划分为块状、厚层、中厚层、薄层。通过高分辨遥感影像、无人机实景三维影像解译不同沉积地层的岩层特征的技术已经比较成熟,博罗科努山野外实践中解译案例较多。岩层结构反映沉积岩成岩环境,通过层理遥感特征解译可以推断岩层矿物成分、结构特征。目前,近景摄影测量、高分辨率无人机三维技术在沉积岩水平层理、交错层理、板状交错层、楔状交错层、波状交错层、槽状交错层、平行层理、脉状层理解译方面具有非常明显的效果。地层接触关系是指新老底层或岩石在空间上的相互叠置状态,通常分为整合接触和不整合接触两种类型。博罗科努山实景三维解译结果表明,同等条件下实景三维与同位置目视解译基本相似,因此可以通过实景三维或高分辨率影像解译上、下地层之间沉积中断或地层缺失,判断是否整合。在研究地层接触关系时必须参考区域地质资料进行综合研判。

3. 沉积构造

本次遥感地质工作中应用了近景摄影测量及无人机多镜头实景三维技术,实景三维分辨率优于5cm,可以满足1∶500地质剖面的测量任务。在地质剖解译中,利用高分辨率实景三维对沉积地层的沉积构造进行识别和定量测量。常见的沉积构造如叠层构造、结合、砾石、泥裂、雨痕、冰雹痕等在1∶50～1∶200的实景三维中可以进行解译,部分航片或近景照片也可参与沉积构造解译。

4. 化学标志

沉积岩层序界面可通过宏观野外地质特征来识别,亦可通过沉积地球化学标志辅助研究。由于沉积物(岩)中常量元素、微量元素存在差异,常表现为不同岩层之间色调、纹理、风化程度等存在差异,或者沉积层面中蚀变矿物的差异也构成遥感解译的化学标志解译差异。例如,研究区南侧某灰岩地层中发育北西西向石墨矿化带,通过不同波段的组合能够较易区分并解译。

5. 地球物理标志

通过地球物理方法获取沉积岩物理性质，如密度、电阻率、磁性等。结合区域地质特征、遥感特征、化探特征进行沉积岩解译。

6. 地貌标志

由于地质内外作用的影响，研究区遥感地貌特征表现差异最为直观。内力地质作用塑造地形起伏，外力地质作用则削高补低，内外力地质作用控制研究区地貌的形成和发展。不同的应力作用导致研究区地形地貌差异巨大。地貌特征反映新构造运动和外力地质作用的特点同时也反映了构成地貌的物质基础——岩性的差异，而且还保留着老构造的形迹，因此地貌形态分析是识别新构造岩性的可靠解译标志。地貌标志指沉积岩所在地区包括坡度、海拔、地形等特征。地貌标志可以反映沉积岩所处的区域和环境。例如，研究区中生界—新生界主要分布在河谷两侧较缓的坡地，古生界沉积地层主要分布在构造较为复杂的山脊附近。

第二节　研究区地层解译

结合前人的区域地质和区域遥感研究成果，总结研究区不同岩石地层解译标志并结合野外工作进行验证和修正，对研究区地层解译以服务于区域地质调查、矿产勘查、地质灾害预测等领域。

一、前寒武系遥感解译

研究区前寒武系地层在喀什河北岸东多郭勒、门克廷达坂、孟克德一带有不连续出露，受东西向喀什河断裂控制，南北宽约 10～25km，长约 50km。主要岩石地层有滹沱系温泉岩群(图 3-1)、长城系磨合西萨依岩组、泊仑干布拉克岩组、蓟县系科克苏岩群等。

图 3-1　温泉岩群典型解译特征影像

博罗科努山南北两侧发育一套以强变形大理岩、片麻岩、片岩为典型岩石组合的地层。郭永峰等(2020)依据原岩恢复、同位素区域地质研究将该层厘定为古元古界滹沱系温泉岩群。该套地层为一套无序变质岩系，按岩性组合可大致分为两类，第一类为含阳起石、黑云母、白云母等的各种片岩以及二云母钾长片麻岩、二云母二长片麻岩、变粒岩。第二类为变形十分强烈的灰色条带状大理岩、斜长角闪片麻岩类、透辉石绿帘石变粒岩、二云母钾长片麻岩、长英质变粒岩、长石石英片岩等。遥感解译中，依据主要岩石类别光谱特征差异采用不同的解译方法，片麻岩、变粒岩类其暗色矿物含量较高，色调纹理较一般花岗岩深，由于其野外风化特征和花岗岩特征相似，主要以野外验证和接触边界解译的方法为主；变形强烈的大理岩、片岩类依据高分辨率遥感影像可识别部分褶皱及变形特征，部分亮度较高主要分布在博罗科努山南侧断层附近，部分岩石中可识别灰—灰白色条带。

喀什河沿岸长城系磨合西萨依岩组发育于泊仑干布拉克组南侧，主要岩性为千枚岩、变质绿帘-阳起凝灰粉砂岩、片理化石英斑岩、斑状绿泥绢云母化流纹斑岩、压扁砾岩和灰岩(杨光华等,2017)。研究区科达德萨伊附近该组典型岩性组合为灰色糜棱岩化岩(压扁-拉长研岩)、灰绿色变细粒含钙长石石英杂砂岩、深灰色含石英粉砂条带状钙质绢云母片岩、灰色极薄层状泥灰岩、灰黑色含方解石绢云母片岩、深灰色变细粒长石岩屑杂砂岩。该组中压扁砾岩由于抗风化特征较好，高分辨率影像中常呈带状或点状凸起。该组北侧为侵入岩地貌，变质岩与侵入岩在抗风化能力、影像亮度、纹理等方面差异比较小，北侧接触线依靠目视解译完成。该组千枚岩、粉砂岩等风化特征较差且易于风化，因此山脊棱角较缓，牧草覆盖较好，图 3-2为该组发育典型解译特征影像。

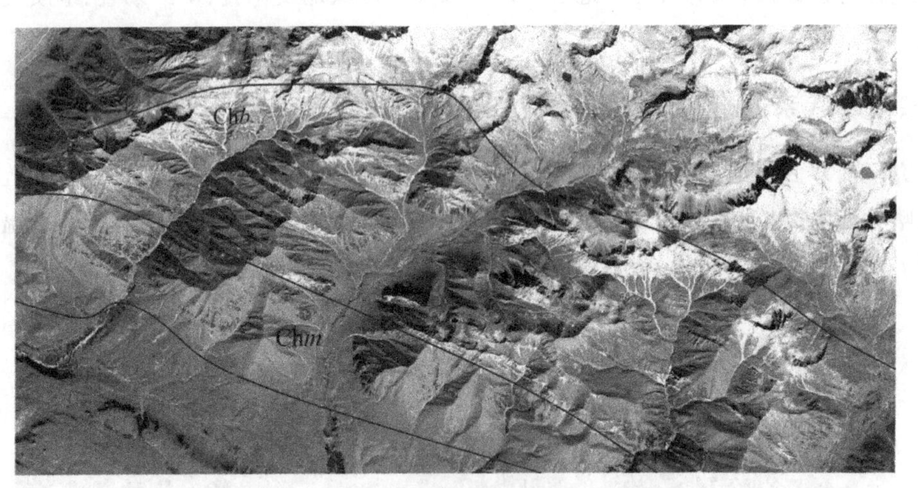

图 3-2　长城系典型解译特征影像

研究区泊仑干布拉克岩组位于博罗科努山南部喀什河北岸，受喀什河断裂影响，该组沿喀什河流域呈线状分布，在大巴簡、开英布拉克一带发育较多，主要岩性为青灰色条带状粉晶灰岩、灰黄色片理化硅化含砂细晶灰岩、青灰色大理岩化灰岩、灰色块状粉晶灰岩、青灰色钙质糜棱岩、灰色条带状粉晶灰岩、深灰色碳化绢云母钙质糜棱岩、青灰色条带状大理岩化细晶灰岩、灰色灰质白云岩、灰黄—灰绿色条带状糜棱岩化细晶灰岩、灰黄色条带状石英钠长石化粉晶灰岩、灰黄色片理化绢云母粉晶灰岩、灰色块状石英钠长石大理岩等(杨光华等,2017)。图 3-3 为蓟县系泊仑干布拉克岩组的典型遥感特征,喀什河北侧该组呈东西向发育,遥感影像中以灰—灰白色为典型灰岩特征,灰岩一般亮度较高,但该组受东西向断裂控制发育灰黑—深灰色碳化灰岩(石墨),碳化灰岩风化后呈黑色粉末状,遇水后坡面一定范围内发育呈“碳渣”状,该特征处纹理较细腻且沿重力方向呈片状分布,可作为研究区解译碳化灰岩的标志。高分辨率遥感影像中可识别该组发育东西向的平卧褶皱。

研究区蓟县系科克苏群主要沿着喀什河断裂呈东西带状发育,野外常表现为陡峭的断坎地貌特征,主要岩性为变质碎屑岩系和碳酸盐岩系。结合研究区岩石组合及沉积特征,该组为一套碳酸盐台地相的陆表海沉积特征(王斌峰,2020),该组主要岩性组合为灰—浅灰黑色块状含碳质泥晶灰岩、灰—浅灰白色块状细晶白云质灰岩、浅灰白色块状泥晶灰岩、灰—浅灰色块状泥晶灰岩、灰—灰黑色块状含方解石细晶白云岩、灰—浅灰白色块状糜棱岩化大理岩化泥晶灰岩、灰—浅灰色块状含方解石细晶白云岩、灰—灰白色细晶白云岩夹白云质灰岩、灰—深灰色块状含碳质粉晶灰岩。该组主要针对灰岩地貌特征及岩性特征建立解译标志。图 3-3 中显示的是喀什河沿岸东西向发育的断坎状灰岩地貌,结合解译标志、多光谱、全色影像建立该组灰岩解译标志,从而对该组发育进行综合解译。

图 3-3 蓟县系典型解译特征影像

二、奥陶系遥感解译

研究区奥陶系呼独克达坂组(O_3h)分布在天山博罗科努山分水岭一带,前人在该套碳酸盐岩层位上获得丰富的珊瑚化石并将呼独克达坂组时代厘定为晚奥陶世(王文文等,2020)。呼独克达坂组岩性较单一,为灰色中厚层状—块状微晶灰岩夹生物屑灰岩,局部地段出现灰色薄层状灰岩及含硅质成分较高的厚层状—块状微晶灰岩,化石含量少、分布极零星。与其他地层多呈断层接触,局部呈微角度不整合覆盖于下伏地层(张兵等,1997)。因此,依照该组岩石组合特征建立解译标志,该组灰岩主要呈灰色、灰白色风化特征,呈残峰状不整合于山顶,三维立体解译中笔者认为与“飞来峰”遥感特征相似,图 3-4 为该组典型解译特征影像。该组灰岩沿北西西向不连续发育,部分灰岩构成峰顶,灰岩与围岩风化特征差异非常明显,可直接目视解译。

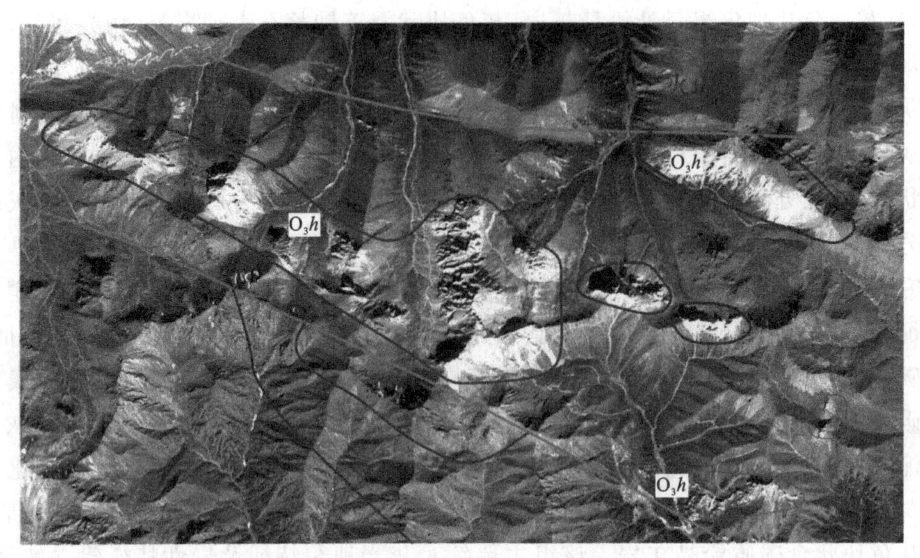

图 3-4　奥陶系解译特征影像

三、志留系遥感解译

志留系博罗霍洛山组(S_3b)以紫红色为主的杂色沉积而著称，典型岩性为灰绿色、紫红色泥质粉砂岩互层。该组主要分布于天山西段的科古琴山—博罗霍洛山的主脊及其南坡，因该组中岩石是以紫红色为主的杂色沉积，被称为“红色岩组”，该组与下伏的库茹尔组呈整合接触。研究区博罗霍洛山组典型岩石组合为岩屑长石砂岩、钙质泥质粉砂岩、粉砂质泥岩和少量含泥粉砂质灰岩。除在粉砂质灰岩中含少量床板珊瑚和腕足类碎片外，几乎不含其他化石。沉积物单层厚度不大，但在横向上非常稳定，并且所含化石碎片也多集中成层出现，而显示出经过明显水流搬运的特征。该组沉积最明显的特征是韵律性十分发育，粒级递变性明显。另外该组地层中的构造改造也非常明显，在博罗霍洛山主脊地区呈倒转产出，显示了地层沉积后博罗霍洛早古生代裂陷带闭合时加里东运动对此区的强烈影响(李永铁，1995)。该组的遥感特征主要针对其“红色岩组”建立色调解译标志；针对研究区，该组岩性主要为砂岩、泥质粉砂岩、粉砂质灰岩等岩石组合，结合其岩石组合特征建立解译标志。图 3-5(a)为博罗霍洛山组典型地层解译特征。

库茹尔组(S_3k)典型岩性组合为浅灰绿色砾石质岩屑砂岩、粗粒粉砂岩不均匀互层。博罗科努山地区志留系分布比较广泛，且层序较全、厚度大，岩性、岩相稳定，该区是研究中天山志留系较理想的地区之一。天山一带传统志留系共分成尼勒克河组、基夫克组、库茹尔组、博罗霍洛山组。库茹尔组主要分布于博罗科努山主脊及其南坡，区域上多与博罗霍洛山组相伴出现，是一套以灰绿色为主的碎屑岩。岩石组合为灰绿色粉砂质泥岩和钙质泥质粉砂岩火山灰沉凝灰岩及含生物碎屑泥质、粉砂质灰岩。所含化石不多，仅有少量腕足类、腹足类、床板珊瑚、三叶虫、头足类和海百合茎等。与上覆博罗霍洛山组为整合接触，但与下伏基夫克组则呈断层接触(李永铁，1993)。区域上，库茹尔组解译标志主要结合其产出层位，灰绿色碎屑岩与断层接触关系等建立，图 3-5(b)为库茹尔组典型地层解译特征。

图 3-5　研究区志留系和泥盆系典型地层解译特征

研究区库茹尔组(S_3k)主干地质剖面上，为一套典型的滨浅海相细碎屑岩、火山碎屑岩建造。主要岩性为浅灰色、灰色、灰绿色凝灰质细砂岩，绿泥(绢云)石英千枚岩，大理岩，生物碎屑灰岩，变质条带状粉砂岩，灰绿色凝变余凝灰岩等。靠近岩体有方解石榴矽卡岩、含石榴子石方解大理岩，靠近波尔大根大断裂有糜棱岩化或糜棱岩类构造岩。该套地层岩石组成复杂，且种类较多，普遍发生变质作用，有砾岩、含砾砂岩、砂岩、粉砂岩灰岩、硅质岩及火山碎屑沉积岩等。沉积岩类有矽卡岩、大理岩等；接触变质岩类有千枚岩、糜棱岩、糜棱岩化碎斑碎粒岩等构造岩(杨光华等，2017)。

四、泥盆系遥感解译

根据岩石组合及变形变质特征将依连哈比尔尕组(D_2y)地层分为 3 个岩性段(图 3-6)。

第一岩性段：分布于门克廷达坂幅东北角一带，少量出露。主要岩性是灰黑色暗灰色薄层状凝灰质粉砂岩、硅质岩，深灰色薄层状火山凝灰岩及层凝灰岩。特征是：薄层状居多，层

图 3-6　研究区典型泥盆系依连哈比尔尕组地层解译特征

理清晰，区别于其他岩性段，其中小褶皱也较发育，未见下伏地层，与上覆的第二岩性段为断层接触。

第二岩性段：分布于波尔大根、哈夏廷郭勒、乌兰萨德一带，主要岩性是一套深灰色灰绿色中酸性火山碎屑岩及泥质岩，主要包括深灰色厚层状—块状晶屑、岩屑凝灰岩、凝灰角砾岩、硅质岩、凝灰质泥岩、泥质凝灰岩、泥岩，局部夹极少量火山熔岩。在莫托沟上游一带发育强变形砾岩，与下伏的第一岩性段及上覆的第三岩性段均为断层接触，卡拉巴斯特乌一带难任沟北界逆冲在奇尔古斯套组之上。

第三岩性段：分布于木呼尔阿尔次塔、乌兰萨德克一带，呈三角形出露。主要岩性是浅灰色千枚岩、板岩、变粉砂岩、千糜岩等。岩石中片理发育，构造透镜体、肠状褶皱、S-C 组构等韧性变形标志常见，原岩为中—酸性火山凝灰岩、粉砂质泥岩等。与下伏的第二段及上覆的下石炭统阿克沙克组均为断层接触。变质程度较低，区域变质作用属低绿片岩相变质作用，但动力变质作用明显，有大量糜棱岩类存在。该段处于准噶尔微型板块与伊犁－伊赛克湖微型板块的缝合线北侧，构造作用强烈，主要表现为低温韧性变形。

五、石炭系遥感解译

石炭系沙大王组(C_1sd)主要发育于准格尔盆地南缘博罗科努山主脊一带，地貌上呈明显正地形隆起。博罗科努山山前区域性近东西向带状展布，并在地形地貌上明显区别于盆地内的中、新生代沉积岩发育区，主要由一套基性—中基性火山熔岩以及火山碎屑岩组成夹少量

图 3-7 石炭系岩石地层遥感特征

正常沉积的砂岩、砂砾岩(李忠权等,2010)。研究区典型岩性组合为中粗粒含钙质长石岩屑杂砂岩、含火山角际安山质晶屑岩屑凝灰岩、凝灰质玄武安山岩、安山质晶屑熔结凝灰岩、砾岩、含中粗粒长石岩屑砂岩、沉火山灰凝灰岩等,见有波状层理、小型交错层理、平行层理、小型槽状交错层理、粒序层理等。遥感解译图像中,沙大王组因层位差异,导致遥感图像差异比较明显。蛇绿混杂岩带附近真彩色合成影像,影像纹理较暗,多见为暗灰色、暗灰绿色,部分区域与牧草发育有关,亦或与岩石中密集裂隙有关。该组断层构造带附近,影像纹理粗糙,线状纹理极为发育,呈杂乱细—短线状分布。古尔图河东一带该组岩石地层呈明亮的紫色、灰褐色,细—短线状纹理发育,水系呈树枝状、梳状,北部第四系黄土覆盖区呈白色(杨光华等,2017)。

石炭系奇尔古斯套组(C_2q)自依连哈比尔山至博罗科努山北西-南东向延伸,该组岩石为一套深海陆源性复理石建造,具有浊积岩特征,典型岩性为深灰—灰黑色岩屑晶屑凝灰岩、薄—中厚层状粉砂岩、凝灰粉砂岩、凝灰硅质岩、泥质硅质岩等(崔建军,2006)。依照岩性差异,该组分为两个岩性段:第一段岩性表现为以粉砂质泥岩、泥炭质火山灰晶屑凝灰岩、细火山灰凝灰岩为代表的岩性组合;第二段岩性主要是以杂砂岩、砾岩、晶屑岩屑熔凝灰岩、火山角砾凝灰岩为代表的岩性组合。由于该组第一段、第二段岩性差异主要表现在粒度,并且第一段粒度较细,以火山灰凝灰岩为主,因此在遥感影像中该段色调纹理变化较小,且岩石影纹偏暗,不能观察到成层性特征,由于岩石块状特征明显,受多期构造影响,岩石中细小裂隙或断层十分发育;该组第二段岩性以杂砂岩、砾岩、火山角砾岩为主,该段影纹特征变化略大,色调亮度较高。

石炭系东图津河组(C_2dt)为灰—灰黑色浅海相生物碎屑灰岩、灰岩、泥灰岩、碎屑岩,上部见灰紫色酸性火山碎屑岩,以含丰富的蜓、珊瑚、腕足及双壳、腹足类为特征,与上覆科古琴山组浅海相碎屑岩、灰岩,与下伏阿克沙克组海相碎屑岩、碳酸盐岩,均为不整合接触,地质时代为晚石炭世中期(张天继等,2006)。依照岩性组合特征,该组主要分为两段:第一段主要岩性为白色块状粗—巨晶大理岩、白色块状中粒大理岩、灰色变质粉砂岩、灰白色粗粒大理岩、青灰色变质粉砂岩、白色矽卡岩、灰白色钙质角岩、灰色含透闪石透辉石条带状细粒大理岩、灰色条带状生物碎屑灰岩等；第二段主要岩性为灰色中细粒岩屑石英砂岩、灰绿色变粉砂质泥岩、灰绿色岩屑石英粗砂岩、灰绿色长石岩屑石英粉砂岩、深灰色细粒凝灰质长石岩屑杂砂岩、深灰色含钙质细粒岩屑长石杂砂岩、深灰色含生物碎屑变石英粉砂岩等。该组第一段、第二段岩性差异比较明显，第一段以灰岩为主色调，整体呈亮白色特征，第二段以深灰色碎屑岩为主，色调呈暗灰色，因此第一段、第二段界线主要以遥感影像亮度进行有效的区分。笔者利用实景三维方式进行该组解译并绘制地质剖面，解译效果明显优于传统解译方法。

六、三叠系遥感解译

三叠系岩石地层整体上是下粗上细的正旋回沉积。下三叠统仓房沟群（T_3cf）主要发育冲积扇，伊犁盆地为冲积扇-泛滥平原沉积环境，部分地区发育扇三角洲。中上三叠统小泉沟群则以滨浅湖-冲积扇沉积为主，小泉沟群沉积早期，泛滥平原发育，伊犁盆地南部斜坡及北部霍城处发育扇三角洲；小泉沟群沉积后期，湖泊面积增大，伊犁盆地大部地区为滨—浅湖沉积环境，中部、北部发育深湖—半深湖，在晚期，湖盆不断扩大，盆地南缘的局部地区发育超过200m 厚的暗色泥岩（王永文，2016）。区域遥感解译中其湖泊相沉积物及泥岩作为典型解译标志或特征标志辅助该地层的解译。

三叠系沉积地层在博罗科努山山前发育较多，山间盆地及外围邻接盆地中亦可见其沉积物发育。仓房沟群主要发育在准格尔盆地南缘，受东西向断裂凹陷控制，在山前呈不连续状发育，其上部主要岩性为红褐色、紫褐色、灰黄色碎块状，致密而软的泥岩、砂岩互层夹岩；下部主要岩性为灰色、褐色、灰黄色厚层—透镜状细—粗砾岩及泥岩互层。图 3-8 为三叠系博罗科努山山前沉积物影像特征。例如，层状发育的红褐色、紫褐色、灰黄色特征是该群的特征解译标志。

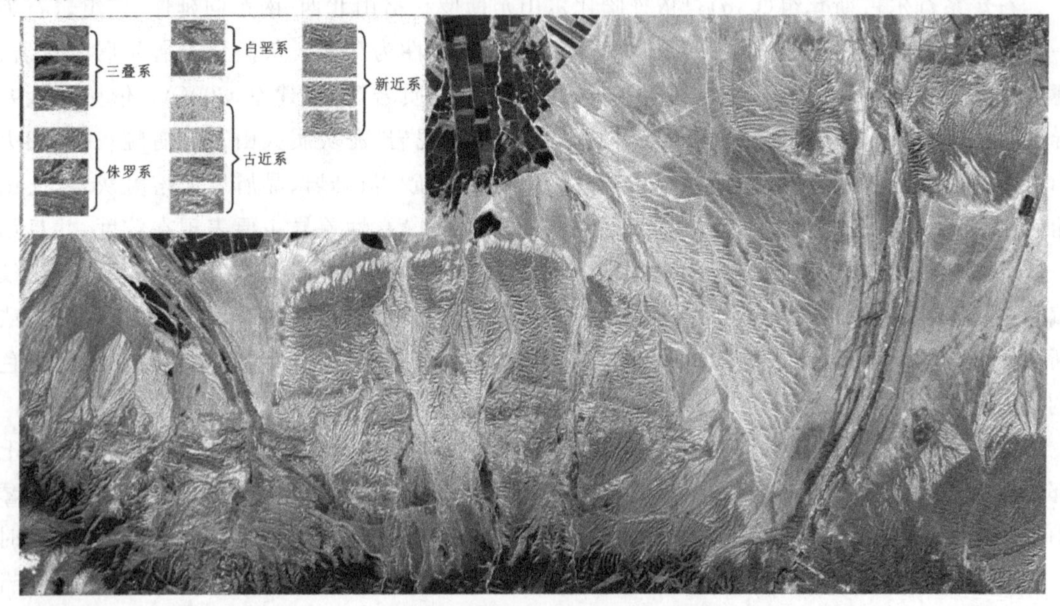

图 3-8　三叠系博罗科努山山前沉积物影像特征

小泉沟群($T_{2-3}xq$)可辨识湖泊相、扇三角洲相、河流相等沉积相。其中下段主要为扇三角洲—滨浅湖相沉积;上段主要为滨浅湖—半深湖相沉积。湖泊相是小泉沟群的主要沉积类型。小泉沟群湖泊相可分为滨浅湖和半深湖—深湖两个亚相。滨浅湖亚相在小泉沟群下段发育广泛,并在上段凹陷的周缘地区也有发育。岩性为灰绿色、深灰色泥岩,粉砂质页岩夹薄—中层状粉砂岩及细砂岩;半深湖—深湖亚相、半深湖亚相集中发育于靠近伊宁凹陷东部的小泉沟群上段,岩性以暗色泥岩为主,并夹有灰色粉砂质泥岩和粉砂岩薄层,发育块状层理等(董强强等,2011)。湖泊相沉积物中灰绿色、灰黄色、灰白色泥岩较为发育,在图 3-8 中显示层状纹理较为发育,依据典型岩石色调特征可进行详细解译。

七、二叠系遥感解译

伊犁盆地是二叠纪裂谷盆地演化而来的中生代盆地。自二叠纪以来,盆地经历了湖泊沉积环境—冲积扇沉积环境—河流、湖泊沉积环境—河流、沼泽沉积环境—湖泊沉积环境的纵向演化。在二叠纪,伊犁盆地为深湖—半深湖沉积环境,其沉积微相主要为深湖泥、浊积扇等。深湖周边则发育浅湖—滨湖相;盆地中部和东部发育扇三角洲。晚二叠世,伊犁盆地整体为冲积扇环境,盆地南部、中部残存萎缩面积极大的湖泊,扇三角洲发育(王永文,2015)。

区内二叠系主要见于阿吾拉勒山、伊宁北部山前地带及焦乌尔山和盆地腹区。区域上,下二叠统乌郎群为一套巨厚层中—酸性火山岩、火山粗碎屑沉积岩,上二叠统为湖相—河流相泥岩、砂岩和砾岩(崔智林等,1996)。

二叠系乌郎组(P_1w)主要岩性为浅灰色变质酸性玻屑晶屑凝灰岩、钙质岩屑长石砂岩紫红色砾岩,为典型陆相火山岩沉积特征。该组岩石耐风化、切石坚硬,遥感影像中可见沉积盆地内为剥蚀坎状地貌。该组地层较平缓,不整合于老地层之上,不整合界线遥感影像特征较为明显[图 3-9(a)]。由于沉积盆地抬升,部分地区该组岩石地层可在山顶及半山腰见,发育紫红色、红褐色、棕灰色色调,真彩色遥感影像与之对应特征明显。部分地区该组岩性为灰紫色、灰褐色辉石安山岩、含角砾辉石石英安山岩、玄武安山岩、气孔-杏仁状辉石安山岩、流纹岩、少量流纹质含角砾晶屑熔结凝灰岩及凝灰质砂岩,不整合在上石炭统东图津河组(C_2dt)及科古琴山组(C_2kg)之上,呈喷发不整合关系(孟令华等,2019),因此该组的解译还应参考博罗科努山地区小型沉积盆地的位置、下伏地层的接触关系等特征。

二叠系巴卡勒河组(P_2b)主要岩性为灰黄—黄褐色长石岩屑砂岩、碳质含砾泥质砂岩、砾岩,半深湖—深湖相沉积特征(吴正义,2016)。该组层序大致为:下部和顶部岩性为灰黄色、灰黑色泥岩、粉砂质泥岩与灰色块状砾岩旋回沉积,夹灰白色细砂岩,含双壳类;中段为灰黄色块状中砾岩、砂砾岩夹少量粉砂质泥岩;下段为灰绿色、杂色块状中砾岩、砂砾岩、巨型火山杂岩岩块与深灰色泥岩、粉砾质泥岩旋回沉积,泥岩中夹粉、细砂岩和灰岩。下段砾岩常因含中—基性火山岩块呈杂色,且在侧向上方分布不稳定,呈透镜状;中段以砾岩和砂砾岩为主,不含火山岩块,侧向分布较稳定;上段覆盖严重,从露头特征来看以泥质岩为主,夹砾岩、砂砾岩。砾岩的基本特征与中段相似,但是砾岩层的厚度较小、粒度较细。本组总体表现出向上变细的沉积旋回(冯建辉等,1996)。研究区该组主要分布在山前小型沉积盆地,受山前抬升影响,该组岩石被水系切割较为破碎,波尔大根一带[图 3-9(c)、图 3-9(d)]及古尔图河一带

[图 3-9(b)]发育少量该组残存岩石。遥感解译主要依据该组与下伏地层接触关系,图 3-9(c)中为该组沉积盆地被切穿后发育的砾岩坎状地貌;图 3-9(d)为该组残存地层中的泥岩与下伏地层的解译标志。

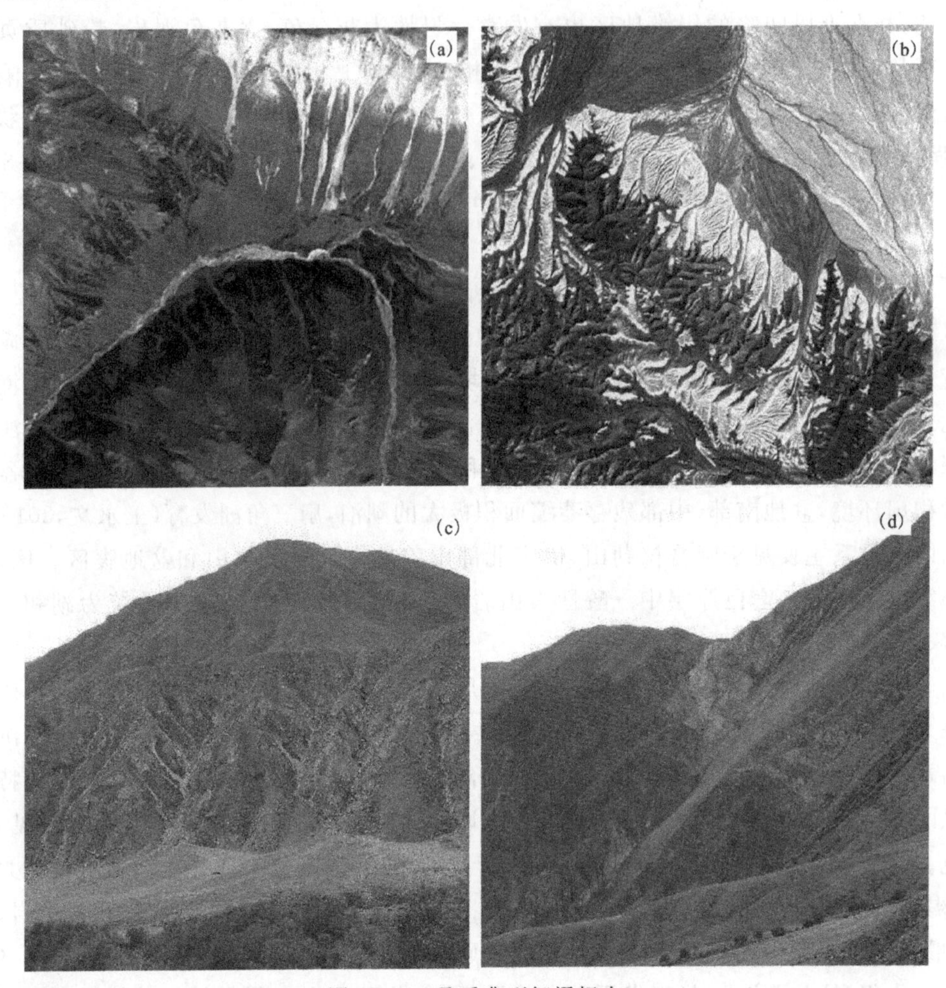

图 3-9 二叠系典型解译标志

八、侏罗系遥感解译

伊宁凹陷位于新疆伊宁市境内,北以博罗科努山为界,南以阿拉格尔山为界,东起野马渡,西止中俄边界霍尔果斯河,平面上呈三角形展布。凹陷基底受北天山的强烈的造山运动,其形态为北深南浅,成箕状,盆地基底主要由中新元古界、古生界以及海西期中酸性花岗岩组成,盖层主要由三叠系、侏罗系、白垩系、古近系、新近系构成。陆源碎屑沉积,主要分布于喀什河流域,包括八道湾组、三工河组及西山窑组,厚度约 1700m;八道湾组和西山窑组是该凹陷的主要含煤地层,在凹陷南北缘山前沟谷地带零星出露,其他地区被新生界覆盖。受控盆地基底构造形态影响,八道湾组盆地南北缘岩相差异明显,主要由暗色粉砂岩、泥岩和煤及砾岩层组成。北缘主要形成于滨—浅湖环境沉积体系,南缘则以冲积扇沉积为主;三工河组下部由含砾粗砂岩、浅色砂岩、泥岩及煤层组成，以辫状河沉积为主；西山窑组主要由泥岩、粉砂岩、砂岩夹煤层组成，以三角洲平原沉积为主（吴员等，2023）。

博罗科努山北缘构造位置位于北天山山前冲断带，北接昌吉凹陷，南邻伊林黑比尔根山，主要包括霍玛吐背斜带及齐古褶皱带东部，北缘侏罗系地层发育较齐全，下侏罗统八道湾组与下伏三叠系小泉沟群不整合接触，上侏罗统喀拉扎组与上覆白垩系清水河组也不整合接触，上侏罗统齐古组沉积时期主要发育曲流河沉积体系（洪彦哲等，2023）。研究区小型盆地内侏罗纪地层发育较好，自下而上可见下侏罗统八道湾组、三工河组，中侏罗统西山窑组、头屯河组，上侏罗统齐古组、喀拉扎组等。

侏罗系喀什河组（$J_{1-2}k$）分布较为广泛，主要呈东西向发育在喀什河流域，出露长度约70km，宽度约5km。该组依据沉积特征分为上、下两段，上部为灰黄色中粒砂岩、泥质粉砂岩、含泥煤线、煤层等，厚度为900～1340m，砂岩中可见菱铁矿；下部为灰褐色、灰黄色厚—巨厚层砂岩，厚度为500～745m。遥感解译中主要针对该组发育的沉积环境进行解译，该组地层多发育在喀什河流域两侧。因喀什河切割较大，该组砾岩、山岩多呈坎状沿河道两侧发育，真彩色合成影像中色调多见呈灰棕—红棕色等。阿吾拉勒山—喀什河南侧一带该组发育，具一定规模（图3-10），因该组含煤层，遥感影像中可解译煤矿道路及设备。与围岩相比，该组影像中层状地层纹理多与沉积岩层理有关，岩层中向斜褶皱较为发育。

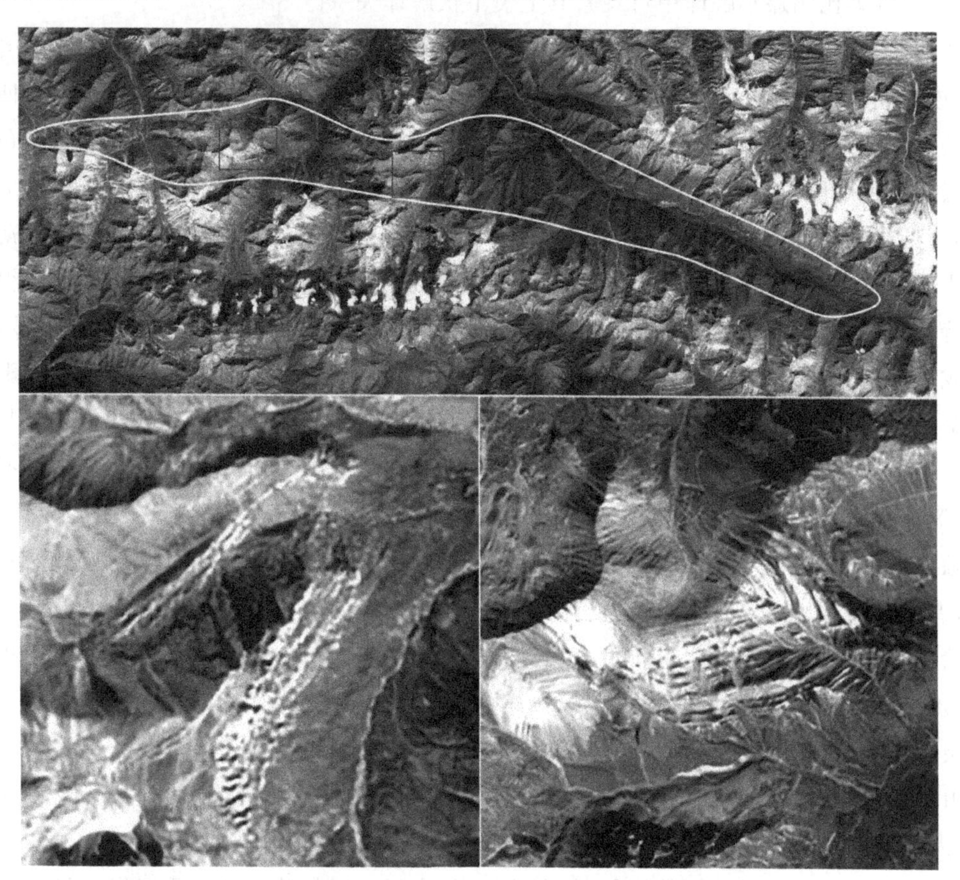

图3-10　喀什河组典型解译特征

侏罗系三工河组(J_1s)是一套以湖相沉积为主的细粒碎屑岩地层,以上部灰黑色泥岩、粉砂质泥岩及下部的浅灰色砂岩、含砾砂岩构成下粗上细的旋回,基本不发育煤层,顶部发育一套“毡子层”泥岩,厚度为40～60m,平面分布稳定(肖冬生等,2023)。研究区内该组多见灰—深灰色砾岩,含砾粗—中砂岩,灰绿—浅灰色中层状中—细粒长石岩屑砂岩,浅灰—灰绿色泥岩夹粉砂岩,页岩(碳质),煤层及菱铁矿,铁质粉砂岩粉砂质灰岩。该组解译主要采用真彩色、假彩色合成影像结合河湖相沉积环境进行解译。

九、古近系及新近系遥感解译

研究区古近系、新近系地层主要发育在博罗科努山山前盆地及喀什河沿线河谷一带,博罗科努山中高山地区小型河谷盆地偶见少量古近系、新近系沉积物残存。喀什河、博罗科努山山前以及新源县南侧紫红色泥岩为其典型遥感特征。该组为干旱气候条件下陆相沉积物,主要发育在地势较低的区域,厚度不大,泥岩中可见钙质结核,野外调查一般称其为“红色泥岩”。研究区该组出露位置不高,多见为灰黄—灰红色泥岩、砾石等,沿河流切割处有零星露头,偶见成层性,角度不整合于石炭系、侏罗纪岩层之上,底砾岩为土红色或黄褐红色砾岩。遥感解译中,依照岩性特征、风化特征、所处位置、古沉积环境等,建立解译标志确定解译范围,实景三维大比例遥感解译中可观察其上覆下伏解译关系。

塔西河组(N_1t)主要岩性为浅褐色厚层状含粉砂泥岩、泥岩、灰岩、生物碎屑灰岩、含层状石膏,该组底部为含砾长石砂岩。孔德锋等(2012)在准噶尔盆地山前坳陷四棵树一带凹陷古尔图获得钻探资料。井段3 041.0～4 173.0m,上部岩性为褐灰色、褐黄色、蓝灰色、灰色泥岩夹薄层蓝灰色砂质泥岩、泥质粉砂岩;中部岩性为大段灰白色泥膏岩、盐膏层与灰色膏泥岩互层,局部见灰色泥岩;中下部岩性为灰色泥岩、灰色粉砂质泥岩及少量的褐红色泥岩夹薄层灰色膏质泥岩;下部岩性为褐红色、蓝灰色、灰色泥岩夹薄层粉砂质泥岩。图3-11为该组主要影纹特征,主要沉积物呈片状、面状不规则发育,色调与围岩或第四系沉积物差异明显,真彩色合成影像中[图3-11(a)],色调呈亮白色、棕灰色面状,Landsat8影像842波段合成影像中色调呈亮绿、浅绿色等特征[图3-11(b)]。现代河流切穿该组,部分切割较深部位可见其沉积基底。塔西河组塔为典型的湖泊相沉积物,其发育一般层片状或面状,多发育于地势不高的区域,遥感解译过程中可以依据DEM预测其分布范围。

独山子组(N_2d)主要岩性为红褐色砂质泥岩、砂砾岩夹砂岩、泥质砾岩、含砂含砾泥岩、砂砾岩,偶夹薄层石膏。岩石结构较为松散胶结程度较差。受沉积洼地控制其地表形态与主要地槽抬升有关,该组主要呈北东向片状发育[图3-11(a)、(b)]。受该组主要岩石颜色和风化影响,该组可见光真彩色色调,呈浅红棕—棕色[图3-11(b)]。受山前沉积盆地抬升影响,部分地层受剥蚀影响呈不连续片状,研究区该组因其高出地平而形成垄岗。刘士中等(2015)认为独山子组观察岩性以砖红色、橘红色、褐红色含砾砂质泥岩、泥岩,砂砾岩为主夹少量薄层石膏,大部分夹数层浅土黄色含砾泥岩,厚度0～286.62m,平均厚度209.59m。

沙湾组(N_1s)主要岩性为砖红色、灰白色砾岩、含粗砂岩与砖红色砂质泥岩、泥岩互层,为

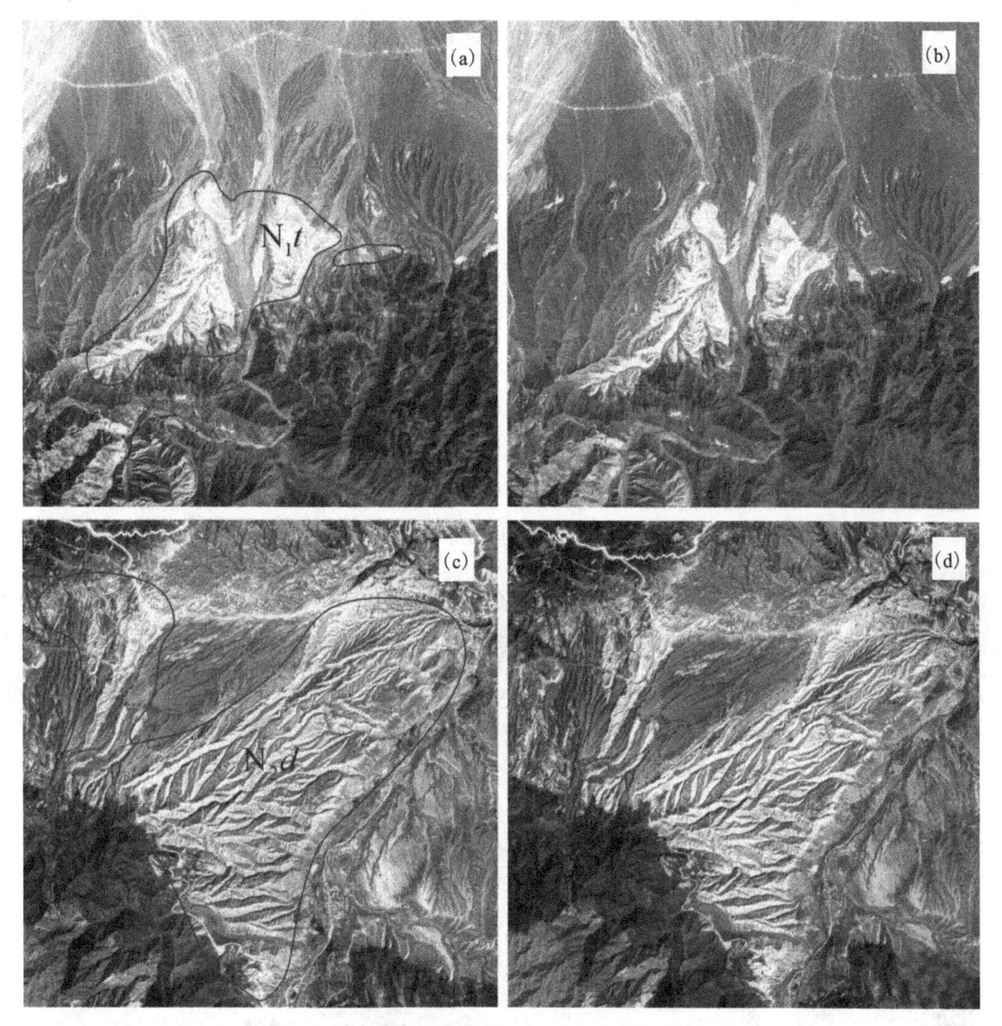

图 3-11　研究区古近系、新近系典型解译标志

典型的干旱河湖相沉积特征。孔德锋等(2012)在准噶尔盆地山前坳陷四棵树一带凹陷固尔图获得钻探资料，岩性一段以红色、紫红色、褐红色、蓝灰色、灰色、褐灰色、灰褐黄色泥岩与褐红色、紫红色、褐灰色、灰色砂质泥岩为主，夹薄层灰白色泥质膏岩，灰色、褐红色、紫红色石膏质泥岩，紫色泥质砂岩；岩性二段以灰色泥岩、石膏质泥岩为主，夹灰色泥质粉砂岩薄层。该组岩石多见为红—紫红色，真彩色合成影像中色调多见呈浅紫红—棕红等(图 3-12)，受到沉积洼地控制，该组影纹特征呈不规则面状。

十、第四系遥感解译

研究区山前盆地及低矮山前盆地边沿均有第四系沉积物发育，多见由砂、泥、碎石、砾石等沉积物堆积，分布广泛、沉积厚度较大、沉积物较为松散，遥感特征与下伏基岩基底差别较为明显。研究区内冰川、河流、湖泊等较低洼地区均有一定规模第四系沉积物发育，对开展高分辨率和实景三维技术的第四系遥感解译有一定意义。

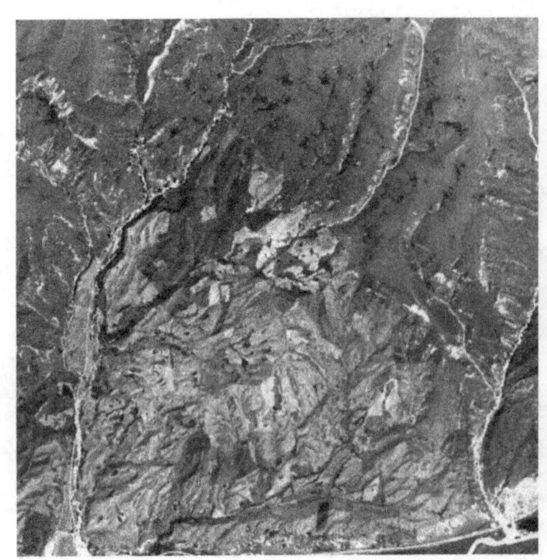
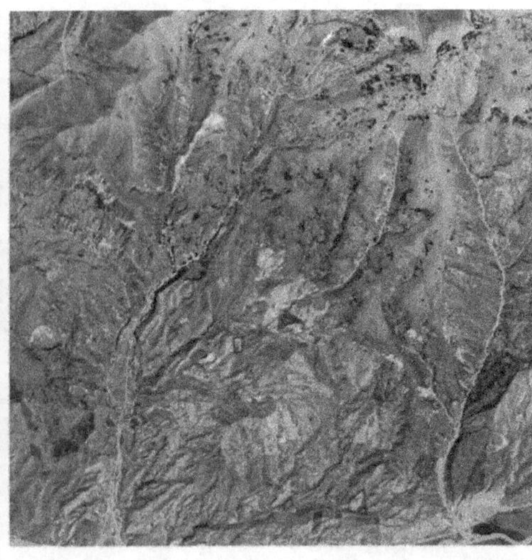

图 3-12 沙湾组典型影纹特征

研究区上更新统新疆群(Qp_3X)主要发育在博罗科努山北侧戈壁地貌,野外多见冲洪积相的砾石层,无胶结,填隙为粉砂、黏土等,该层出露面较大。遥感影像中多见为平缓的戈壁地貌,少量耐寒、耐旱低矮灌木少量发育,支状、网状干涸河流迹发育。研究区沿深大河谷切割处可见该层与下伏地层角度不整合。典型第四系遥感影纹特征如图 3-13 所示。

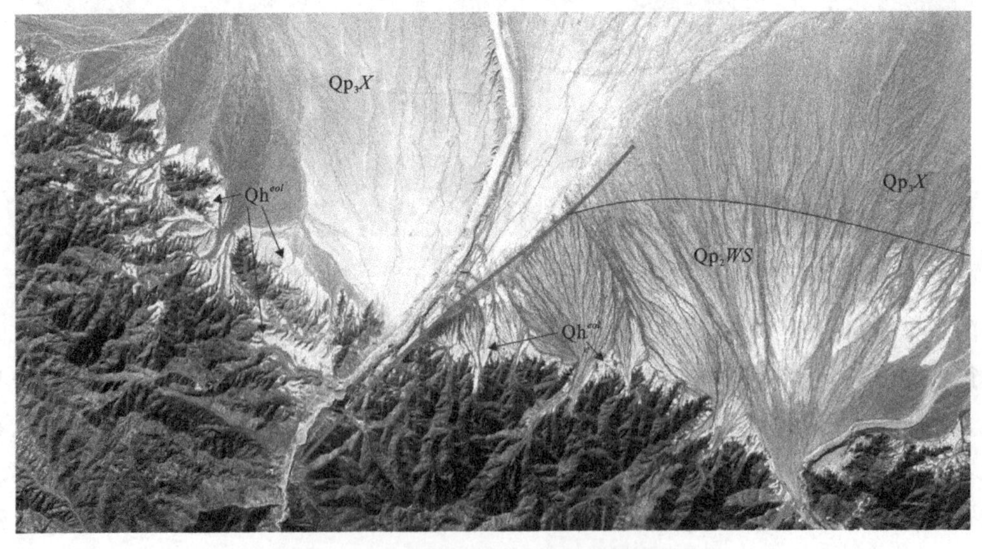

图 3-13 研究区典型第四系遥感影纹特征

图 3-13 中,研究区中更新统乌苏群(Qp_2WS)山前多见呈扇状发育,主要成分为磨圆较差的砾石、砂、黏土等,野外未见明显成层性,博罗科努山北侧戈壁地貌及山前分布较广。该组遥感影像亮度较大,纹理细腻,可见少量低矮灌木发育,局部冲刷沟可见该层厚度为 2～10m。该组遥感影像细小网状水系密集发育。研究区内该组与上覆新疆群为平行整合接触,与下伏下更新统西域组为角度不整合接触。

博罗科努山北侧山前一带发育少量风积黄土（Qh^{eol}），沿着博罗科努山呈东西向发育，山前丘陵面积和厚度较大，部分山顶或夷平面上部有少量发育，其成分、粒度、颜色等与黄土高原马兰黄土较相似。针对其分布范围、接触关系、成分、粒度等建立解译标志，通过目视可直接解译，遥感解译特征如图 3-14 所示。

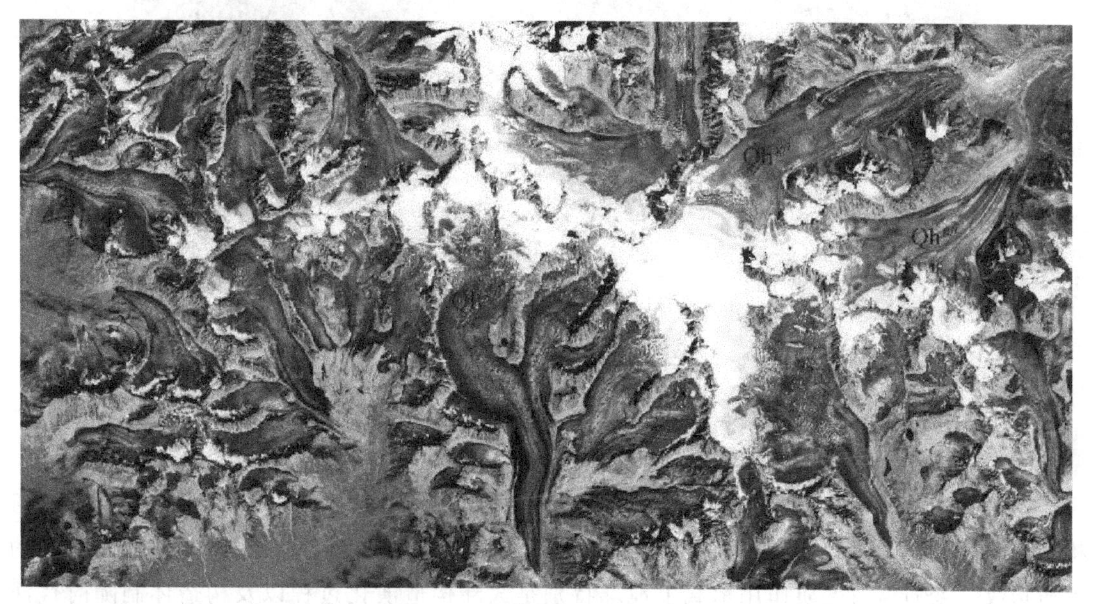

图 3-14　冰缘地貌遥感解译特征

我国是世界上冰缘地貌分布面积第三大的国家（赵尚民，2008）。研究区内冰缘地貌对泥石流、滑坡等自然灾害影响较为明显，例如夏季高温多雨季节冰川融化加剧滑坡、泥石流的活动频率，217 国道常因泥石流活动通行受阻。随着气候变暖和极端降水现象日趋严重，冰冻圈灾害发生频率和强度越来越高。雪崩是发生在高寒山区，一种内聚力不能抵抗其重力拉引而产生瞬间崩塌的自然灾害，雪崩具有突发性、潜在性、运动速度快、破坏力巨大和难以预测等特点，严重威胁山区交通、旅游、采矿及人民生命财产安全，阻碍山区社会经济可持续发展。中国天山寒冷季节降雪量丰富，丰富的降雪为该地区提供淡水资源的同时，也为该地区雪崩形成提供了非常有利的条件（秦启勇，2023）。在博罗科努山一带高寒高海拔地区开展冰缘地貌的遥感解译，对加强冰缘地貌的研究及对研究区自然灾害的预测、防治、评价具有一定的现实意义。

由于受冰缘、冻胀、热融、冻融、蠕流、雪蚀，以及水流、风、重力等作用的影响，研究区高寒高原主脊一带冰缘地貌特征发育（图 3-15）。常见的冰缘地貌，如石海、石河、冰锥雪蚀洼地等不同类型遥感特征明显。冰缘地貌的解译主要依照多期多源遥感影像、DEM 数组、立体影像等完成。

图 3-15 研究区典型冰川地貌解译标志

第三节 典型变质岩遥感解译

变质岩记录了地球特别是大陆形成以来的演化历史。变质作用是地球出现固态岩石后构造演化的物质记录，是地球岩石圈的黑匣子、深部探针和指示剂，是深时地质记录最典型的地质指纹。变质岩及变质作用承载了地球特别是大陆构造演化过程以及构造体制随时代演化的研究重任（刘博等，2020）。利用遥感方法进行变质岩填图对区域地质调查、典型矿床发现、地质灾害等具有一定作用。

依据研究区变质岩发育特征，变质岩的解译通过光谱特征分析、变质岩空间分布特征分析、变质岩地表信息分析等综合分析方法完成。根据典型变质岩在光谱上的差异，通过多光谱或高光谱遥感影像进行遥感填图，依照不同岩石代表性的变质矿物吸收或反射特征，进行定性或定量提取；变质岩的分布与构造空间形态分布关系密切，比如韧性剪切带附近岩石多见糜棱岩化、绿泥石化等特征，构造带的强变形特征亦能辅助指示岩石某些典型变质矿物的繁育；通过地形地貌等信息亦可获取指示岩石变质带的发育，由于变质岩的抗风化作用导致其在地形地貌上的差异。因此，本次变质岩的遥感解译通过多光谱、高光谱信息提取，不同波段的合成影像的综合解译，地貌信息的提取等方法完成。图 3-16 为研究区典型变质岩解译流程图。

一、板岩类解译

板岩具板状构造，基本未重结晶，原岩多为泥质、粉砂质或为凝灰岩。板岩可沿板理面剥离成薄片，风化色取决于其中所含杂质。变质作用使原岩风化面貌变化，但岩石矿物成分基本未经历重结晶，保留变质前结构和构造。板岩面常见少量绢云母等矿物，板面有微弱的绢丝光泽，图 3-17 中沿乌兰萨德克和北侧发育东西向板岩带，遥感影像中岩石亮度较强与围岩明显区别。因此，研究区常通过板岩建立解译标志。板岩可以用作建筑和装饰材料，常用于制作瓦片。

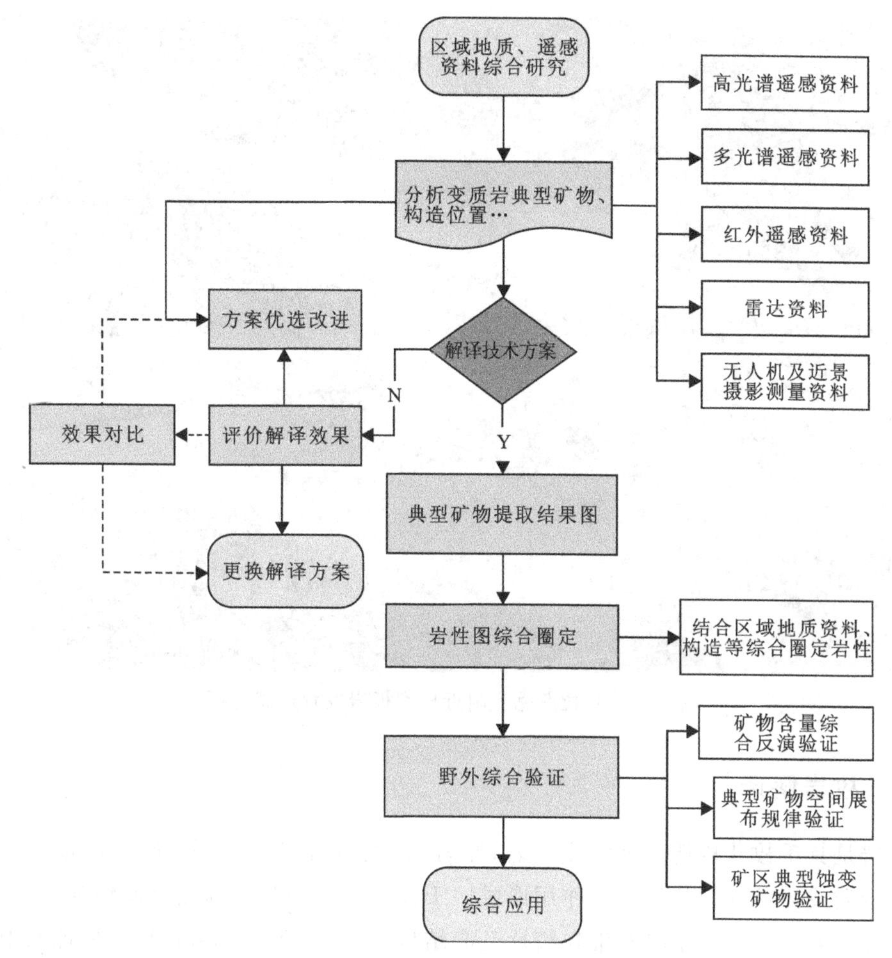

图 3-16　研究区典型变质岩解译流程图

研究区板岩包括粉砂质绢云母板岩、含堇青石粉砂质绢云母板岩、含石英粉砂质绢云母板岩、含变斑晶黑云母粉砂质绢云母板岩等。该类岩石多为绿泥白云母片岩(或千枚岩)经退变质作用形成原岩经细粒化,白云母大部分变成鳞片状绢云母,片径小于残留体中的白云母;石英是原岩细糜棱物质发生重结晶而成,堇青石也发生了强绢云母化。研究区分布最广的多见为绢云母板岩,岩石呈深灰色,矿物细小,块状或板状构造。矿物成分主要由绢云母及碎屑物组成。绢云母和隐晶状矿物含量为60%～90%,以绢云母为主,其次有隐晶状矿物,绢云母呈细小鳞片状、针状,二者混杂,鳞片状矿物定向排列,均匀分布。碎屑物含量为10%～40%,主要为石英,长石、岩屑次之,岩屑多呈绢云母蚀变岩,少量霏细岩,碎屑物形状不规则,粒径0.01～0.05mm粉砂级,棱角状,有压扁,具定向排列特征,均匀分布。原岩可能为黏土岩或火山尘凝灰岩(杨光华等,2017)。

研究区板岩发育较多,较多呈带状发育于典型构造带附近,因岩石类型、矿物成分等差异表现出不同的遥感特征,其解译方法略有不同。[图 3-17(a)]为真彩色合成影像,[图 3-17(b)]为假彩色合成影像,该处板岩面纹理发育绢云母等片状矿物,典型遥感影像中板岩带成典型的亮白色色调,真彩色和假彩色影像对比目视可完成板岩范围。

图 3-17　乌拉萨德克附近典型板岩发育遥感特征

二、千枚岩解译

千枚岩是具千枚状构造的低级变质岩，原岩（如泥质岩、粉砂岩和凝灰岩）通常经过区域低温动力变质或区域动力热流变质作用形成。千枚岩显微变晶片理面呈丝绢光泽，变质程度介于板岩和片岩之间。它常具有细粒鳞片变晶结构，粒径小于 0.1mm，并在片理面上呈现小褶皱构造。岩石遇水易泥化、软化，变形量较大，抗风化能力差，容易产生岩屑碎片。典型矿物组合为绢云母、绿泥石和石英，含有少量长石、碳质和铁质等。据原岩不同，千枚岩可以分为不同类型，如石英千枚岩、绢云母千枚岩、绿泥石千枚岩等。研究区千枚岩分布较广，北天山博罗科努山一带韧性剪切带附近该类岩石出露较多。

研究区典型千枚岩多为含凝灰质粉砂绢云母千枚岩、含粉砂质条带绢云母千枚岩。含凝灰质粉砂绢云母千枚岩风化面呈灰色，矿物细小，鳞片变晶结构，千枚状构造，绢云母含量在 65%以上，呈细小鳞片状定向排列，粉砂质碎屑物含量在 25%～30%，成分以石英为主，含量为 20%～25%，长石含量（小于 5%）较少呈不规则粒状，粒径 0.01～0.05mm 的粉砂级，棱角状，推测为火山灰成分，碎屑物之间分布有火山灰，呈隐晶状；含粉砂质条带绢云母千枚岩，岩石呈深灰色，矿物细小千枚状构造，原岩粉砂质、泥岩粉砂质呈条带状发育，经变质作用后，泥质物变成绢云母。绢云母含量在 70%以上，呈极细小的鳞片状，定向排列均匀分布，粉砂质碎屑含量在 25%～30%，成分以石英为主，含量 20%～25%，长石为斜长石，含量小于 2%，二者均呈不规则粒状、棱角状，粒径在 0.01～0.05mm 的粉砂级，呈条带状平行定向分布。碎屑物显然是沉积作用形成，原岩中的粉砂质条带是否为火山灰沉积物，已很难确定，条带宽在 0.2～3mm 不等（杨光华等，2017）。

研究区千枚岩主要结合其典型光谱特征、风化后纹理特征、地表展布形态特征等进行综合解译标志建立，具体方法如下：

(1)可见光真彩色合成影像中千枚岩色调较浅，一般表现为灰色、亮灰色、浅灰黄色等特征，影像中观察该岩石反射率较高，与围岩形成典型的界线[图 3-18(a)]。假彩色合成影像中，因反射率差异，该类岩石与围岩形成比较明显的区别易于目视解译[图 3-18(b)]。

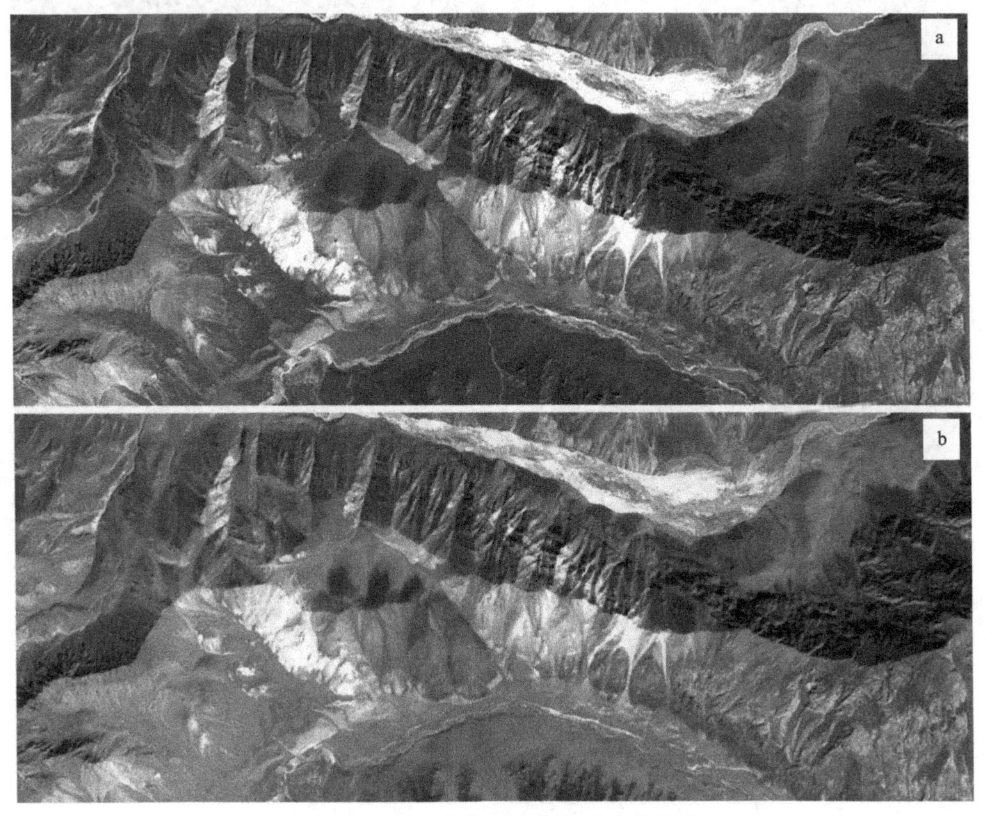

图 3-18　研究区典型千枚岩遥感影像图

(2)千枚岩岩石原岩多为泥岩、砂岩等，其抗风化特征较差，[图 3-19(b)]、[图 3-19(c)]中，该类岩石发育呈典型的薄片状，薄片风化后极易脱落，脱落后该类岩石碎片常形成风滑坡[图 3-19(a)]，地貌上形成面积较大碎石坡，碎石坡一般植被不易生长。因此，该类岩石解译主要通过遥感方法观察岩石层面纹理、岩石风化后碎石坡纹理等。

(3)研究区千枚岩主要发育的典型构造附近，呈不规则带状不连续状发育，地貌上极易形成山脊附近的负地形。

(4)千枚岩表面典型的蚀变矿物进行基于矿物的地质填图，辅助解译该类岩石。例如，利用该类岩石典型矿物绢云母等提取并获取该类岩石的发育范围。

图 3-18 为博罗科努山韧性剪切带附近发育的典型千枚岩带，图像中千枚岩呈亮白色、灰白色，反射率明显高于围岩背景，由于该类岩石抗风化特征的差异，在山脊附近形成大量的碎石坡，碎石坡处植被发育较少，部分碎石坡风化后呈泥状、碎片状，在影像中形成比较细腻的纹理。图 3-19 为研究区典型千枚岩解译标志。

图 3-19　研究区典型千枚岩解译标志

三、片麻岩类解译

博罗科努山主脊南侧至喀什河北岸片麻岩小面积出露，受北西西向断裂带影响该岩石发育不连续。结合研究已知片麻岩位置和其典型特征建立解译标志，正片麻岩遥感影像纹理与花岗闪长岩影像纹理相似但色调深暗。由于均质特征其各部抗蚀力大体相同，正片麻岩表面显示模糊斑状纹理或北西西向带状纹理；副片麻岩色调偏暗灰，具条带状和片状构造，部分地区影像中可解译出亮色条带。图 3-20 为门克廷达坂一带发育少量片麻岩，呈不连续状发育在主要断裂附近或常见岩体附近，局部位置可见少量片麻岩呈“俘虏体”形式发育在岩体中。因片麻岩与围岩在矿物组分、色调、风化程度上比较接近，因此较难区分。地质解译中采用如下方法进行解译。①研究区该类岩石特征不明显且出露面积较小，利用典型特征矿物，对研究区岩石矿物含量进行光谱特征反演，结合反演结果通过目视方法进行综合解译。②野外获得典型片麻岩标本并标注其位置，通过测量光谱方法或监督分类、非监督分类进行小范围实验，结合结果目视判读野外验证。图 3-20 为研究区门克廷达坂附近典型片麻岩多源遥感影像解译特征图。

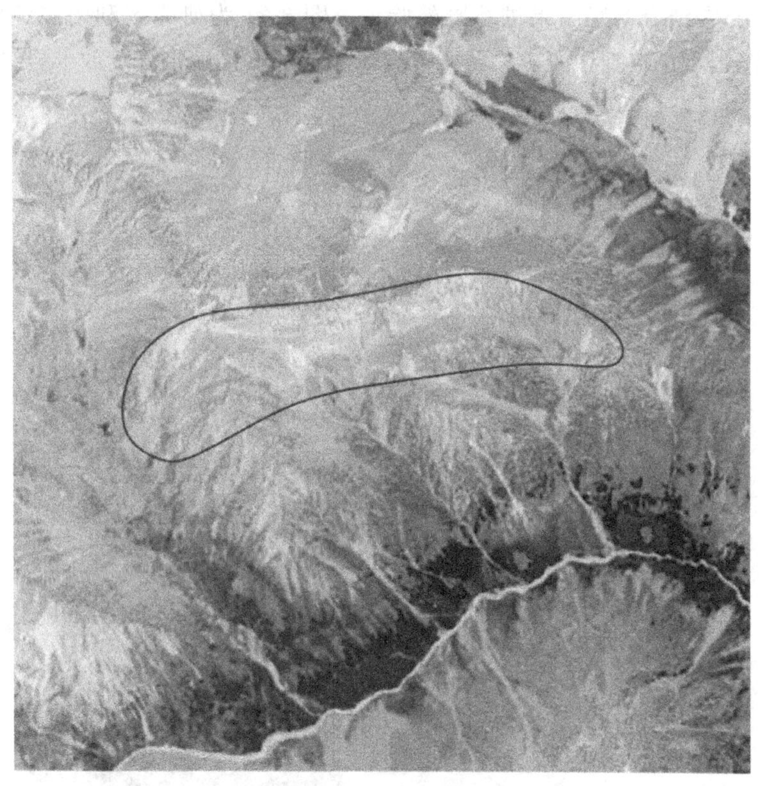

图 3-20　研究区典型片麻岩解译图

四、矽卡岩

矽卡岩是一类主要由富钙或富镁的硅酸盐矿物组成的蚀变岩石，其矿物组合及化学成分的变化规律可以指示矽卡岩矿床中交代蚀变作用的强弱、热液流体的运移方向以及成矿的演化过程等，同时对于矿床勘查评价也具有重要指示意义（王梦蝶等，2023）。

研究区典型矽卡岩多发育于侵入岩及灰岩接触带及附近，侵入岩及各类流体与碳酸质岩石交代变质而形成蚀变岩，为接触变质交代岩。区内矽卡岩常见矿物比较复杂，主要有石榴子石、透辉石、硅灰石、绿帘石、电气石、阳起石、绿泥石、石英等，以及黄铜矿、黄铁矿、方铅矿、闪锌矿等矿物，岩石具不等粒状变晶结构，晶粒一般比较粗大，块状构造，颜色较深，常呈暗褐色、暗绿色等，相对密度较大。

研究区矽卡岩主要发育在中、酸性侵入岩与碳酸盐岩的接触带中，它是热接触变质作用基础上和高温气化热液影响下经交代作用所形成的一种变质岩石。矽卡岩具有重要找矿意义，与多金属矿产密切相关。研究区矽卡岩与钨异常相伴，在典型地区进行小范围蚀变信息提取实验，发现蚀变信息能够较好命中矿体及其围岩，因此遥感解译常采用多源信息综合的解译方法，步骤大致如下：①收集典型化探异常，特别要收集与矽卡岩相关的化探异常；②依照化探异常缩小找矿范围，在小范围内利用多源遥感图像进行碳酸盐岩、侵入岩的解译，识别接触带；③小范围内利用多源遥感影像进行蚀变信息提取；④利用多源信息进行蚀变带或者异常中心的预测；⑤结合遥感结果进行野外验证。图 3-21 为研究区利用多源信息解译并识别侵入岩、大理岩，利用典型蚀变矿物及矽卡岩风化特征在接触带圈定矽卡岩结果。

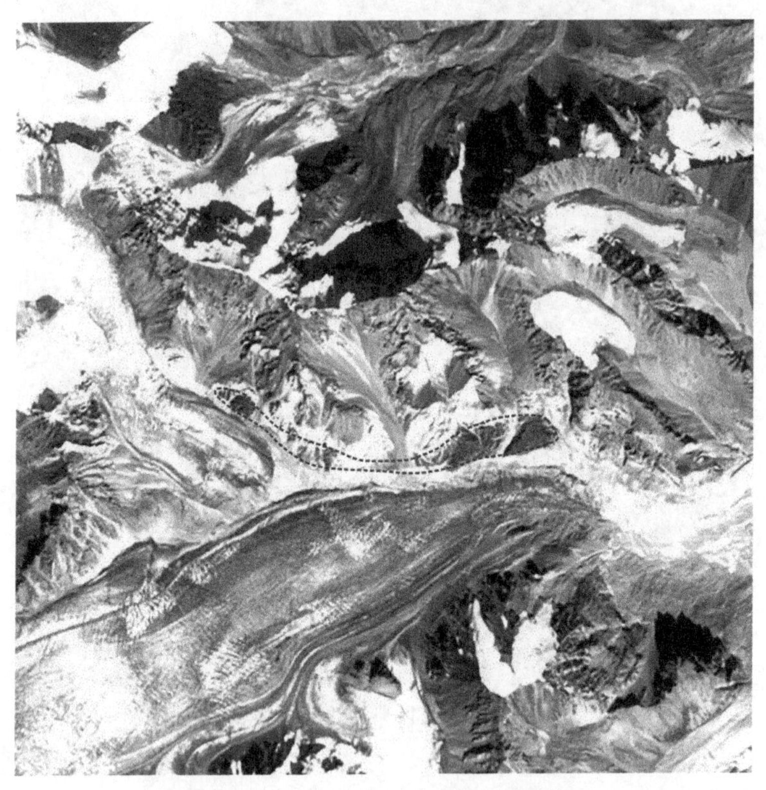

图 3-21　研究区典型矽卡岩解译标志

五、大理岩

研究区灰岩、白云质灰岩、白云岩等碳酸盐岩石发育较为广泛。碳酸盐岩经区域变质作用或接触变质作用形成大理岩，研究区大理岩主要成分为方解石和白云石，含有硅灰石、滑石、透闪石、透辉石、斜长石、石英、方镁石等，粒状变晶结构，块状（有时为条带状）构造，风化色通常为白色和灰色。

因大理岩矿物成分及风化特征较明显，研究区大理岩解译标志及主要解译特征为：①主要成分为方解石，遥感影像中呈现出色调较亮，通常是白色或浅白灰色；②与周围岩石相比，大理岩色调差异较为明显，高反射率特征明显，依据色调特征，通过目视方法可以解译大部分灰岩或者大理岩；③大理岩结构致密，外表坚硬，其风化特征典型区别于围岩；④遥感解译大理岩的纹理特征也是大理岩的主要解译标志，由于大理岩不易风化，因此在其岩石分布区附近常发育崖状断坎地貌。遥感影像中大理岩边界特征与围岩区别明显。部分地区大理岩与围岩接触关系可以明显解译。

结合地质调查和遥感解译研究区大理岩的遥感解译标志，包括颜色特征、纹理特征、空间分布特征和边界特征。通过分析遥感影像中的已知区域，总结解译标志，对未知区域岩石的识别和解释大理岩的分布与性质有一定作用。研究区大理岩解译主要依靠典型解译标志目视方法，图 3-22 为研究区不同位置典型大理岩特征。

图 3-22　研究区典型大理岩特征

六、角岩

作为热接触变质的产物，角岩在石墨、硅灰石、红柱石等变质成因非金属矿床和各种金属矿床以及油气矿藏均可见。角岩作为变质岩的一种虽然常见，开展小范围调查与研究成果较少。近年来，随着深部找矿工作深入和一些大型斑岩型矿床的发现，角岩及其在隐伏矿床预测中的重要性日益显现。角岩是具细粒状变晶结构和块状构造的中高温热接触变质岩石的统称，原岩可以是黏土岩、粉砂岩、火成岩或火山碎屑岩。主要由长石、石英、云母、角闪石、辉石等组成，有时含少量的红柱石、堇青石、石榴子石、夕线石等特征变质矿物。其外表一般深色，有时浅色，致密坚硬。角岩一词的应用范围目前尚不一致，一般把原岩经过热变质作用后已基本全部重结晶并具有角岩结构和块状构造的岩石称为角岩，不包括碳酸盐岩和石英砂岩热变质的产物；对于变质不彻底、未全部重结晶的浅变质岩石，则称为变质黏土岩、变质粉砂岩等（王登红等，2011）。角岩作为热变质作用的产物，对钨矿、钼矿、铁矿、铜矿、铀矿、金矿、铅锌矿、锡矿、银矿、稀有金属矿床、与角岩有关的油气矿藏等找矿和成矿预测具有较好的指示意义。

角岩原岩常见为黏土岩、粉砂岩、火山碎屑岩等，由侵入岩高温热变质作用形成。研究区角岩一般具细粒状变晶结构和块状构造，致密坚硬，基本全部重结晶，常见有红柱石角岩、堇青石角岩等矿物发育。常见解译方法如下。

目视解译法：①利用遥感方法获取侵入岩与沉积地层大致位置，获取侵入岩侵入大致界线，明确角岩发育的部位；②利用多源遥感影像进行多波段 PCA，获取典型的目视解译底图；③对沉积地层和侵入岩界线进行识别；④识别解译界线上发育亮黄色斑块状影纹角岩进行检验。图 3-23 为研究区多光谱影像 PCA 后彩色合成影像。

图 3-23　多光谱影像 PCA 后彩色合成影像

多光谱或高光谱解译方法：①在研究区获得典型角岩标本，通过手持光谱仪或者波谱库查询典型角岩光谱曲线；②通过光谱角法或其他方法进行定量解译；③依照构造位置，进行筛选并野外验证。

第四节　典型岩浆岩遥感解译

研究区侵入岩较为发育，利用多源遥感影像、高分辨率立体影像、实景三维技术对侵入岩及部分脉岩进行定量研究和综合解译，对提高综合地质调查效率有一定意义。近年来，随着无人机技术不断发展，利用低空高分辨率无人机技术进行侵入岩的粒度大小、矿物含量、蚀变矿物、找矿重点区段详细研究成为无人机遥感技术的一个发展方向。

一、脉岩解译

研究区脉岩分布较为广泛，特别在博罗科努山北坡山前地带脉岩发育较为普遍，部分脉岩在遥感影像中呈链状、长条状、透镜状姿态发育，解译特征较明显。浅色矿物的主要成分为有细晶岩、伟晶岩，暗色矿物多集中分布于煌斑岩中，花岗斑岩、玢岩等在研究区内均有发育。脉岩解译主要依靠高空间分辨率遥感影像观察其脉岩形状、纹理、亮度等特征进行解译，无人机实景三维影像在脉岩解译中效果较佳。研究区基于多源影像的脉岩酸性程度解译实验未收获较好结果，野外实践中仅仅依靠脉岩亮度等特征大致推断浅色岩脉、暗色岩脉等。研究区野外工作中脉岩出露较多，但未基于野外工作对脉岩空间展布规律进行讨论，又因诸多技术因素限制未开展大面积脉岩解译，未来大面积实景三维技术及高空间分辨率的高光谱技术辅助下有利于该项工作进行。

研究区多数酸性、中酸性岩脉色调较浅，亮度较高，例如闪长岩脉、花岗岩脉、石英脉、花岗斑岩脉、长英岩脉等。在高分辨率遥感影像中较易区分，图 3-24(a)中为典型的花岗岩脉，影像中该岩体呈不规则面状侵入，亮度较亮与围岩反差较大。野外调查显示，该岩脉位于花岗岩岩体附近，以不规则面状形态侵入，花岗岩脉体与灰褐—灰黑色块状火山灰凝灰岩在岩石风化面色调、岩石粒度等存在较大差异，因此遥感影像中能较易区分和解译。

暗色岩脉在遥感影像上呈亮度较暗、纹理均匀，该种岩脉一般多为基性、中基性、超基性。该岩脉常见类型主要有闪长玢岩脉、辉绿岩(脉)墙、辉绿玢岩脉、煌斑岩脉、超基性岩脉等。与酸性脉岩类似，该种脉体发育细线状、网状、支状等特征，脉岩内部色调纹理均一、细腻，与围岩有一定差异。图 3-24(b)为博罗科努山山前典型脉岩侵入遥感解译标志，北西西向串珠状不连续出露。彩色合成影像中脉岩呈亮黄色斑块状，因侵入岩风化较低故植被发育较少。侵入脉体与围岩火山灰凝灰岩形成较为明显的反差。依据岩石发育宏观形态、色调反差、地形等特征，通过目视方法直接解译获得侵入边界，脉岩侵入边界可利用蚀信息提取方法进行蚀变矿物填图。

图 3-24(c)为研究区资源三号全色影像解译图，脉岩沿着山体不连续出露，亮度较高，呈脉状、细线状发育。图 3-24(d)为野外典型解译验证照片。脉岩宽 1～5m 不等，影像中脉体发育，呈不连续细线状、脉状，较围岩灰褐色凝灰岩相比侵入岩亮度特征差异明显。依据三维影像解译其产状，研究区内该类典型脉岩沿南北向深大断裂发育较多，古尔图河流(断裂)域上游崖壁两侧能解译出若干脉岩发育。

博罗科努山北坡山前海拔相对较低，植被较发育，脉岩多呈北西—北西西向发育，由于山前火山碎屑岩与脉岩风化破碎特征差异较大，图 3-25 中，侵入岩地区植被发育稀少，通过植被解译标志可以指示侵入岩的大致位置。真彩色合成图中，脉体呈暗黄—浅黄绿色，与围岩侵入界线较为明显，侵入界线发育灰红—棕红色色斑，推测其与矿物蚀变有一定关系。图 3-25中北西向脉体与围岩风化特征差异明显，呈典型的墙状特征。

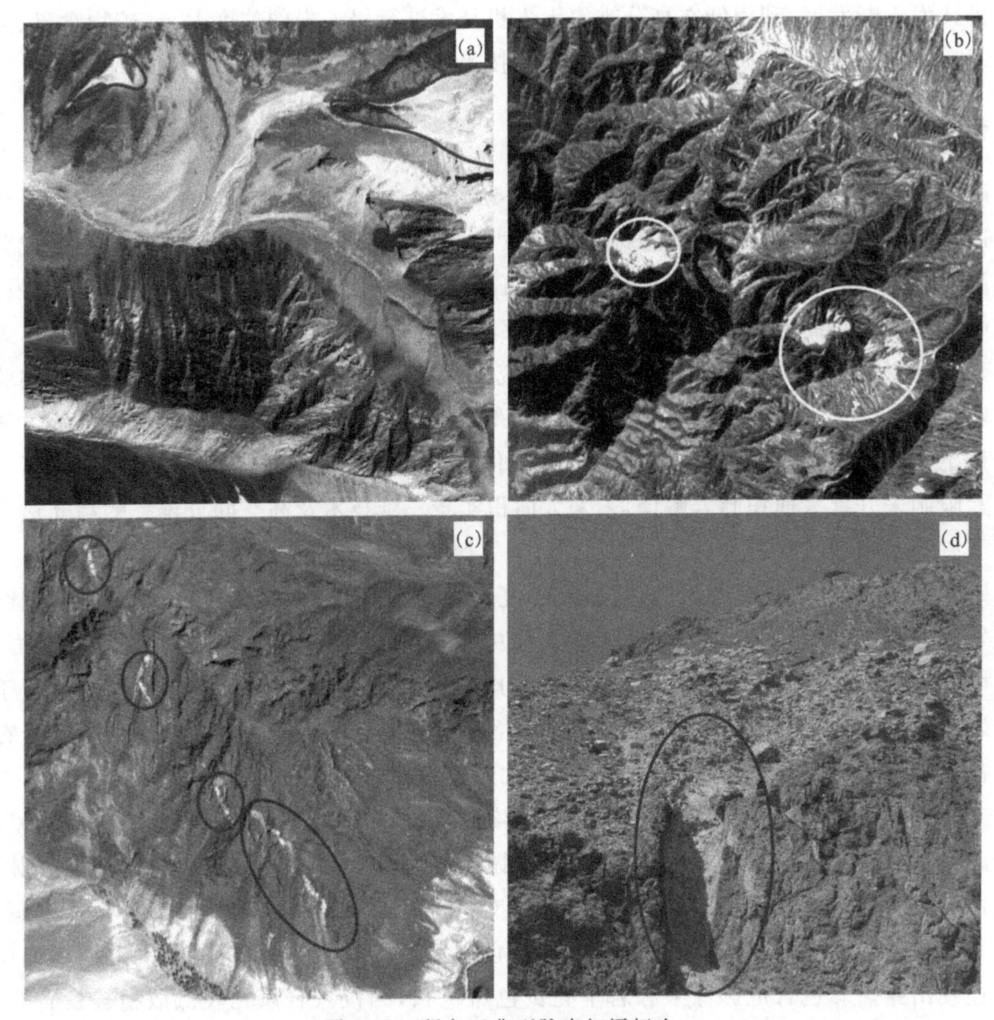

图 3-24　研究区典型脉岩解译标志

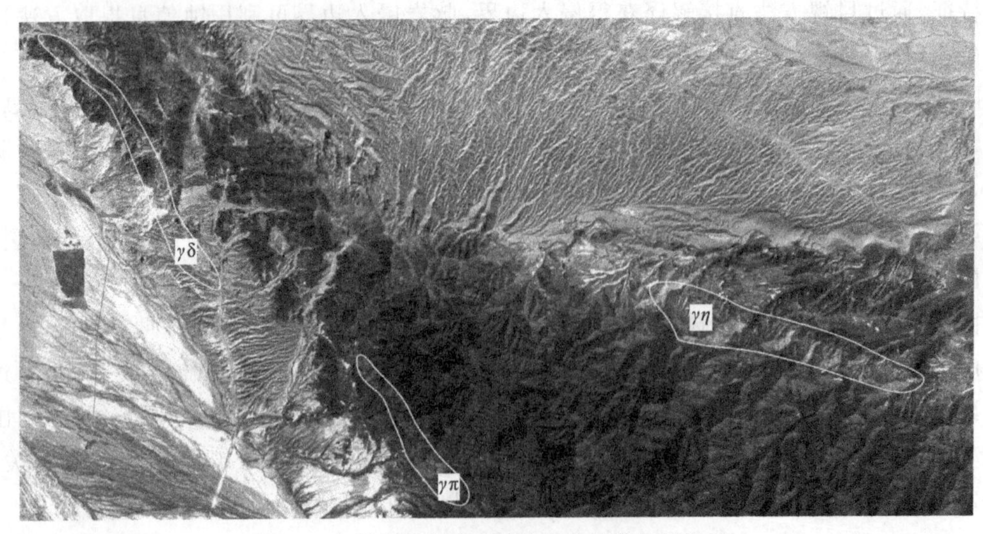

图 3-25　博罗科努山北坡山前典型脉岩解译图

二、侵入岩解译

由于侵入岩体形成时所处的构造环境、岩浆侵位深度以及岩浆活动的复杂性，导致接触带的构造特征复杂多变，侵入岩体主要受到岩体成分、形态、产状、规模、侵位方式、冷凝速度、围岩岩性以及热液活动等因素的影响，此外，后期的风化剥蚀作用对其保存具有较大的影响。中—高分辨率遥感影像的结合，不仅可以宏观上把握接触带的展布范围，也可以深入分析侵入体与围岩的一些微观构造现象，如侵入体的凸和凹、接触面的陡和缓（当接触面产状陡倾时，岩体截切围岩层理；接触面产状较缓时，与岩层层理近平行）等。在影像上，接触带整体平面形态可以呈现平直状、波状、港湾状、锯齿状、岩枝状或顺层贯入等多种形态（张子鸣，2012）。

基于研究区大面积发育的侵入岩，利用遥感方法主要完成岩体接触关系的解译、侵入岩分带现象、侵入岩穿插关系、岩性解译、与侵入岩有关的矿产解译等。常见的侵入岩接触关系有热接触、冷接触、构造接触（张子鸣，2012）。热接触是指岩浆上升侵位于围岩之中，经冷凝后形成火成岩体与围岩的接触关系。岩体边部有边缘带和冷凝边，原生构造较发育，岩体内有围岩的捕虏体，在围岩中有自岩体延伸的岩枝或岩脉，环绕岩体的围岩有接触变质现象，并呈带状分布，变质程度离岩体越远越弱，这种关系反映出岩体的侵入时代晚于围岩。该类接触关系在接触部位主要观察冷凝边、蚀变矿物提取、小型脉岩、捕虏体、不规则的侵入面等信息。侵入岩冷接触主要是指岩体侵位冷却抬升后，遭剥蚀后沉积物沉积成岩，该类接触关系在接触带不能观察到冷凝边、蚀变矿物等。构造接触主要是指侵入岩经过改造后与岩石接触，该类接触主要为断层接触，解译过程主要以构造解译为主。

侵入接触关系的解译还应包括接触界线的解译，其中接触界线又包括顺层侵入、支状或树状侵入、锯齿状接触、波状接触、平直断裂状接触等。利用高分辨率遥感影像及无人机实景三维技术可以完成接触界线的解译。

研究区内侵入岩发育面积较大的岩体其矿物成分粒度、含量等并不是一成不变的，通过野外观察其发育呈一定的规律性。由于同一种岩性的粒度、矿物含量等差异，岩石在风化色、风化特征、新鲜面上也存在明显的差异，这些差异在遥感影像中能反映出，但鉴于遥感影像色调、纹理、光谱特征与岩性的对应关系，目前仍需要不懈研究。利用高空间分辨率、高光谱分辨率遥感影像进行研究区岩体精细化填图是未来地质遥感的方向之一。

由于侵入岩在就位及冷凝过程中，温压条件差异，使岩体不同部位岩石在矿物粒度、成分、结构、矿物含量等方面存在差异，因此在侵入岩解译中需要依据建立的解译标志进行侵入岩相带的区分。常见的相带分为中心带、过渡带、边缘带和接触变质带（张子鸣，2012）。中心带构成侵入岩的主体，受基性—中性—酸性岩浆演化冷凝过程影响，岩石色调、纹理等发生变化。过渡带侵入岩介于中心带和接触带之间，岩性存在一定差异，遥感影像纹理、色调有一定反映。边缘带和接触变质带是指侵入岩与围岩接触带，常因热接触变质存在角岩化、矽卡岩化，是找矿的有利地段。

高分辨率遥感影像解译及实景三维地质解译还应该利用侵入岩的穿插和切割关系判断其切割和穿插期次。图 3-26 为研究区二长花岗岩解译标志，岩石风化色呈浅灰紫色、紫红色、浅红色等特征，岩石风化破碎较为严重，在岩体附近可见 5～20cm 不等风化碎石。岩石新鲜，色呈肉红色、紫红色等特征，局部呈大面积肉红色，中粗粒二长结构，块状构造，与围岩接触带可见片麻状构造。岩石中斜长石含量大于 45%，主要为更长石或中一更长石，呈半自形板状，粒径一般为 2～5mm 的中粒级，有轻度绢云母化，钾长石含量 25%～30%，主要为微斜长石，可见少量条纹长石，粒径一般为 3～7mm 的中粗粒级，少数晶体中有斜长石和石英；暗色矿物占 15%～20%，成分以黑云母为主，其次为角闪石，云母呈褐色板状，角闪石呈柱粒状，粒径一般为 0.5～2mm，局部呈条带状分布。该类岩石解译主要观察紫红色、浅紫红色影纹特征，该岩石较其他侵入岩风化更为明显，因此可见风化坡光滑的纹理，图 3-26(a)中，岩石与灰黑色、浅灰色纹理形成较为明显的边界，因此岩性边界可按照纹理的差异进行圈定。

图 3-26　二长花岗岩典型遥感影像及解译标志

研究区闪长岩出露一定面积，其与多金属矿产找矿关系密切。该类岩石一般呈灰白—浅白色，中粗粒结构，块状构造。岩石结构致密不易风化，因此在遥感影像中观察不到明显的分化特征，由于该类岩石不易风化，在图 3-27(b)、图 3-27(d)中各类岩石棱角发育，可见明显的山脊及比较明显的棱角特征。在小范围内，利用遥感影像拉伸等增强方法，能够明显地解译该类岩石的接触界线。

图 3-27　闪长岩解译标志

研究区该类岩石与灰岩等接触边界是重要的找矿有力地段，可以利用小范围接触界线的绘制和裁剪影像进行蚀变信息提取，以获得明显的找矿目标。

研究花岗闪长岩出露面积较大[图 3-28(a)]，主要集中在博罗科努山主脊东多果勒一带，以中粗粒、粗粒为主。花岗闪长岩中能解译出一定规模的包裹体，包体分布不均，部分区域可以识别出俘虏体。典型岩石呈灰白色，粗粒、伟晶、块状构造，钾长石含量为 25%～30%，成分是微斜长石，呈他形粒状，粒径为 2～8mm 的中粗粒级，未发生次变蚀变，格子状双晶清楚，个别钾长石可达 13mm 的伟晶级，杂乱分布。该类岩石遥感影像呈亮白—浅乳白色特征，与围岩相比，岩石亮度较大，受多期构造影响岩石中发育大量裂隙，在遥感影像中表现为规律性的暗色纹理，山脊棱角明显。

正长花岗岩岩石呈灰白一肉红色，粗粒花岗结构，块状构造[图 3-28(b)]。钾长石含量约65%以上，成分以条纹长石为主，微斜长石较少，均呈他形粒状，粒径为 3～7mm 的中粗粒级，未发生次生蚀变，少数晶体中包含自形的板状斜长石。斜长石含量 10%～15%，成分为更长石，呈板状，粒径一般为 2～4mm，多发生了绢云母化，杂乱分布。石英含量 20%～25%，呈他形粒状，粒径为 0.2～3mm，呈集合体状分布，黑云母含量极少。岩石影像纹理偏暗，色调纹理较为细腻，与围岩有明显的界线。

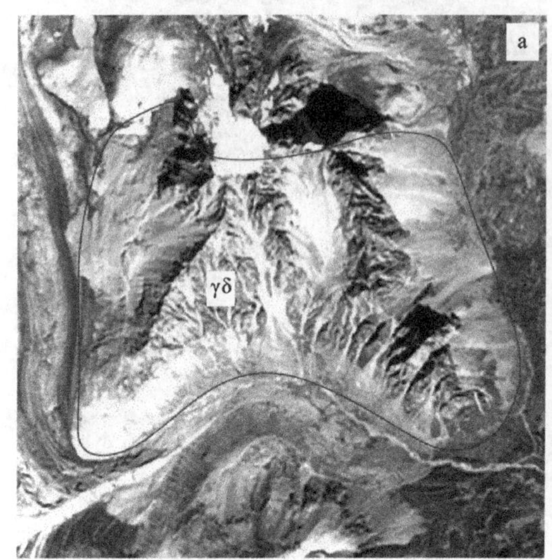

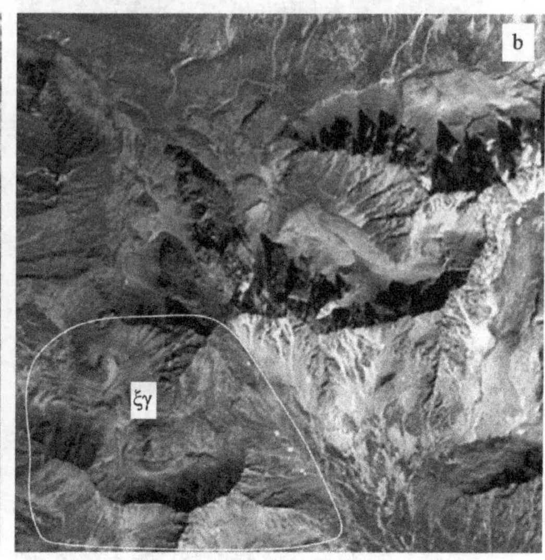

图 3-28　博罗科努山主峰一带典型侵入岩遥感影像

研究区辉长岩沿东西或北西西向不连续发育，因此遥感影像的解译主要针对该类岩石与围岩的侵入关系进行解译。该处典型的辉长岩具中粒辉长岩呈深灰一灰黑色，中细粒结构，块状构造，主要由斜长石、单斜辉石、角闪石、黑云母、铁氧化物、磷灰石和石英组成。图 3-29 为典型辉长岩遥感影像。

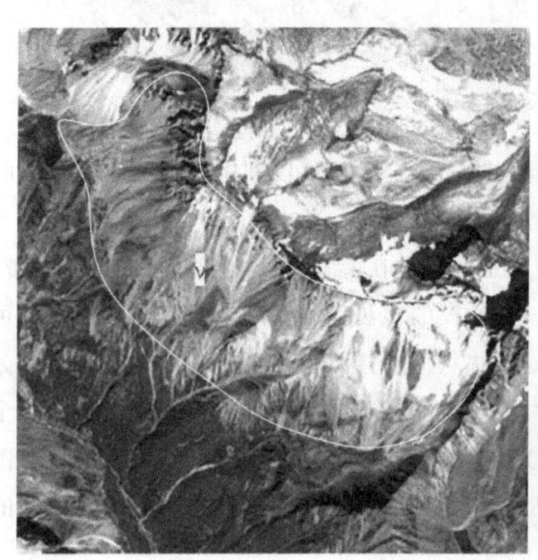
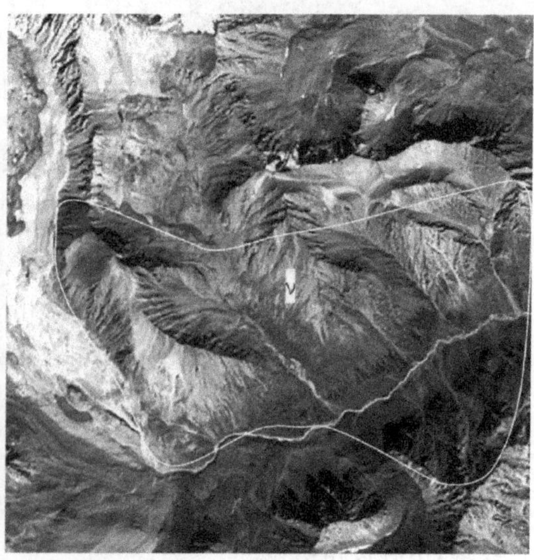

图 3-29　研究区典型辉长岩遥感影像

研究区石英二长岩呈灰白一浅白色，局部呈大面积肉红色，中粗粒二长结构，块状构造，与围岩接触带可见片麻状构造。岩石中斜长石含量大于45%，主要为更长石或中一更长石，呈半自形板状，粒径一般为2～5mm的中粒级，有轻度绢云母化、钾长石含量25%～30%，主要为微斜长石，可见少量条纹长石，粒径一般为3～7mm的中粗粒级，少数晶体中有斜长石和石英；暗色矿物占15%～20%，成分以黑云母为主。其次为角闪石，黑云母呈褐色板状，角闪石呈柱粒状，粒径一般为0.5～2mm，局部呈条带状分布。图3-30为该类典型岩石解译影像，该组岩石色调呈灰棕一浅暗棕色，与围岩亮度存在一定差异，山顶可见该组岩石风化破碎形成一定的碎石坡特征，碎石坡呈棕一暗棕色，以较为细腻纹理为特征。侵入界线处可见山脊错断现象，可依据典型解译标志圈定。

图3-30　门克廷达坂一带典型石英二长岩影像

第五节　蛇绿混杂岩解译

蛇绿混杂岩带经历了长期板块裂解和拼合的复杂演变过程，不同块体存在不同产状、不同性质，成生于不同时期断裂分割的岩片组合是它的最主要特征。混杂岩带内的基质和岩块（岩片）在初始混杂后，受到强大的挤压应力作用，使原先杂乱的岩块发生旋转、滚动和定向排列等现象（王长海等，2012）。蛇绿混杂岩带发育于博罗科努山一依连哈比尔山主脊一带北西一北西西向发育，交通十分困难，借助高分辨率遥感影像和野外地质调查进行有针对性的大比例尺填图，对了解研究区构造带的展布特征和发育规律有一定的参考意义。

受多期构造影响，蛇绿混杂岩带在区域上出露较少且分散，部分地区受断裂影响错断数千米（古尔图沟）。带内岩石呈块状一透镜状发育，层位不明显，块体之间为断层接触关系，该带最宽部分数千米，较窄部分地表岩石及典型构造带特征不发育。混杂岩带内岩石块体大小不一，较大者数千米，较小者呈鹅蛋状透镜体发育。混杂岩带与围岩为断层接触关系，遥感影像中解译特征比较明显。

蛇绿混杂岩带内岩石块体的大小及构造变形特征差异较大，呈现出不规则的强弱分带特征。遥感影像中初步解译结果显示了这种典型的变形带强弱不规则变形特征——空间上的不均一分带及带内岩石变形特征。部分学者认为该带内为一种“网眼状”变形特征。遥感解译及野外查证表明，强干的块体内部不变形或弱变形，围绕强干的块体周围发育明显的片理化、糜棱岩化、断层泥等特征。

遥感解译蛇绿混杂岩带主要是对带内物质成分进行填图。混杂岩带内岩石较为复杂，既包含外来块体也包含原地块体。主要的岩石块体又包含蛇纹石化橄榄岩、辉长岩、辉绿岩、玄武岩、枕状玄武岩、异剥钙榴岩、硅质岩、围岩残片等。

针对混杂岩带内部的“块体”填图方法，部分学者已经进行了有益的尝试，刘磊等(2013)利用 Aster 数据(先进星载热发射和反射辐射仪)进行镁铁—超镁铁岩的识别与信息提取，并以甘肃北山辉铜山地区为研究区，综合应用比值法、最小噪声分离和镁铁岩指数等方法处理研究区 Aster 数据，以突出辉铜山地区镁铁—超镁铁岩信息。张昭等(2022)把遥感技术应用于地质基础调查、矿产资源勘探、环境评估和地质灾害调查中，为了更好地了解多源遥感数据在岩矿识别中的作用，在新疆东天山卡拉麦里地区进行了相关研究，结果表明 Landsat-8OLI 的 PCA 变换结果清晰识别了研究区不同的岩性和地层，使用 Landsat-8OLI、Aster 和资源一号-02D 高光谱数据，分别采取不同的图像端元提取方法，在进行光谱分析的基础上，利用光谱角填图(SAM)即可得到研究区的主要矿物分类图件。因此，针对研究区内蛇绿混杂岩带的复杂岩性块体，有针对性地开展蛇纹岩、玄武岩、辉长岩、外来岩块(基于岩性块体)等解译，具有一定的实际意义。

一、蛇纹石化橄榄岩

图 3-31(a)为莫托沙拉一带发育的典型蛇纹石化橄榄岩影纹特征，风化碎末沿剖面重力方向发育，呈灰白—浅蓝色等特征。由于风化坡面岩石中蚀变矿物发育，遥感蚀变信息提取过程中可能存在一定范围的蚀变信息异常，应该予以排除。

图 3-31(b)、图 3-31(c)为研究区典型的带状发育的蛇纹石化橄榄岩特征，岩石发育呈东西向不规则带状，蛇纹石化橄榄岩小面积不连续发育，出露面积较小的岩石风化后呈浅蓝色的斑状纹理，部分蛇纹石化橄榄岩风化后呈典型浅蓝色细腻纹理特征。

图 3-31(d)、图 3-31(e)中，蛇纹石化橄榄岩风化后呈典型碎块状、浅绿—浅灰绿色粉末状，图中典型坡面被蛇纹石化橄榄岩风化后粉末覆盖。部分风化坡内可见未风化后的透镜状或块状的块体发育，蛇纹石化橄榄岩因风化特征非常明显，发育处常呈负地形状。遥感影像解译典型特征主要针对其风化特征，如图 3-31(a)中，蛇纹石化橄榄岩风化坡常呈淡蓝—蓝灰色等特征，纹理细腻且发育范围受坡面重力影响呈现典型的扇状等特征，高分辨率遥感影像中可见其未风化的块状块体。遥感解译还应提取其未风化残块的长轴和展布方向。

研究区蛇纹石化橄榄岩多呈残片状、块状、透镜状发育，岩石表面发育呈浅绿—深绿色镜面状[图 3-31(f)]，可能与绿泥石表面有关，高分辨率遥感影像下岩石呈浅绿色特征。岩石具鳞片变晶结构，主要由蛇纹石、铬尖晶石等组成。

图 3-31　典型蛇纹石化橄榄岩遥感特征

二、玄武岩

研究区玄武岩在古尔图及莫托沙拉一带发育较多。古尔图一带杏仁状玄武岩较为发育，其风化色呈棕红色、褐红色，新鲜面常呈灰绿色、褐红色、棕红色等，岩石具填间结构、杏仁状构造，岩石多具隐晶质结构。古尔图河一带杏仁状玄武岩风化后常呈褐红色，遥感影像中多呈暗红色斑点状，部分蚀变信息指示有蚀变，但与矿化信息关系不大，找矿中该蚀变异常应予以排除。图 3-32 中 a、b、c、d、e 为该处典型的玄武岩风化后解译特征。部分玄武岩块体呈“孤立峰”状发育于蛇纹石化橄榄岩风化后形成的浅蓝—蓝灰色风化坡上，因此利用蛇纹石化橄榄岩风化坡特征辅助解译玄武岩。

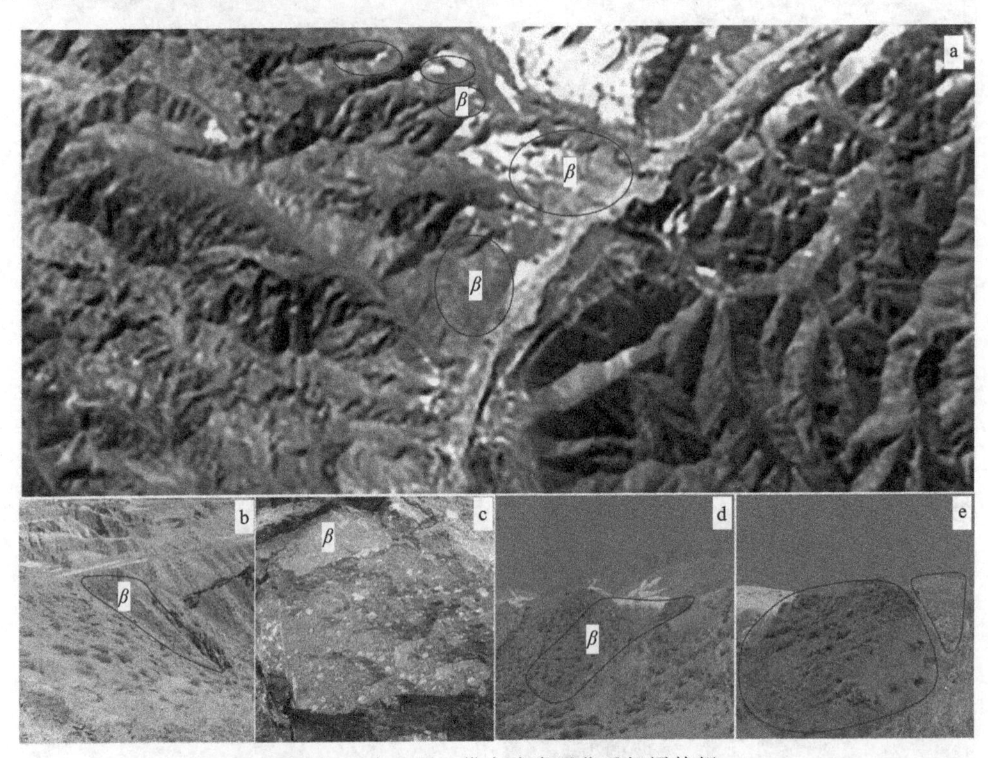

图 3-32　古尔图一带玄武岩风化后解译特征

枕状玄武岩在莫托沙拉一带发育较多，一般呈球枕状发育，球枕大小 10～200cm 不等。岩石中多见较为明显的冷凝边及放射状的裂纹构造，部分岩石中发育杏仁体。枕状特征是其解译典型特征，枕玄武岩的风化色常为灰棕色、棕色、暗绿色或深灰色，新鲜面常呈暗灰色、灰绿色、紫灰色等。在遥感图像中，枕状玄武岩通常呈亮灰色特征，反射率相对较高(图 3-33)。图 3-33(a)为高分辨率遥感影像中枕状玄武岩特征，通过高分解译其球枕状特征能明显识别，枕状玄武岩外围发育蛇纹石化橄榄岩风化坡特征明显。图 3-33(b)为典型枕状玄武岩野外特征，其球枕外观发育明显，受多期构造改造裂隙发育。

枕状玄武岩因其枕状构造特征而得名，典型的产出环境为海底喷发过程中熔岩快速冷却呈枕状，因此部分枕状玄武岩野外可以观察到明显的枕状结构(图 3-33)，图 3-33(a)遥感影像中可观察到长柱或卵状构造，并按照一定的规则排列；部分枕状玄武岩可观察到玻璃质风化面因此其反射率可能较高，呈典型的亮色特征[图 3-33(a)]，图 3-33(b)为枕状玄武岩野外风化特征；研究区内枕状玄武岩含有较好的铁镁质矿物，因此其亮度较暗，呈深灰色、灰色等特征。

图 3-33　莫托沙拉一带典型玄武岩解译标志

三、辉长岩

辉长岩具有典型辉长结构，主要由辉石、角闪石、斜长石组成。研究区典型辉长岩以角闪石为主，经历热变质作用，岩石中部分单斜辉石被棕色角闪石被交代，单斜辉石的种属为透辉石。部分斜长石由于热变质作用，有钠质的析出，形成了他形粒状的钠长石。岩石中的热变质形成的钠长石中，可见残留的高岭土化斜长石。绿泥石主要交代岩石中的裂隙残留组分，形成了低温绿泥石脉体，以及填隙与斜长石的颗粒之间又形成了低温绿泥石团块。(杨光华等，2017)。

研究区辉长岩新鲜色呈深绿色、灰黑色或棕色，呈块状—透镜状发育，莫托沙拉一带辉长岩块体可见最大长度为 30m。在遥感图像中，辉长岩以通常呈现为暗色或深色特征，反射率相对较低。图 3-34(a)中辉长岩块体呈典型的透镜状，由于岩石抗风化特征较好，在地表呈典型的凸起，图 3-34(b)为典型的辉长岩发育及其蛇纹石化橄榄岩风滑坡特征。

图 3-34　莫托沙拉一带发育辉长岩块体遥感特征

四、外来岩块

外来岩块是区域性延伸的地质体，每个外来岩块各自以其地层、构造类型及地质发展史的均一性和连续性为特征，而与相邻岩块相区别，外来岩块的边界为断层。研究发现，某些矿化作用在岩块边界就突然中断。通常可以利用保存在岩块里的地层关系来恢复外来岩块的历史。但在某些情况下，这些地质体的大部分，甚至完全被构造作用、岩浆活动作用、变质作用所影响，以致不能完全恢复它们原来的构造特征。根据外来岩块演化规律及其组合特征，可以区别出单体岩块和复合岩块，复合岩块是由两个或多个岩块在与古陆碰撞“焊接”之前就结合在一起的地质体(吉雄，1983)。

研究区蛇绿混杂岩带常见外来岩块，包括玄武安山岩、长英质碎粒岩、安山质晶屑岩屑凝灰岩、玄武质晶屑火山角砾凝灰岩、细火山灰凝灰岩、沉晶屑岩屑凝灰岩等，外来岩块呈块状或不规则状发育。玄武安山岩岩石为熔结凝灰质，交代围岩并形成残留团块的凝灰岩和围岩的复合岩石，风化色为褐色，隐晶状，脉体呈枝状穿切交代熔岩，大多以透镜状分布于熔结凝灰质中。以细火山灰组成的具有流动构造的熔结火山碎屑，其流动作用十分发育；长英质碎粒岩原岩可能是斜长变粒岩或中基性熔岩，经构造应力作用，局部含大量的玄武安山岩碎块。矿物破碎细粒化，岩石呈碎粒结构，块状构造；安山质晶屑岩屑凝灰岩呈灰色，凝灰结构，块状构造。玄武质晶屑火山角砾凝灰岩原岩为基性火山岩的火山角砾岩，经历了碎粒化作用，使得原岩结构已经彻底改变。碎粒化发生于岩石成岩之后。应力作用使岩石中所有火山角砾、岩屑、晶屑原地破碎成同矿物集合体；熔结玄武质岩屑火山角砾岩，火山角砾成分主要为基性火山岩、基性凝灰岩和少量熔结细火山灰，基性火山岩包括具有粒玄结构的玄武岩和隐晶质结构的玄武岩；细火山灰凝灰岩，块状，主要由细火山灰组成，细火山灰中可见稀疏分部的单斜辉石晶屑、蚀变的长石晶屑。岩石中的细火山灰可分为团块状绢云母化的细火山灰和粉尘状的凝灰质。沉晶屑岩屑凝灰岩，中粗粒沉凝灰结构，块状构造。晶屑含量为15%～20%，成分以斜长石为主，粒径为0.05～0.5mm的中细砂级。磨圆度中等，呈次棱角—次圆状，杂乱分布(杨光华等，2017)。

图3-35(a)为古尔图河上游蛇绿混杂岩带中灰岩透镜，灰岩透镜通常呈现出圆形或卵状形态，东西向发育，与周围岩石底层呈断层接触关系。由于灰岩与围岩岩性和结构差异明显，灰岩透镜体在色调、纹理、结构特征上与围岩表现出较为明显的差异特征。

图3-35(b)为莫托沙拉蛇绿混杂岩带内部发育的异剥钙榴岩透镜体。透镜体风化表面呈灰红—灰褐色，透镜状或卵状，长轴东西向发育，图中与蛇纹石化橄榄岩呈断层接触关系，接触部位擦痕明显。

混杂岩带中透镜体遥感解译常采取以下办法：①多光谱遥感影像解译，利用多光谱影像的不同波段反射率特征，对混杂岩带进行解译，可以识别出不同岩石成分的分布情况。透镜体在遥感影像上可能表现出与周围岩石不同的光谱特征，可以通过光谱分析方法进行判别；②高光谱遥感影像解译，高光谱影像具有更高的光谱分辨率，可以提供更详细的岩石光谱信息。通过对高光谱数据进行分析，可以进一步确定透镜体的岩石类型和成分；③纹理分析，透镜体在遥感影像上可能表现出特殊的纹理特征，如断层、接触关系、风化表面等。通过对遥感

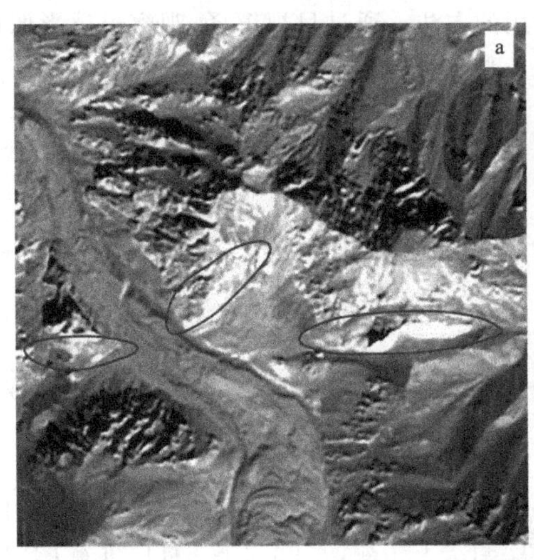

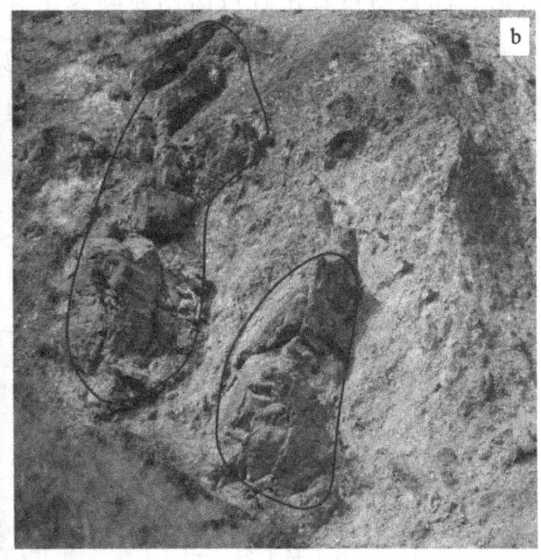

图 3-35 外来岩块遥感及近景特征

影像进行纹理分析，可以识别出透镜体的位置和形态；④地形分析，透镜体在地形上可能表现出一定的地貌特征，如凸起、坡度变化等。通过对地形数据进行分析，可以辅助识别透镜体的位置和空间分布。

第六节 典型构造遥感解译

研究区遥感构造解译基本思路和方法是利用遥感影像资料，结合地球物理、地层学、古生物学、构造学等知识，对地表和地下构造形态进行解译，从而最大限度地了解地质体的展布规律、构造、接触关系等特征。影像资料主要包括常见卫星遥感影像、航空遥感影像、地面遥感影像等，基于上述多源影像对地表构造形态、地貌特征、地层形态等信息进行综合分析，建立解译标志，通过解译标志由已知到未知，结合野外验证进行解译标志修正。常见构造解译资料包括地球物理场资料，如重力场、磁场等。通过遥感影像、地球物理场综合分析，可以提取地质构造信息，如断层、褶皱、地堑、地台、地裂等。构造解译信息可用于构造演化及相关地质过程研究，为地质灾害评估、资源勘探和开发、工程建设等提供科学依据。

在区域地质调查、矿产资源勘查过程中使用遥感方法进行构造解译是较为常见的方法之一，随着近几年高分辨率遥感影像、实景三维技术、近景摄影测量技术的不断应用，遥感方法构造解译的手段和成果方式也发生了较明显的变革。例如，可以通过高分辨率三维遥感方法直接解译断层产状，通过实景三维技术直接测量岩石产状面，生成玫瑰花图等。

地球物理资料包括航磁、重力、地震、地热等，不同地质体或构造形式其地球物理表征可能存在一定的差异。通过构造解译可以解译获取构造类型、展布特征，如断裂、褶皱、岩性变化等；通过地震活动、地壳变形、板块运动等，从而深入了解地球动力学过程；通过地球物理数据，可以确定地下矿体的位置、规模和性质，为矿产勘探提供重要依据；地球物理资料可以用于预测地质灾害，如地震、滑坡、地面沉降等，通过分析数据，判断构造的稳定性和潜在灾害风险。

目视解译和定量分析是目前构造解译中常用的方法。通过目视解译,观察遥感影像识别地表构造形态,目视解译需要对地质学、构造地质学等学科有一定的基础知识和经验;通过对数字图像处理,包括增强、滤波、分类等方法,提取出地表构造信息,利用相应的统计分析方法对构造现象、规律性现象进行分析综合。

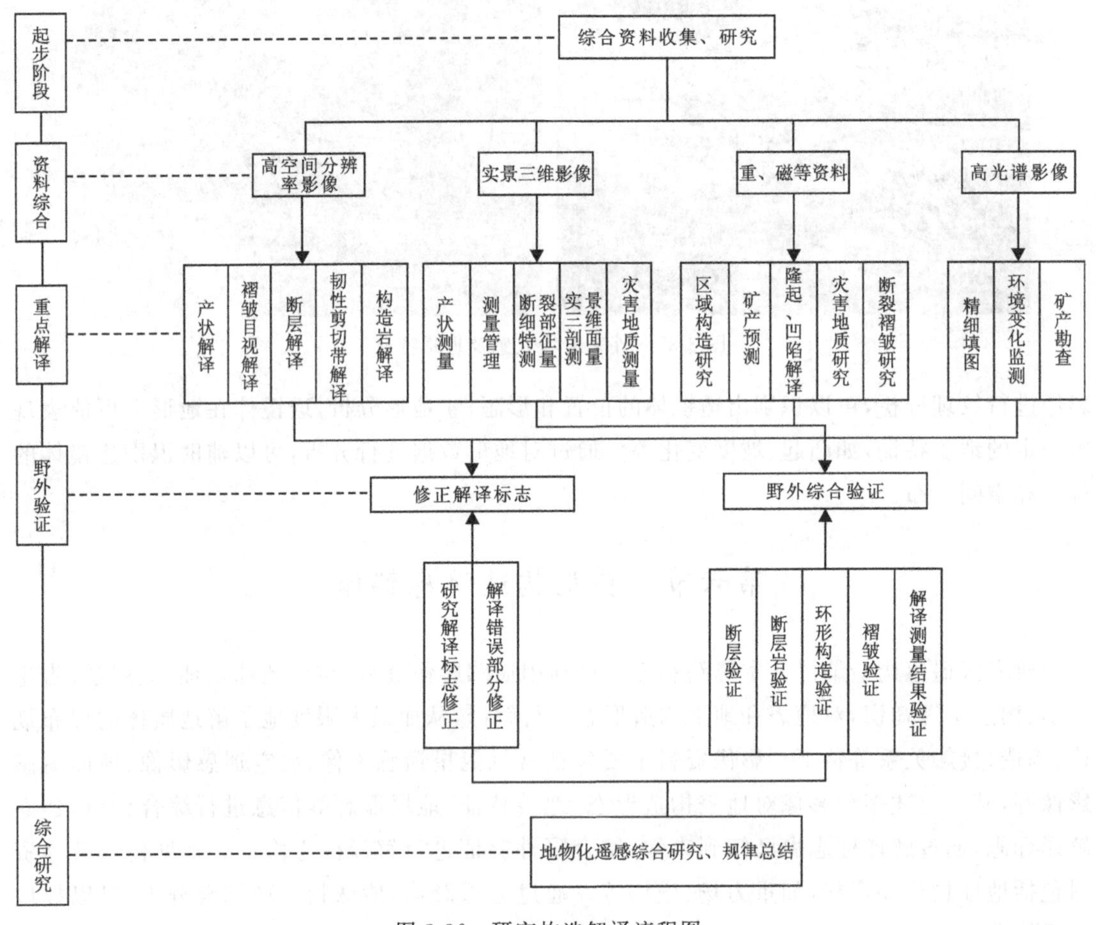

图 3-36　研究构造解译流程图

一、褶皱解译

高分辨率、立体影像在褶皱构造解译方面有较大的优势,研究区褶皱解译主要涉及以下几个方面。

(1)利用传统的遥感方法对褶曲或褶皱平面形态与空间形态定量分析,通过高分辨率遥感影像观察,提取地表上褶曲或褶皱平面形态及空间形态,包括褶皱形状、大小、轴向、枢纽产状等。分析地表褶皱分布空间规律,推断地质构造的形成和演化过程。

(2)利用高分辨率实景三维技术分析褶皱相关断裂构造运动学特征、空间展布等关系,观察、提取褶皱相关断裂运动学特征和断裂走向、倾角、滑动方向等。借助无人机实景三维技术的高分辨率特征完成褶皱要素测量工作。

(3)利用高分辨率遥感影像观察、分析褶皱相关的节理、面理、环形构造等特征,解译其类型、运动学机制。通过点面结合的褶皱解译工作促进区域地质研究。

(4)多源、多尺度、多时相遥感数据应用于褶皱解译。低分辨率遥感影像适用于宏观特征信息解译和提取,高分辨率遥感影像适用于褶皱微观特征直接观察和分析,两者相互补充,提高地质构造解译精度和可靠性。

研究区遥感工作中,路线性遥感解译一般针对实测剖面或实测路线调查入手。褶皱一般类型有背斜和向斜。背斜一般指变形面上凸式弯曲,向斜一般指变形面下凹式弯曲。背斜由老地层组成核部和新地层组成翼部,向斜由新地层组成核部和老地层组成翼部。在高分辨率遥感调查中,调查重点是岩性地层,但是也需考虑地层时代解译。因此,在褶皱构造解译中,应以背斜、向斜为基本类型,重点解译褶皱平面形态,并结合翼部产状变化和转折端特征进行空间形态的遥感分析。同时,在岩性和构造编图时应综合考虑褶皱组合形式。

图 3-37 为尤尔都斯盆地附近遥感影像中典型褶皱构造,南北向水系切割褶皱,水系两侧观察到褶皱呈对称状态。通过立体影像进行褶皱轴向解译,观察立体影像中高程变化确定褶皱轴大致走向,或通过三维立体影像测量计算褶皱两翼产状,判断背斜或向斜。除褶皱轴和两翼产状解译外,立体影像还可以用于分析褶皱形态特征、褶皱相关断层发育情况等。立体影像提供独特立体视角,对褶皱形态及其展布规律有较为明显解译。

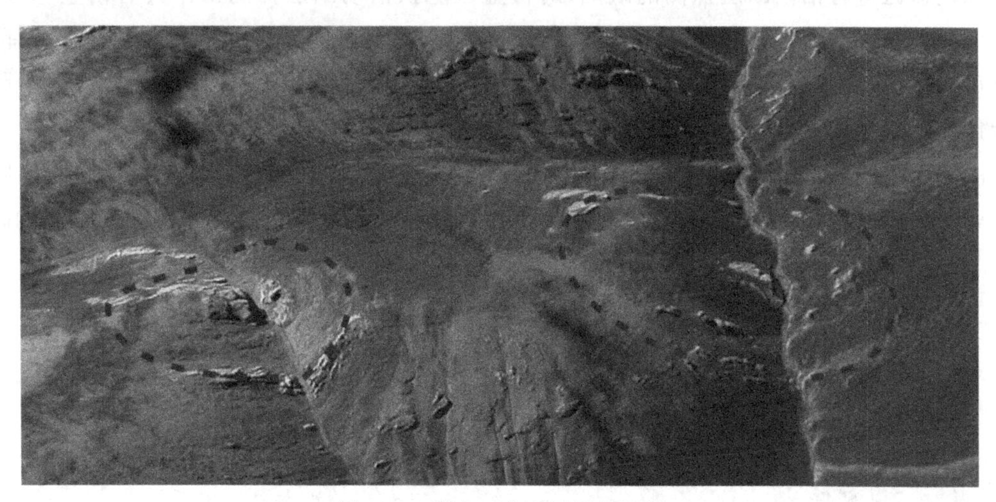

图 3-37 研究区典型褶皱解译图

二、断层解译

岩层受构造影响发生断裂或错动形成断层,常见断层包括正断层、逆断层、走滑断层等。断层遥感解译主要针对断层性质、规模等进行解译。常见解译内容包括断层运动方式、基本形态、产状和规模、发育环境等。

岩石块体沿断层面相对上下移动,正断层上部块体相对于下部块体上升。在拉张应力作用下发生伸展变形,导致岩石块体沿着垂直于拉张方向两侧上下错动并形成正断层;岩石块体沿断层面相对上下运动,上部块体相对于下部块体下降的一种构造形态为逆断层。逆断层一般出现在挤压应力下，当受到挤压应力时发生压缩变形并导致岩石块体沿垂直压力方向上下错动形成逆断层；走滑断层主要出现在剪切应力作用下，因为在剪切应力作用下岩石块体沿断层面相对水平运动。断层遥感解译利用遥感技术对岩石地层综合分析，以识别和解释地表断层位置、形态、运动特征等。遥感断层解译的主要解译标志包括地形特征、影像纹理、线性特征、地物位移等。

遥感断层解译主要通过目视解译或定量解译方法，近年来断层解译主要集中在多元数据、多光谱、多时域、雷达影像等领域，例如潘光永等(2021)利用多源遥感数据及 SBAS-InSAR 技术，多尺度多角度开展太阳山断裂带及周边地区的断层遥感解译与对比分析工作，共解译 6 条主要断裂，其中太阳山断裂带构造地貌特征明显，由 4 条主干断裂组成，即岗市-河湫断裂、太阳山西侧断裂、肖伍铺断裂、仙峰峪断裂，主干断裂表现出线性陡坎、断层沟谷、湖泊边界、山体断错等异常地貌特征，断裂控制着区域构造格架，影响地面抬升与沉降的分布格局，太阳山地区沉降与抬升的形变分布特征与构造带走向一致，可间接判断遥感解译的准确性；王斐斐等(2020)综合利用 GF-1、PALSAR 雷达数据、Landsat8OLI 等多种数据源，分析了商丘路河地区地质地貌的遥感影像特征，进行了水文地质解译和地层遥感解译，综合判定新乡-商丘断裂南支为北西走向并建立了该断层解译标志，有效地弥补了传统技术手段无法在较深覆盖区进行活动断层探测的缺陷，对覆盖区隐伏活动断层探测工作具有借鉴意义；高猛等(2019)收集前人资料并结合遥感影像对阿尔金南段北东向断层期次及性质进行解译，并将其可视化，精确了构造格局，有利于阿尔金岩群解体以及从次一级构造层次上揭露了阿尔金大地构造运动发展过程。

图 3-38 为古尔图一带发育的一系列断层，主要断裂沿北西—北西西向发育，南北向断裂沿主要水系发育，沟系呈切割较深的峡谷状发育，断裂两侧发育厚度 100～1000m 不等的碎裂

图 3-38　古尔图一带南北向走滑断层

岩，该断裂附近发育岩石产状为东西向，指示该断层具有典型的南北走滑、东西挤压特征。断裂东侧、断裂西侧岩性差别不大，为古生代灰黑色块状凝灰岩，断裂西侧受夷平面作用影响，地势较为平缓，断裂东侧地形地势陡峻，从相应标志层推测该断层东侧抬升较为明显。南北向断裂东侧、西侧均发育蛇绿混杂岩带，但受断裂作用影响蛇绿混杂岩带并不沿南北向断裂对称，依照影像解译特征及断层岩石变形特征，推测该断层为走滑性质。

古尔图沟口是典型的地震多发地带，该处发育若干个小型地震成因断层，在高分影像中断层阶步发育非常明显，通过高分立体影像可以进行详细解译。图 3-38 可识别小型线状纹理，野外验证基本与脆性断层关系密切。

连续负地形是常见断层解译的主要标志，图 3-39(a)为博罗科努山主脊一带典型断裂负地形的影像纹理，图 3-39(b)为中天山断裂处发育断裂负地形近景照。该断裂区域上位于中天山北缘，断裂带经干沟、冰达坂、哈希勒根达坂，向西北延至精河县与博尔塔拉河断裂交会，构成伊犁板块北缘活动大陆边缘和北天山弧增生体的分界线(高俊等，2009)。断裂的多期活动特性是断裂解译的目的之一，野外观察该断裂发育典型糜棱岩，部分岩石强烈破碎且塑变特征明显。断裂带两侧压扭应力作用，使岩石发生错动研磨粉碎，强烈的塑性变形使细小的碎粒处在塑性流变状态下而呈定向排列。遥感影像中可以观察到部分十米级塑性褶皱，糜棱岩带附近发育典型的片理化等特征，部分片理化岩石风化后呈粉末状，遥感解译后片理化特征较为明显。脆性活动期，该断裂解译主要以负地形为典型特征，由于断裂位置构造改造较大，在部分半山或负地形处解译出少量古河道迹，野外验证存在少量河道沉积物于负地形至山顶一带。该断裂附近多期侵入岩侵位，与断层破碎带中灰岩直接接触，部分地区可见少量矽卡岩，因此本断层的解译还应结合蚀变信息提取侵入岩的解译。针对断层剖面方向进行单独蚀变信息提取和岩性识别，对断裂形态发育与找矿具有一定意义。

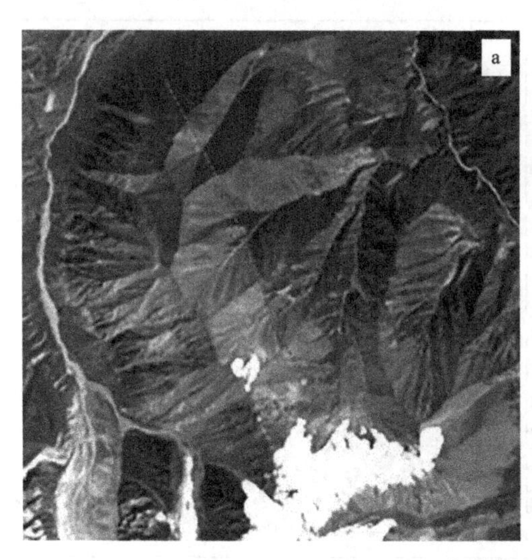

图 3-39　典型断裂负地形遥感影像

图 3-40 位于博罗科努山波尔大根一带，南北向断裂形成典型的深谷地貌，断层东侧山势高峻切割较深，但断层西侧地貌切割略平缓；断层西侧沟谷洼地常见发育第四系、古近系、新

近系沉积物，且厚度较厚，断层东侧未见该类沉积物发育。因此推测断层两侧差异化的抬升速度致使断层一侧迅速沉积，另一侧剥蚀明显。

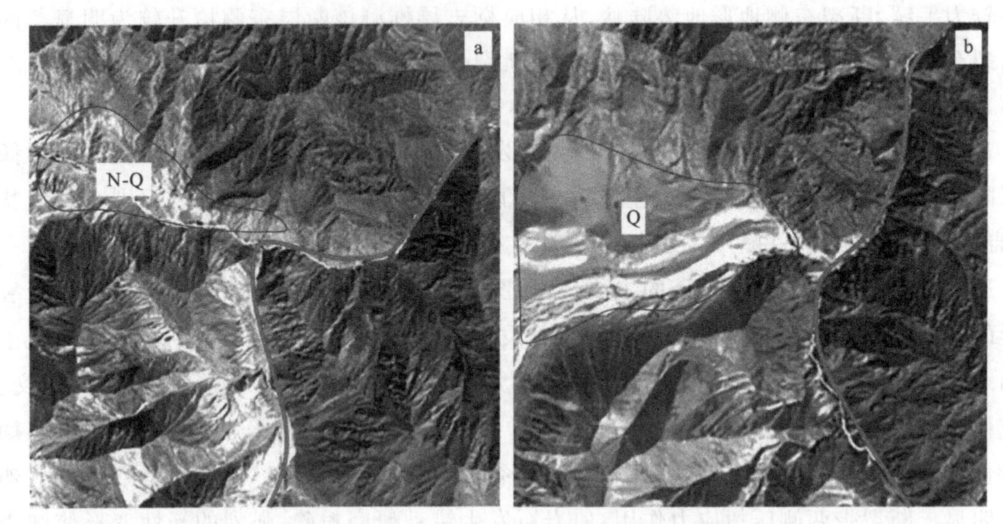

图 3-40　波尔大根一带南北向断层遥感影像

图 3-41 为乌拉萨德克一带发育的一系列断层组，乌拉萨德克负地形为典型的断裂沟，断裂沟北侧为典型的断层三角面，三角面高 100～300m。由于断层活动，断层两侧差异化抬升，断裂两侧典型的糜棱岩化带发生错断，遥感影像中依据片理化、糜棱岩化特征解译。断裂沟北侧解译出东西向活动断裂，活动断裂北侧抬升速度低于南侧，因此在地表形成典型的断层湖和第四系沉积物，如图 3-41(b)。图 3-41 中，断层的解译还应针对断层岩石进行详细解译，断层处发育板岩、千枚岩等。

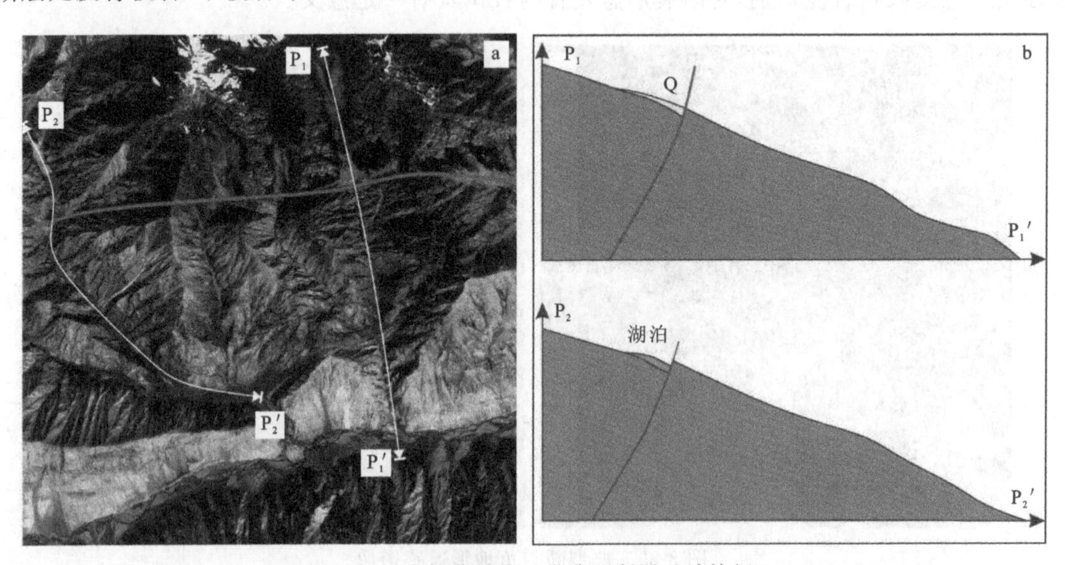

图 3-41　乌拉萨德克一带典型断层运动特征

三、环状构造

环状构造是遥感地质解译工作的重要内容之一，依据卫星影像展示下垫面的结构特点、形状差异、结构纹理等特征圈定的，是地质作用在表生环境下的形迹表现，具有一定的地质作用内涵。从影像形态上看，可以是圆形、椭圆形；从地表形态上看，可以是正地形，也可以是负地形；从物质组合和成因上看，可以是单一的地质体，如火山机构、岩株等，也可以是由复杂的地质体构成，在分析和认知遥感环状构造特征的过程中，已然融入了地质作用涵义（时建民等，2016）。环状构造的发育并不是孤立现象，而是与地质地貌发展演化密切相关的，通过研究区环状构造调查，环状构造多与下伏地层岩性、构造特征等密切相关，所以依据遥感影像中所呈现的环状特征进行地质地貌现象研究和信息提取具有一定的实际意义。

由于地质地貌、气候差异等原因，地球表面形成类似于环状或者近似环状的构造现象，在遥感影像中通过纹理、形状、色调等方式表现出来。遥感方法对环状构造进行快速、准确解译和识别，环状构造描述和研究提供地理信息支持。探讨环状构造类型、形成机制、演化过程以及其在地质调查、资源勘查、环境保护、地表基质演化等方面的主要应用和机理是遥感地质主要的研究分支之一。

常见环状构造成因较多，如地震、火山喷发、古火山口等，由于构造活动及不同块体的沉降，部分高地、洼地、山谷等呈现出环状特征，再如陨石、小行星的撞击造成地面典型环状特征。典型环状构造成因如下：

（1）隐伏岩体或火山活动是环状构造常见原因之一。例如，下部岩浆上升侵位或火山作用形成火山口、火山锥。遥感影像中火山口、火山锥一般呈典型环状，随着地形地貌“削峰填谷”，由于构造、岩性等呈环状特征，遥感影像中受剥蚀或严重侵蚀火山口一般能解译出环状构造。

受火山喷发影响，火山口堆积大量火山碎屑、岩浆。周期性喷发火山口由于火山灰、岩浆、火山碎屑不断堆积形成以火山口为中心的“环状”岩性带。古老火山受侵蚀、剥蚀等影响，火山口、火山锥等典型标志消失，火山口岩性的差异可能在火山口遥感影像中形成类似于环状纹理。研究区四棵树流域发育多处隐伏火山口机构，遥感影像中能解译出典型环状构造。

（2）尽管有大气层保护，地球受到的撞击相对较少，但撞击事件也不是偶然事件。小行星撞击过程对太阳系行星的演化和表面的改造，甚至对生命系统起着十分重要的作用。1991 年美国科学家用放射性同位素方法，测得墨西哥湾尤卡坦半岛存在直径约 180km 大陨石坑。认为大约在 65Ma，一颗宽 10km 的小行星与地球相撞，猛烈的碰撞卷起了大量的尘埃，使地球大气中充满了灰尘并聚集成尘埃云，厚厚的尘埃云笼罩了整个地球上空，挡住了阳光，使地球成为“暗无天日”的世界，这种情况持续了几十年。从而有人提出了一种侏罗纪恐龙灭绝的新假说（云金表等，2019）。天体撞击地表时会产生巨大冲击力，受撞击岩石及土壤形成环形凹陷区域。撞击坑岩石等向内坍塌形成一个环形坑。该类环状构造解译需野外结合岩石特征进行。

(3)盆地抬升与拉张亦可形成环状构造。不论是拉张或伸展环境,盆地特别是盆地边沿会产生较大应力及变形。变形可能导致地表凹陷形成环形凹陷区。该类型盆地在解译过程中应结合地史演化和盆地沉积物特征进行综合分析。

(4)地表沉降可能导致地表环状构造。当岩石地层发生局部沉降时可能会形成圆形或环形凹陷区域。由于诸多原因,该类型环状构造导致地表下陷形成环状特征。常见的沉降类型包括构造成因沉降、采空成因沉降、抽水成因沉降等。例如,黄土高原某地煤矿采空区塌陷造成地表沉降,形成典型塌陷坑,地表水、地下水汇集塌陷坑形成小型湖泊,遥感影像中存在塌陷位置可以解译出环状构造;再如,研究区部分区域灰岩地貌较为发育,部分地区存在溶洞现象,溶洞的发育在地表可形成环状特征。

(5)夷平面起伏平缓近似平坦面,发育过程受侵蚀基准面控制,作用过程中侵蚀作用不断剥蚀降低地表高程,使之接近基准面。部分山地受夷平面作用呈典型的环状特征,研究区博罗科努山山前发育较多该类型环状特征。

(6)地质时期形成湖泊盆地,其发育主要受控于地壳运动。如地壳抬升、下沉或者断裂等作用在地表低洼处发育大量古湖盆。受地壳抬升等影响,古湖盆发育处湖相沉积物地表形成的典型环状影像成为研究古环境和古生物的重要证据。遥感影像解译小型湖盆,一般呈环状构造。博罗科努山中生界—新生界发育较多湖相沉积物,在山前形成较多环状特征,环状特征控制着煤层、石膏、砂岩、泥岩等沉积物的展布。

如图3-42(a)为研究区典型环状水系特征,推测为典型隐伏岩体成因。环状构造与水系展布特征存在一定关系,环状构造通常会改变水流方向,使水系沿环状构造边缘流动,形成环状水系。受地表岩石能干性和侵蚀特征差异,环状构造影响了图中水系展布形态。由于地形起伏和岩石类型差异,部分环状构造地区河流容易形成环状特征、急弯等地貌特征。研究区部分地区,环状构造影响水系分布密度、河网密度。图3-42(a)中推测隐伏岩体具有较高抗侵蚀能力,周围地层相对较易侵蚀,形成环状地表水系形态。如图3-42(b)中环状构造推测为侵入岩成因,遥感影像通常呈一系列环状或半环状特征。环状构造部分高程、水系走向、山脊走向明显与周围地层存在差异。侵入岩侵位后岩石地层抗风化侵蚀能力的差异及构造等是其高程、水系走向、山脊差异的主要原因。部分侵入岩发育地区或板块边缘部位可能发育环状构造,其与古火山活动关系较为密切。如图3-42(c),野外调查发现大量火山角砾岩发育,结合遥感影像的环状构造推断为古火山口。如图3-42(d),沉积盆地受不断抬升、剥蚀,残存坚硬砾岩难以风化,呈现环状构造。研究区中生界—新生界沉积盆地经历抬升、剥蚀作用,盆地中沉积物特别是砾石被压实成岩,部分砾岩抗风化侵蚀能力较强,抗风化能力较差,岩石被风化剥蚀后,砾岩仍然保持原始形态,形成环状构造。这种环状构造在遥感影像中通常呈现一系列环状或半环状的特征。此外,如图3-42(d)中环状构造高程、水系走向和山脊走向也与周围的地层存在明显的差异。因此,研究环状构造解译标志,还应该考虑沉积盆地与砾岩的解译关系。

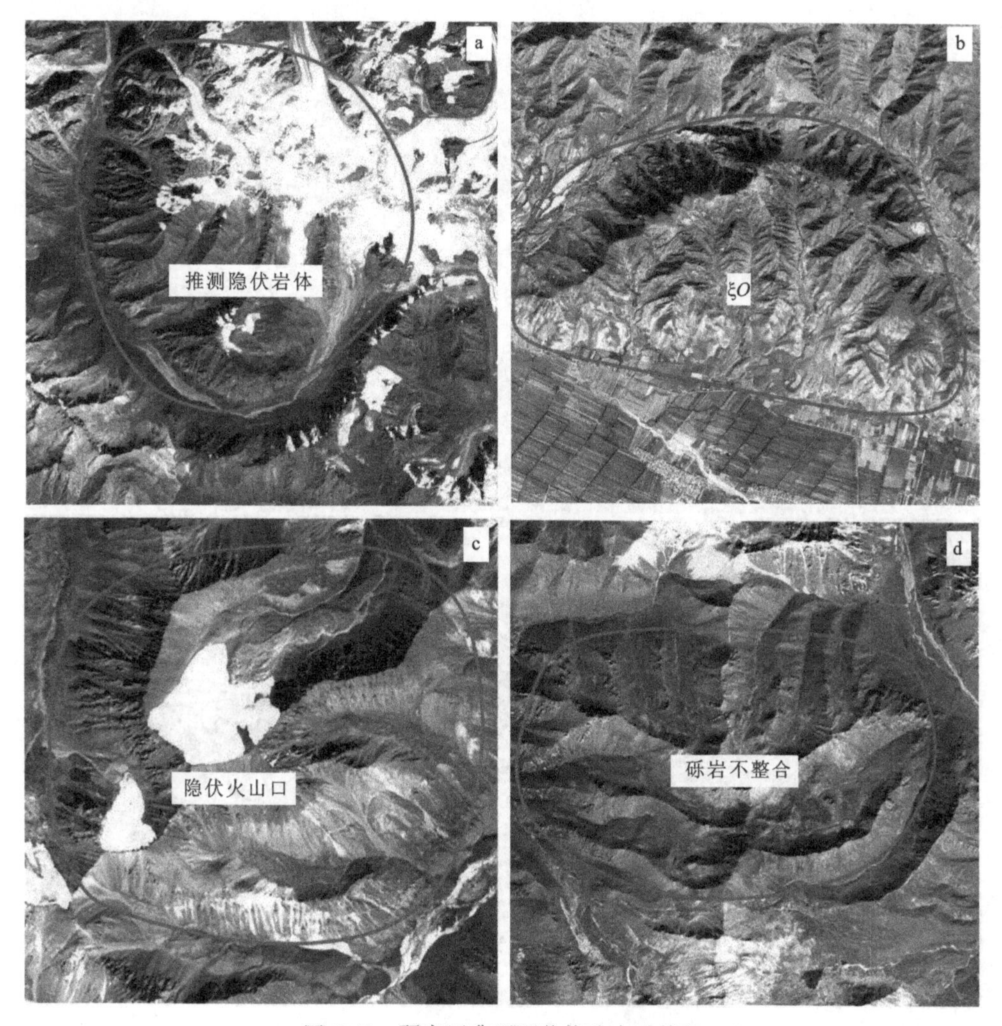

图 3-42 研究区典型环状构造水系特征

如图 3-43 为中生代—新生代沉积盆地影像中解译的典型环状特征。古湖盆在地质时期经历了产生、发展、消亡的过程，随着地壳抬升和剥蚀，湖泊水位下降，湖水逐渐减少，湖盆变浅，湖泊周围山地和丘陵地区物质被侵蚀，大量的沉积物被输送到湖盆中，逐渐被切穿消亡。古湖盆沉积物在影像中形成典型环状构造。

构造透镜体在构造带或板块边缘发育较多，其规模从几厘米到上千米均有发育。受构造带影响其形状呈透镜状或环状。由于岩石地层能干性差异，构造带或板块边缘挤压剪切环境下地层受不同方向应力作用，岩石地层发生剪切、变形、位移。块体能干性差异，高能干性块体在构造应力作用下可能形成相对稳定结构，而较低干性块体则可能发生明显变形和位移，这种差异性导致构造透镜体形成。较高干性块体相对稳定地存在于构造带或板块边缘，而具有较低干性块体则可能被挤压、变形、破碎。图 3-43 为构造带中的构造透镜体，呈现透镜—环状构造。

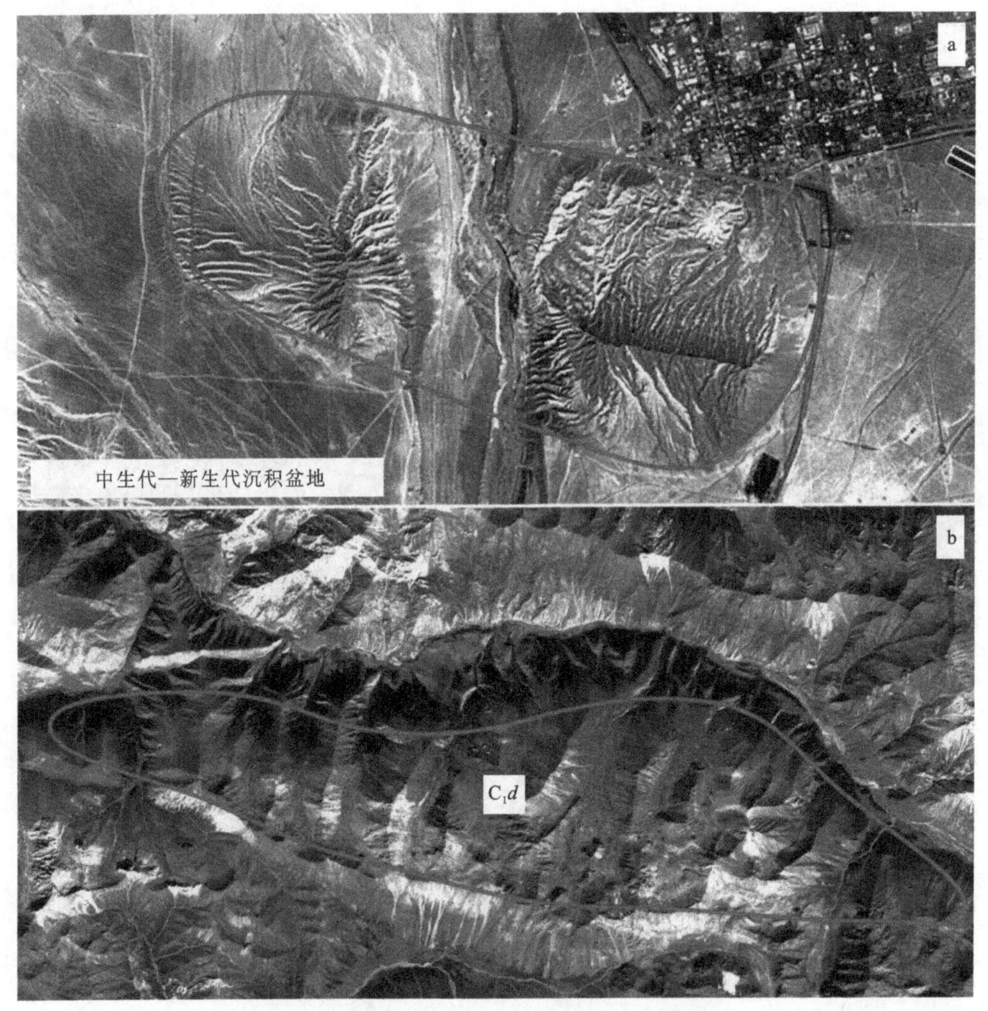

图 3-43 研究区中生代—新生代典型环状构造

四、断层三角面解译

断层三角面通常断面呈三角状峭壁发育，断层崖被冲沟或溪谷切割而成的三角形陡崖，为断层发育的一种典型地貌景观，如秦岭北坡沿山前断裂，与渭河平原交接处沿山麓分布出现的断层三角面，形成了一道特殊的风景线（陈安泽，2013）。断层三角面是现代活动断层的标志，常见于山区或山地与盆地、平原的分界处（朱志澄等，2008）。断层三角面的断层面与水平面存在一定夹角，可以提供断层运动和构造变形信息，有助于理解断层构造演化、盆地抬升以及地震等方面地质现象，断层三角面的遥感解译研究对区域地质调查有较大作用。断层三角面研究主要涉及以下几个方面。

（1）断层三角面由于断层两翼升降或平移等造成的构造面，常见运动形式包括剪切、拉伸、挤压等不同类型，依照标志层位可以进行断层三角面构造分析，提取断层运动信息。通过野外或遥感方法确定标志层，利用标志层位确定断层三角面的运动量；通过断层三角面的倾角、倾向等信息以及断层三角面上的拉伸线理等构造形迹可以推断断层运动方向;依据断层三角面构造形迹可以推断断层的多期活动性质,依据断层运动定量分析推断断层活动性。

(2)地震是地壳中应力释放重要形式,断层三角面对地震活动及地震遗迹的发现具有一定指示意义,近年来有较多的专家在地震研究中收集断层三角面证据(常祖峰等,2012;徐岳仁等,2013;杨源源等,2012;常祖峰等,2014;孙浩越等,2015;黄小龙等,2021;肖鹏,2022)。断层三角面一般位于线状构造的构造面上,依据断层三角面的走向、倾向等信息结合区域的地震破裂、地震地质灾害等信息可以推断地震中心、地震等级等信息。断裂活动性越高,地震发生危险性就越大,通过断裂的活动特性可以进行相关地震研究。

(3)高分辨率遥感影像断层三角面运动特征解译是常规解译的重要内容和方法,通过获取地表断层三角面两侧地块形态、纹理等变化特征,结合地貌线性特征如断坎、河流等信息判断断层或断层三角面的运动特征。雷达干涉法通过不同时域的两景雷达影像获取地表变形信息的过程,通过干涉影像信息提取获取断层两侧地块的运动方向,从而定量研究断层或断层三角面的运动特征。雷达干涉技术具有高精度、高灵敏度的特点,可以实现对断层带及断层三角面高精度测量。

(4)断层活动会导致地质灾害发生,例如地震、滑坡、地面沉降等。而断层三角面明显发育的地区或部位是地质灾害发育的重点部位。研究断层三角面对于地质灾害、断层活动特征、地震及地质灾害防治有一定的意义。

图 3-44(a)为乌兰萨德一带典型断层三角面,该三角面南侧沟系为典型的活动断裂,通过近年来不同方法的观察,该断层活动特征较为明显,断裂两侧地质灾害现象频发。该断层三角面高约 1400m,三角面上部呈扇状下部呈直线状,解译特征较为明显。该断层三角面下部崩塌较为发育,野外调查见该处 5~10m 巨石崩落河道。

对称型断层三角面一般沿断裂呈对称状发育,经断裂作用后山脊错断,因河流侵蚀及剥蚀作用影响断裂两翼逐渐发育,呈对称状三角面。图 3-44(b)为研究区主脊一带常见对称型断层三角面,断层处主要岩性多见为灰—灰黑色块状凝灰岩,断层三角面沿着断裂沟系两侧基本对称,其高约 400m。低分辨率遥感影像中断层三角面呈近似对称发育的两三角,高分辨率三维影像中可直接观察断裂两侧面状结构。

图 3-44(c)为乌拉萨德克一带发育典型崩塌型断层三角面,该三角面位于乌拉萨德克断裂南段,图中能识别北北东向连续发育约 3km 断裂线性特征。断层三角面处地势较为陡峭,常形成高度大于 10m 的坎状地形,下部可见崩塌堆积物较为发育。部分河沟因坎状地貌发育导致该地区进行水系作业较为困难。

图 3-44(d)为莫托沙拉一带典型断层三角面特征,断面东倾且倾角 60°~70°,断层三角面处主要岩性为深灰—灰黑色块状凝灰岩,三角面上发育大量构造角砾岩等,构造角砾岩后可见一定厚度泥岩、少量碎裂岩发育。利用空间分辨率优于 10m 三维影像能测量断层三角面高度、底部宽度等,其主要特征能较易解译。

图 3-45 中乌兰萨德克、萨德根萨拉、廷铁壳断层三角面规模较大。乌兰萨德克断层三角面位于北东向断层带上,多处三角面总和长约 8km,三角面南倾。萨德根萨拉多处断层三角面总和长约 5km,北东向发育,断面北倾。廷铁壳断层三角面位于廷铁壳温泉北东向 1km

处，北东走向，长约2km，崩坎高约120m，解译认为体积较大的山体崩塌后形成崩崖式三角面。部分断层三角面依据1：5万地形图崩崖地貌解译获得。

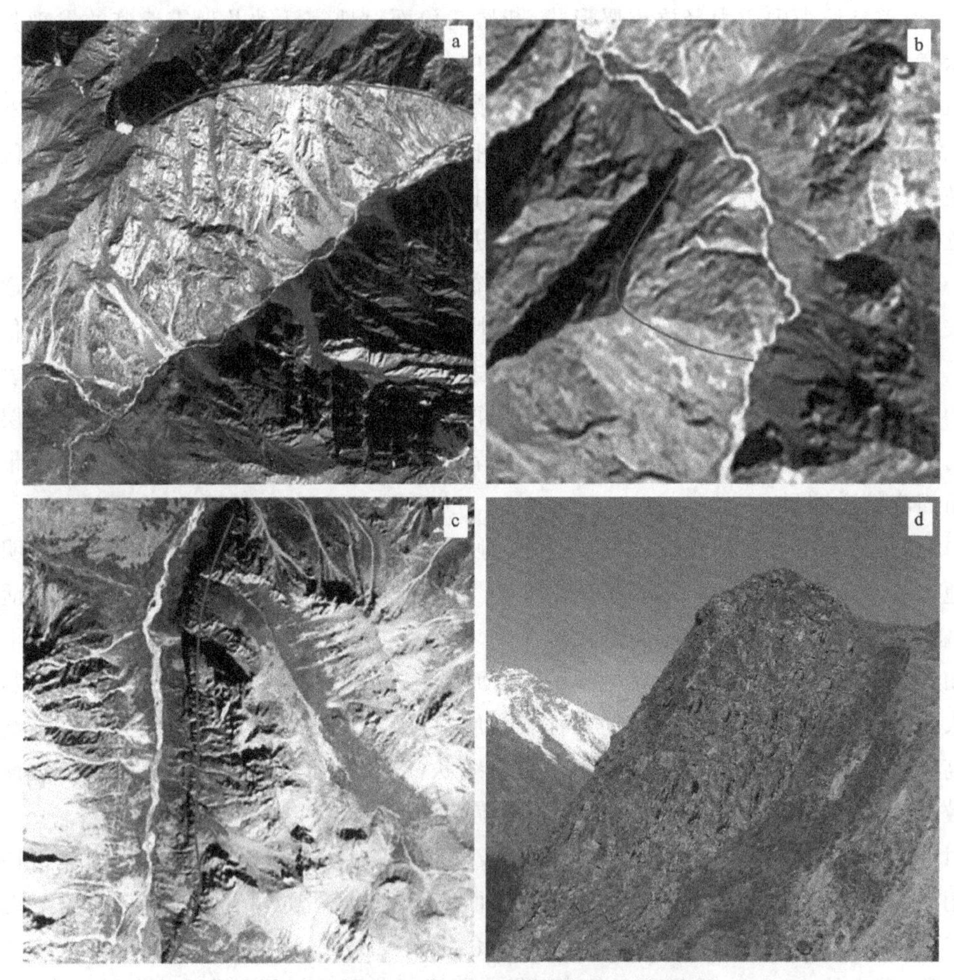

图3-44 研究区典型的断层三角面解译特征

图3-45 萨德根萨拉断层三角面解译特征

五、夷平面及阶地解译

夷平面是地表形态发展演变史中一种地质地貌现象，具有时间与空间分布的特点。它是地壳处于相对稳定状态下，经过漫长地质时期的侵蚀、剥蚀作用，是山地夷平成起伏平缓地面的结果。山地夷平面普遍存在于全世界各大山系中。这种夷平面虽然经过后来长期的破坏失去了原来的形态，但其残体仍有遗迹可循。它们或出露地表或埋藏于地下，这对研究区域地貌发展演变历史具有重要意义（王树基，1998）。

地球陆地表面分布甚广，约占地表面积的6%，其中亚洲中部的山地夷平面保存最好，而天山山系夷平面在其中比较有代表性，研究一个地区的夷平面对于认识区域地貌发育过程与演变历史，断定本区域的地貌形成时代以及当时的自然环境等，均具有重要的科学意义，埋藏夷平面及其上的风化壳层的研究，对于寻找次生矿藏并掌握其环境演变有着很大的实用价值（周政一，1998）。

河流阶地是在地壳构造运动与河流的侵蚀、堆积作用的综合作用下形成的。当河漫滩、河谷形成之后，由于地壳上升或侵蚀基准面相对下降，原来的河床或河漫滩遭受下切，而没有受到下切的局部就高出洪水水位之上，变成河流阶地。河流下切侵蚀，原来的河谷底部超出一般洪水位之上，呈阶梯状分布在河谷谷坡上的地形称为河流阶地。在地壳垂直升降运动的影响下，它由河流的下切侵蚀作用形成的，是内外力共同作用的结果。阶地面形成时期，河流的侧蚀作用或沉积作用占优势；阶地斜坡形成时期，河流的下切作用占优势。影响河流阶地发育的因素有气候变化、构造运动、基准面变化。气候变冷，流域内物理风化加强，碎屑物质丰富，或者气候变干，流域内植被覆盖度减小，坡面侵蚀强度加大，使流域补给河流的水量减少，砂量增加，造成河床加积。气候变湿热，流域内植被茂密，河流中泥砂量减少，径流量增加，导致河床下切侵蚀，形成阶地。长期的气候干湿变化引起堆积和侵蚀作用的交替，形成一系列阶地。地壳运动是间歇性的，在地壳相对稳定期间，河流以侧蚀和堆积为主，此时塑造出河漫滩。当河流流经地区的地壳上升时，河床纵剖面的比降加大，流水侵蚀作用加强，使河流下切，原来的河漫滩成了河谷两侧阶地。如果地壳多次间歇性上升，便会在河谷两侧形成多级阶地。侵蚀基准面下降引起河流下切侵蚀，最先发生在河口段，然后不断溯源侵蚀，在溯源侵蚀所能达到的范围，一般都会形成阶地，由于侵蚀基准面下降形成的阶地是从下游不断向上游扩展，因而同一级阶地下游形成的时代比上游形成的时代要早。

阶地遥感调查是农业发展、沉积矿床、构造研究等领域的重要参考资料，研究区新构造运动强烈，阶地及夷平面非常发育，不断受侵蚀、剥蚀作用的影响，研究区阶地、夷平面残体较多，利用遥感方法进行解译对研究新构造运动有较好的意义。

图3-46(a)为研究区阿拉尔一带发育的典型解体阶地，阿拉尔沿较窄的河道两侧发育面积较小的河流沉积物，多见以磨圆较好的砾石、砂、黏土堆积为主，河道两侧可见阶地形成线状纹理，呈亮白色、灰白色。中高山区河流阶地迅速解体与河流溯源侵蚀关系密切。图中紫红—棕红色纹理野外多见为紫红色砂岩、紫红色泥岩，推测为古近系、新近系沉积物，因面积较小1∶5万比例尺基础地质调查遗漏。

图3-46(b)为古尔图—托托镇南侧一带发育巨型夷平面，夷平面形成高约1800m，面积约

300～400km²。夷平面内地势基本平缓，通过 DEM 图切剖面分析，夷平面形成“原面”呈斜坡状展布在博罗科努山北侧。夷平面被北东—南北向河流切割，切割深度 100～200m 不等，受多期新构造影响，“原面”被多期构造切割，其中北西—北西西向断裂最为明显。夷平面内遥感色调、纹理较为均一，主要与迅速抬升未受到显著切割有关。原面内低洼处发育灰红—灰棕色、紫红色古近系、新近系、第四系沉积物，沉积物呈鸡窝状不连续发育。

图 3-46(c)为喀什河河谷阶地影像解译标志。由于不同时期河流发育特征，河流的侵蚀、沉积作用影响，在遥感影像中形成与河流走向平行的现状纹理一般解译为河流阶地。喀什河河谷野外检查，阶地一般高 1～10m 不等，阶地上部和下部形成比较平台的地形，遥感解译中一般通过目视解译、DEM 图切剖面等方法判断是否为阶地。阶地主要调查其新生界沉积物特征，如砾石、砂、粉砂等，高分辨率遥感影像可以辅助进行沉积物类型解译。河流阶地的解译还应包括河谷切割、河流冲积扇、河道侵蚀和沉积、河流湾曲等。河道侵蚀作用也是解译目的之一，通过观察河流在阶地上河道侵蚀情况，可以判断河流的活动程度和侵蚀能力。

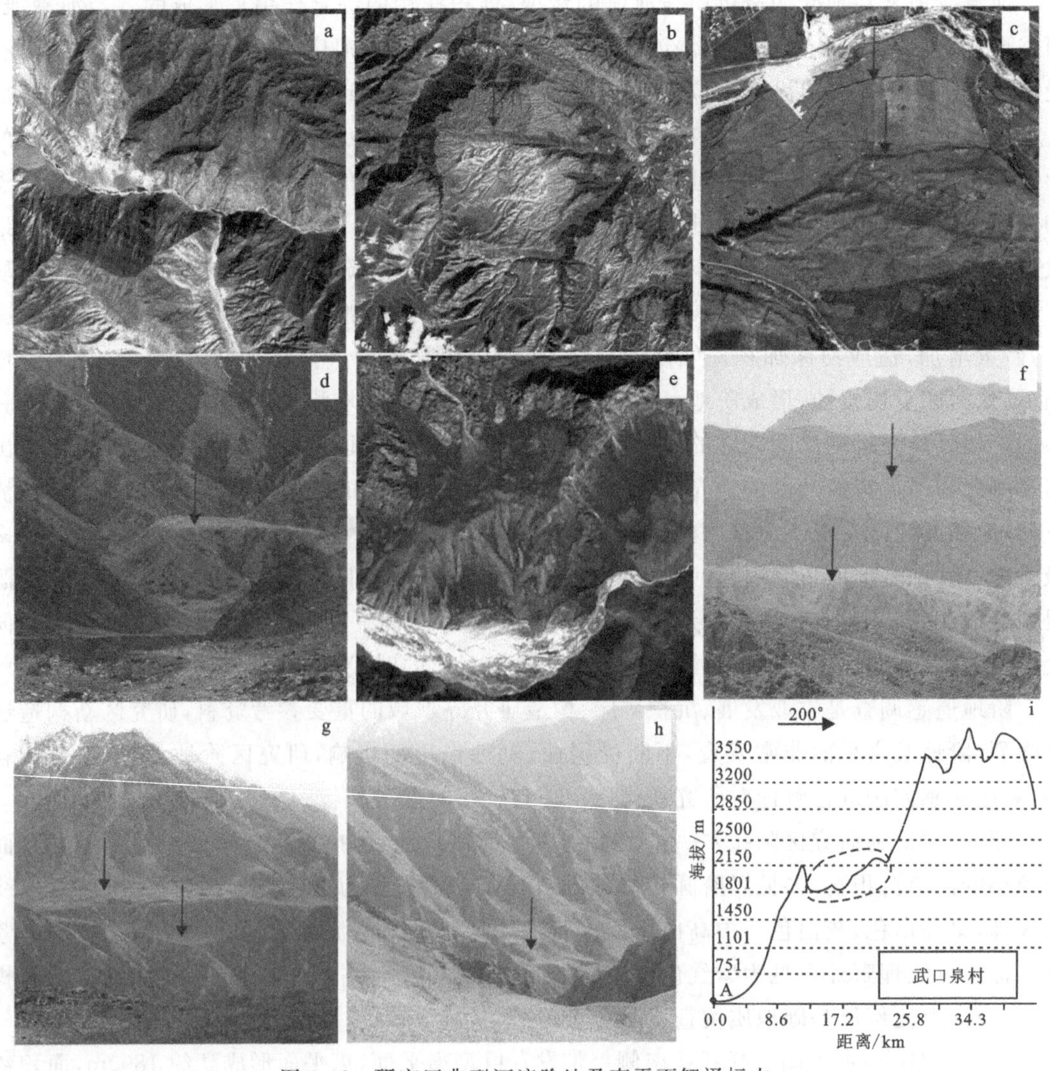

图 3-46　研究区典型河流阶地及夷平面解译标志

图 3-46(d)为莫托沙拉沟口典型的夷平面特征,遥感影像总解译特征不明显,主要岩性为灰黑色块状凝灰岩,受夷平作用影响,图中山脊呈平面状发育。

图 3-46(e)为四棵树河流上游典型阶地,阶地主要由碎石、砂土等河流相沉积物组成,阶地面积 1～2km²,受造山带抬升影响河流两侧阶地剥蚀殆尽。该阶地受河流侵蚀和剥蚀作用影响,残余阶地解体涌入河道致河流部分阻塞。

图 3-46(f、g、h)为研究区典型夷平面野外解译标志,图中阶地顶部较为平坦或接近平坦,顶部的高程变换较小,阶地边沿变化较为陡峭与下部地形存在较为明显的高差,研究区阶地多见为石炭系凝灰岩。

图 3-46(i)为武口泉村南一带典型的夷平面剖面图,图中主要夷平面在剖面上坡度变化较小且夷平面边沿坡度陡峭。

六、韧性剪切带解译

韧性剪切带又称韧性断裂、韧性变形带,是地壳岩石圈中广泛发育的一种线状高应变带,其实质是在地壳较深层次中,岩石在剪切作用下发生强烈韧性变形,形成狭窄线性分布的各种韧性剪切流动构造,并使其两侧的岩石、岩层发生不同量级的位错变形,但又无明显的不连续断面(张雪锋,2015)。基本特征可概括为如下几点。

(1)韧性剪切带是线状高应变带,无明显断面,但使两侧岩石发生不同量级的位错变形。

(2)韧性剪切带的规模不一,从显微到巨型。巨型通常是不同板块或构造单元的分界线,微观者可以是粒间边界。

(3)高应变主要表现为岩石发生强烈韧性变形,形成强烈流动构造,如新生面理、片理、线理、褶曲、鞘褶皱等各种不对称组构,特别是糜棱岩带。所有韧性剪切带可表现为糜棱岩带,强烈片理带,强韧性流动褶曲带或线性雁列脉带等不同形式,其中以糜棱岩带最为典型。

(4)韧性剪切带内发育各种韧性流动显微构造。

(5)韧性剪切带内和两侧的岩体、岩脉,及其他标志物发生韧性拖曳牵引构造。

(6)韧性剪切带的横断面上,从韧性剪切带的中心向边两侧边缘,岩石的变形强度,矿物的粒度及组成成分都呈规律递减。

(7)韧性剪切带是造山带的重要组成部分。

韧性剪切带是地壳一定深度普遍存在的线状高应变带,具有强烈的塑性流变及旋转应变特征。它没有明显的破裂面,但两侧岩石可发生明显的剪切位移,其边界往往与围岩呈过渡关系,没有明显的界线(唐哲民等,2007;张雪锋,2015)。

韧性剪切带是指在地壳中形成的、由岩石发生塑性变形而形成的狭长带状结构。韧性剪切带中的岩石变形特征为板块运动的重要地质信息,为研究板块运动甚至地壳演化提供了重要的信息载体。通过对韧性剪切带中岩石的变形特征、组构、岩石类型可以获得地壳运动行迹等重要线索。例如韧性剪切带中岩石变形特征可以用来推断应力场性质,从而推测地壳的构造演化史。此外,韧性剪切带的存在也可以提供板块中不同构造单元之间的相对运动信息,为地壳运动学研究提供重要依据。通过韧性剪切带的研究,可以揭示构造变形的发生机制、变形样式和变形规模。韧性剪切带中的岩石变形特征可以用来判定构造应力场的性质,例如判定构造应力的主应力方向和大小。此外,韧性剪切带中的岩石变形特征还可以用来判定构造应力的作用方式,例如剪切应力、挤压应力、拉伸应力等。这些信息对于研究构造变形的机制和演化过程具有重要意义。对韧性剪切带中岩石的应变特征、岩石破裂特征、岩石流变学特征等进行研究,可以揭示岩石变形的机制和规律。韧性剪切带在矿床成因研究中常常起到重要的作用。许多矿床的形成与韧性剪切带的发育有密切关系。通过对韧性剪切带中的岩石、矿石和矿物进行研究,可以揭示矿床成因的机制和过程;通过对韧性剪切带中的岩石和矿物的地球化学特征的研究,可以揭示矿床物质来源、矿床成矿流体的特征以及矿床的成矿环境等。

韧性剪切带是一种在地质调查中常见的构造带,其岩石组合特征、矿物特征、地貌特征、形态特征等与围岩存在显著的差异。利用遥感方法总结典型地区的韧性剪切带的遥感解译特征,并通过不同解译特征获取区域韧性剪切带的相关信息对地质调查和矿产勘查具有十分重要的意义。

韧性剪切带遥感解译主要通过其地表形态特征、地貌特征、结构特征和矿物岩性特征等进行解译。遥感影像中,韧性剪切带常表现为宽度可变的构造带,野外实践表明其宽度可以数千米,也可数厘米不等。通常沿着一定的走向延伸且具有一定的走向和倾角。在高分辨率遥感影像中,部分韧性剪切带构造形态特征可以清晰地展现。韧性剪切带多见于板块边缘构造强烈活动地带,甚至能解译出多期构造活动叠加特征,高分辨率遥感影像解译必须结合地表地质调查进行综合解译。韧性剪切带周围地表岩石通常会呈现出断裂、破碎、滑动和抬升等特征,这些特征在地貌上可以表现为断坎、负地形等特征,因此它也可通过地貌特征辅助解译。典型区域的韧性剪切带解译亦可通过一系列断裂、褶皱、岩层滑动等特征辅助解译。例如由于应力作用,韧性剪切带周围岩石通常会发生破碎、滑动、变形等现象。通过目视解译等方法进行识别统计分析剪切带运动特征。

北天山中段博罗科努山韧性剪切带位于塔城地区乌苏市境内,区内韧性剪切带北西—北西西向延伸 100km。韧性剪切带受北东—北东东向脆性断裂错断影响,在其展布方向上不连续露头,图 3-47 为韧性剪切带受脆性断裂错断后遥感影像。

受南北向挤压或抬升影响,研究区韧性剪切带出露宽度差异明显,最宽处宽 2～3km,最窄处地表露头韧性剪切带岩石学特征消失。从遥感地质调查结果来看,韧性剪切带空间上的不连续性受后期脆性断层错断影响明显。

研究区韧性剪切带内地质体以志留系灰岩、糜棱岩、矽卡岩、千枚岩、片岩等为主,受断裂带影响韧性剪切带北侧石炭系火山岩、火山碎屑岩等裹入构造带,部分岩石呈透镜状不连续发育,主要为糜棱岩化凝灰岩、糜棱岩化闪长岩等。韧性剪切带在形成过程中受变形分解作用影响,构造带出现了强弱不同的应变域,在弱应变域出现大小不同的弱应变区或无应变区,如各种透镜状残块、残留碎斑等中天山地区中韧性剪切带内断层活动强烈(李治,2019)。不同岩性在遥感影像中表现出的影纹特征如色调、纹理等有明显的差异,因此韧性剪切带的解译可以针对不同岩性的岩石残片(残块)进行解译,即针对所谓的构造残片(块)和基质进行解译。韧性剪切带基质主要为片岩、糜棱岩等,其特征就是糜棱岩化强烈,构造块体岩性成分与围岩相近或相同,受强变形带挤压呈透镜状发育,遥感影像中可以解译其特征。图 3-47 中韧

图 3-47　研究区典型韧性剪切带遥感特征

性剪切带不同岩性反映在遥感影像中的纹理特征存在较大差异，可以明显地区分片岩、千枚岩、糜棱岩。

韧性剪切带是地质调查中一个重要的概念，在地质研究中具有重要意义。韧性剪切带是板块运动产物，与构造密切相关，通过遥感解译观察韧性剪切带与周围构造单元的接触关系、断裂剪切等特征，对区域构造演化和构造背景研究具有一定意义；韧性剪切带与重要矿产资源关系密切，通过专题研究韧性剪切带的构造特征对区域矿产资源开发具有一定意义。

七、碎裂岩

碎裂岩原岩受较强应力作用破碎而成，一般具碎裂结构或碎斑结构，研究区常见由多种硬质岩石如花岗岩、凝灰岩、火山岩等碎裂而形成。博罗科努山一带山前断裂及部分南北向断层附近碎裂岩较为发育，受断裂作用影响，研究区内碎裂岩受到主要断层和构造事件控制，部分碎裂岩集中发育在地震中心或脆性断裂附近，研究区古尔图一带大面积发育碎裂岩是否与地震存在关系仍需工作证实。研究区开展基于遥感方法碎裂岩调查和研究对碎裂岩展布规律和成因具有一定意义。

研究区古尔图一带山前断裂附近，碎裂岩展布明显受到断裂作用影响呈带状发育，通过对碎裂岩分布、形态、断裂特征等进行观察和分析，可以推断岩石应力状态、断裂类型、构造运动方式等；碎裂岩展布规律和岩石特征对研究区域构造演化、断裂带形成过程，以及地震活动等具有重要意义。研究区水力资源丰富且河流落差较大，是良好的中小型水力水电布设的区域，目前已经建设一定数量水利和水电工程。由于碎裂岩存在大量的裂隙和断裂等，使得岩石渗透性、强度和变形特性等发生变化。碎裂岩发育对水力水电工程布设产生一定的影响，开展基于遥感方法的碎裂岩解译研究对水力水电工程的选址、施工和灾害的防治意义较大。

断裂活动致断层两侧岩石受到应力挤压或剪切，断层两侧岩石发生破碎，形成碎裂岩，部分碎裂岩附近脉岩发育(图 3-48)，野外观察碎裂岩与脉岩可能同期，部分断层附近脉岩发育[图 3-48(a)]。因此，研究区碎裂岩、脉岩相伴特征对部分矿产找矿具有一定指导意义。脉岩同位素年龄对碎裂岩形成时代具有一定指示意义，研究区碎裂岩和脉岩关系研究将有利于北天山一带中生界—新生界地质演化的研究。

研究区山前盆地中生界—新生界碳质页岩及煤层等较为发育，碎裂岩的发育对油气、煤等资源储层孔隙度、渗透性有一定作用，开展碎裂岩及碎裂岩期次研究对油气煤等资源开发有一定意义；野外调查显示，碎裂岩发育地区与地质灾害高发区在空间上有一定的耦合特征，碎裂岩研究对水文地质、地质灾害防治等具有一定的意义。

研究区碎裂岩多由破碎岩石和细颗粒组成，多为火山灰凝灰岩，岩石呈现结构松散特征明显受断裂控制特点，碎裂岩颗粒大小从微观粉尘到宏观岩块大小不等，其中细颗粒的含量较高。古尔图水库一带部分碎裂岩中见到少量白色泥质碎裂岩填隙物。碎裂岩风化色与原岩风化色相似。

研究区碎裂岩受断层控制比较明显，断层活动如挤压、剪切等断裂是碎裂岩形成基础，再如岩石膨胀、收缩引等会导致岩石的破裂和破碎，从而形成碎裂岩。断裂带是碎裂岩形成的重要地质条件之一。强烈的断裂活动使岩石发生破裂和破碎，从而形成碎裂岩。由于断裂运动或地震作用，断裂附近可能存在高温和高压引起岩石膨胀和收缩，从而导致岩石的破裂和破碎。碎裂岩典型特征就是地表岩石破碎，可能由于地震、火山喷发或强烈构造活动等引起。

与传统的构造岩解译方法不同，碎裂岩遥感解译和岩石识别主要针对岩石的碎裂特征，不同尺度裂岩解译方法存在一定的差异，通过数字图像处理和图像增强技术来提取和分析岩石碎裂信息。常见碎裂岩解译方法主要包括光谱解译、纹理解译、形态解译和高程解译等。碎裂岩与原岩矿物成分相似或者相同，但由于岩石碎裂且裂隙极为发育岩石不同波段的反射率存在一定的差异，多光谱遥感图像提供不同波段的信息，通过分析波段反射率，结合构造进行分析。由于碎裂岩裂隙发育，其透水性较好，结合植被、土壤等进行碎裂岩辅助解译。碎裂岩及碎裂岩带在地表纹理特征差异明显，可以通过纹理解译方法目视解译其分布范围。由于碎裂岩裂隙、断层极为发育碎裂岩通常具有独特的纹理特征，如裂缝、断层和岩石的表面纹理等。纹理过滤是通过应用滤波器来增强或抑制图像中的纹理特征，通过选择适当的滤波器，可以增强碎裂岩的纹理特征，以便更容易地检测和识别。常用的纹理过滤方法包括线性滤波、非线性滤波、小波变换和纹理方向直方图等。碎裂岩与断裂带相伴，受岩石风化侵蚀作用影响，常呈现负地形状，因此可以利用数字高程模型参考进行岩石解译。

图 3-48(a)中碎裂岩变形带宽 10～30m，岩石主要由于机械形变所致，野外观察矿物未见重结晶，碎裂岩孔隙未见填充物，碎裂岩颗粒大小 5～100mm 不等，破碎颗粒在强烈剪切应力和挤压应力作用下形成的，颗粒受到反复碾压转动，会被压碎和磨碎。遥感影像中该类碎裂岩与主要线性构造方向一致，与主要断层走向一致，严格受控于断层及主要构造的走向。由于岩石碎裂且透水，岩石遥感色调略深，常呈线状分布于主要断层附近。

图 3-48(b)中碎裂岩变形带呈片状，沿着南北向主要沟系发育，碎裂岩颗粒粒径 3～

50mm 不等，碎裂裂隙致密。碎裂岩中穿插少量 50～100cm 浅色脉岩。

图 3-48(c)中碎裂岩呈明显的带状，岩石中强变形区与弱变形区边界清晰明显，强变形区发育少量弱变形域。

图 3-48(d)中，碎裂岩碎裂程度较高，岩石粒径 1～50mm 不等，岩石中存在少量旋转透镜体。

图 3-48　典型碎裂岩野外解译标志

第四章　地质灾害解译

地质灾害是对工程建设及人类生命财产安全产生巨大威胁的一种动力地质现象。新疆博罗科努山地质灾害如滑坡、崩塌、泥石流、地震、岩溶等频发发育，开展针对地质灾害的遥感研究工作对道路安全、水库选址、灾害防治、地质旅游等具有一定的促进意义（图 4-1）。

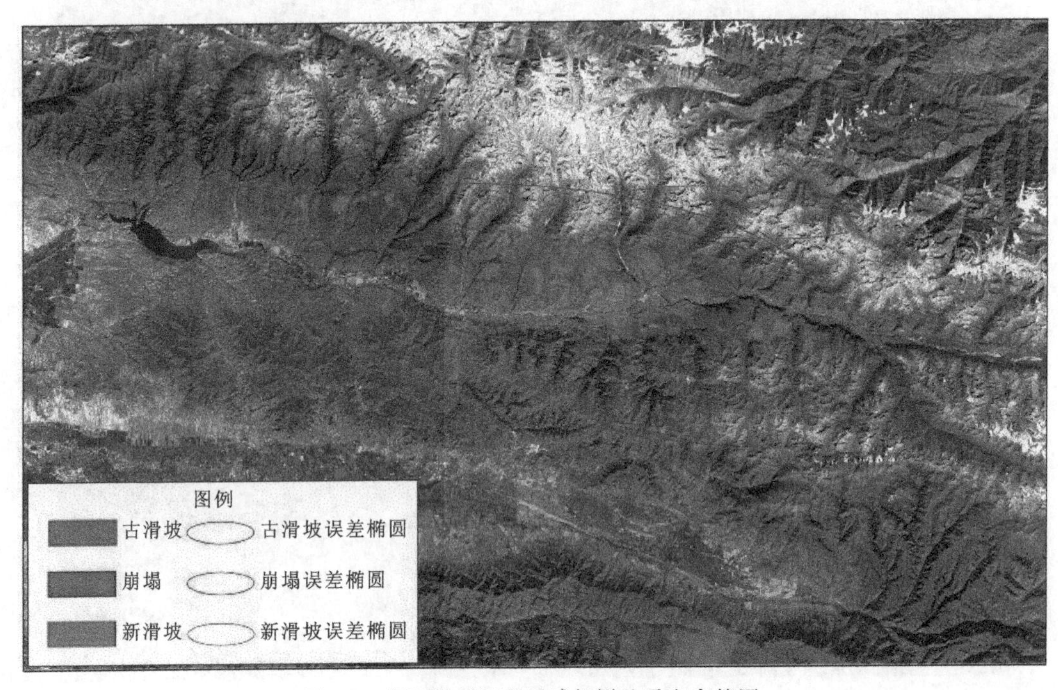

图 4-1　新疆伊犁河谷遥感解译地质灾害简图

第一节　1812 年尼勒克地震地质灾害解译

1812 年 3 月 8 日新疆尼勒克 8 级地震发生在博罗科努山脉和阿吾拉勒山脉腹地——伊犁河谷走廊地带，震中位于博罗科努地层小区与伊宁地层小区的结合部位。尼勒克 8 级地震是新疆天山 3 个 8 级地震之一，也是新疆伊犁谷地最大的地震。前人在航片解译的基础上，对尼勒克地震烈度区和地震参数进行评估，对尼勒克地震深断裂与深断裂格局、深断裂格局与地震活动的关系进行讨论，对尼勒克地震断层平面分组特点、活动性质、分段特征进行讨论等。在前人工作基础上，笔者梳理地震地质灾害解译标志，综合应用遥感影像并结合野外考察，对研究区地震地质灾害、地温异常、断层特征等进行初步讨论和研究，希望多学科综合探测技术应用对进一步认识伊犁河谷地温异常、航磁异常等有所裨益(王俊锋等,2023)。

研究区常见地震遗迹包括堰塞湖、地震滑坡、塌陷、鼓包、崩塌、断层、泉水、泥石流等，针对不同类型地震遗迹或地震地质灾害收集并建立解译标志，利用多源遥感数据完成研究区典型灾害类型分布特点，为研究灾害防治明确方向。

一、堰塞湖解译

受地震、降水和融雪等因素影响，山区易发生因崩塌、滑坡、泥石流等堵塞河流形成堰塞湖的地质灾害，其中堵塞河流的堆积物被称为堰塞体(Costaje et al.,1988;钟启明等,2022)。统计全球1393座堰塞湖案例发现(Shendy et al.,2020)，其中50.5%的堰塞湖由地震诱发，39.3%由降水诱发，两者之和接近90%;其他诱因依次为融雪、人为因素和火山喷发(钟启明等,2022)。堰塞湖作为一种重大频发自然灾害，主要由山体滑坡、崩塌以及泥石流等动力地质作用堵塞河道、沟谷而形成，固体堆积物堰塞天然河道，受降雨、河水聚集、堰塞物堆积等不利因素影响，湖水不断聚集成湖漫过堰塞坝体溢流，由于不稳定坝体及堰塞湖巨大势能，其较容易形成灾害链长远、破坏力巨大的非常态溃决洪峰，严重威胁下游沿岸人民群众的生命财产安全(蔡耀军等,2022)。

研究区地震成因堰塞湖规模较大的位于乌兰萨德克、门克廷达坂-蒙科特萨依堰塞湖。如图4-2所示为乌兰萨德克诺尔堰塞湖，堰塞湖面积约0.45km^2，堰塞坝体面积约为0.50km^2。乌兰萨德克诺尔受控于北东向断裂，沿陡峭、狭窄河谷展布。沿河谷断裂方向断层三角面、崩塌连续发育。堰塞坝体遥感影像解译呈扇状，坝体主要由砾石、砂等堆积形成。堰塞坝主要物质来源于沟脑冰川堆积物、陡崖崩积物、冲积物洪积物等。如图4-3(a)，堰塞湖西段湖淹区发现大量树径20～40cm不等乔木枯萎树干，推测乔木死亡与堰塞湖蓄水关系密切。研究区为高寒高原气候特征人迹罕至，但乌兰萨德克峡谷为典型小型盆地气候特征气温舒适、气候宜人，堰塞湖附近乔木、灌木比较发育，如图4-3(b)为树径2～3m的胡杨树。本地地质旅游资源较佳，但旅游资源尚未开发，需在217国道下车骑马或徒步20km。

图4-2 乌兰萨德克诺尔堰塞湖

图 4-3　乌兰萨德克诺尔堰塞湖近景

门克廷达坂-蒙科特萨依堰塞湖位于门克廷达坂以东、孟克德沟以北，堰塞湖沿沟系近南北向发育。堰塞湖面积约 0.4km²，推测蓄水体积为(0.4～8)×10⁵m³；堰塞坝体面积约为 0.36km²，推测坝体堰塞物体积(0.36～0.72)×10⁵m³。坝体为狭窄沟道两侧侵入岩岩体垮塌淤塞河道堰塞成湖。如图 4-4 所示，遥感影像中可清晰观察到堰塞坝体两侧陡峭山岩垮塌特征，堰塞湖两侧山坡也可见大面积侵入岩崩落特征。堰塞湖坝体东侧为北北西向花岗岩质断层，长 2～3km。该处断层沿北北西向展布，北端具透水特征，南端控制孟克德北温泉，断层向南延展 10km 处发育规模较大崩塌及温泉。依据现场考察并结合堰塞湖堰塞特征、断层、温泉等特征，并结合区域地震地质特征推测与 1812 年尼勒克地震关系密切。

图 4-4　门克廷达坂-蒙科特萨依堰塞湖

研究区位于典型的地震构造带，由于堰塞坝体的不稳定结构，等级较高的地震可能引发坝体解体，堰塞物溃决致洪水裹挟石块、泥砂等形成溃决性泥石流，堰塞物堰塞河道、峡谷等在强震的诱因下形成新的地质灾害-溃决性泥石流，不牢固堰塞坝体的溃决使坝体上游蓄积的石块、碎石、泥砂在强大的水动力环境下迅速倾泻，迅速堆积于河流下游及沟谷两侧。溃决性泥石流给下游的居民、农田、基础设施等造成巨大威胁。因此，研究区需预防堰塞湖坝体不稳定及不稳定坝体在地震等因素影响下极易形成溃决性堰塞湖。

二、地震滑坡解译

地震滑坡是大陆内部山区一种最为常见的地震次生灾害类型，所造成的损失远远大于地震本身所带来的损失(李芸芸，2016)。喀什河谷流域受构造、岩石地层、水文等因素控制，地震成因的滑坡众多，在喀什河河谷地带进行典型滑坡遥感地质工作对地震灾后重建、灾害应急救援、土地规划、基础设施建设等具有一定的指导意义。

(一)典型滑坡遥感解译标志

一个典型发育的滑坡其外貌上呈现多要素特征(图4-5)，诸多地震滑坡遥感影像通过典型或不典型的直接解译标志和间接解译标志体现出来。常见的直接解译标志可以通过目视方法把颜色、纹理、形态、规模、位置等信息反映出来。间接解译标志需要通过地质、地貌、岩石构造等信息进行合理推断。传统的滑坡一般具备典型滑体、拉张裂隙、滑动面、后壁、裂缝、剪切裂隙、台坎、侧壁、剪出口、堆积地面、伸展边界、鼓张裂隙、滑坡脚、滑坡趾等要素，依照遥感方法总结上述滑坡体各要素直接解译标志对地震滑坡有一定优势。

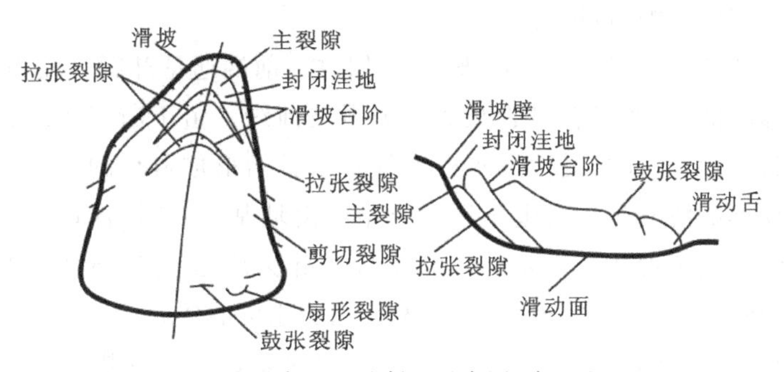

图4-5　滑坡要素平面及断面示意图(卓宝熙，2011)

滑坡体位于斜坡上，其整体向下滑动部分的土体或岩体一般称为滑坡体。由于滑坡体是整体性的向下移动，所以滑坡体一般保留原先地层的层序及结构特征，因滑坡体一般位于地表其变形阶段在滑坡体上发育诸多裂隙，并形成典型的滑坡后缘或滑坡壁特征。遥感方法滑坡体的解译主要针对滑坡的整体面积、厚度等推断滑坡的总体规模。

滑坡面以下较为稳定的岩体、土体等称为滑床，研究区常见滑床常见为基岩基底或者红土等，滑坡形成时滑面基本未变形保持原有结构特征，在滑面上偶见少量挤压裂隙。滑面岩石特征的解译主要依据典型滑坡后壁地质剖面测量结果。研究区紫红色泥岩是滑面常见的解译特征，部分滑面可解译出典型透水特征。

滑坡面是滑坡床与滑坡床之间典型滑动面，研究区典型滑坡体沿滑坡面下滑可能在滑坡体前端发育典型的揉皱或强烈变形，遥感影像或实景三维影像中可识别出类似现象。滑动面的形态各异，研究区典型滑坡滑动面因不同地貌类型差别各异，喀什河北岸第四系沉积物较厚，遥感方法可见滑动面坡度前后基本相似，喀什河南岸第四系沉积物较薄，典型滑坡滑动面多见为基岩基底或古近系、新近系红土，其滑动面后陡前缓。

滑坡体与未运动的周边界限称为滑坡周边，滑坡周边的解译主要依靠滑坡体周边线状纹理或拉张裂隙的解译，依照定性解译标志圈定滑坡范围，从而推测滑坡规模。滑坡周边一般呈卵形、椭圆形等，研究典型滑坡周边多见呈椭圆状、梨状等。

研究区地震滑坡距今两百多年，受风化、剥蚀、侵蚀等作用部分滑坡遗迹已经不明显或消失殆尽，由于滑坡壁的结构特征使得其风化较为困难，因此地震滑坡解译得较为明显的典型特征为陡壁或主滑壁、后壁。典型的滑坡后壁一般呈圈椅状，喀什河南岸典型滑坡呈多层叠置状“圈椅”。滑坡壁的发育状态与滑坡的形态、坡度、高度、土质结构等关系较为密切，研究的典型滑坡后壁从几米到几十米不等均有发育。

滑坡滑动致使滑坡体与未滑动部分产生部分张裂隙，张裂隙一般发育在滑坡侧壁附近。滑坡侧壁一般与滑坡体的重力运动方向一致，遥感影像中滑坡侧壁的坡度一般较缓，呈喇叭状、舌状展开。滑坡壁的解译依照典型的坎状纹理、剪切裂隙等。

由于滑坡多次叠加或滑坡体结构差异、不同部位的运动速度不同等原因，研究区典型滑坡常形成台阶状地貌特征，台阶状地貌特征是典型滑坡识别的解译标志。由于不同类型滑坡差异滑坡台阶发育部位不同，少数发育在滑坡体落后的宽大平缓台地或在滑坡的前缘地带。研究区滑坡台阶能识别的主要发育的滑坡体落后的宽大平滑台地，滑坡前缘较少发现可能与古滑坡遭受较长时间的剥蚀、侵蚀有关。

滑坡舌是典型的滑坡解译标志。滑坡移动过程中，前端遇见开阔且较为平缓的地带时其物质扩散失去局部动能，一般发育呈舌状或称为滑坡前缘。由于断裂作用、滑坡作用在滑坡体后缘常发育线状洼地，洼地接受地下水或大气降水补给形成典型的滑坡湖，研究区卡阔库里一带发育一定规模的滑坡湖。受限于不同类型的滑坡基底，滑坡洼地或滑坡湖深度不一，一般为数米、数十米，甚至可达数百米。受滑坡的不断发展，上游碎屑物不断填入、下游滑坡体不断向下移动、断裂不断活动等因素，滑坡湖面积变化可能较大。

滑坡向前滑动，滑坡基底起伏不平造成地面典型的隆起特征为滑坡鼓丘或土垄。滑坡鼓丘、土垄是典型古滑坡解译的常见标志。研究乌拉萨德克一带发育少量石质泥石流，常形成该构造特征；滑坡裂缝受不同滑坡体的速度和受力情况影响，在滑坡体积周边会发育一定数量的裂缝，依照裂缝出现的不同成因分为张扭裂缝、扭剪裂缝、挤压裂缝、拉张裂缝、压张裂缝等，高分辨率遥感或实景三维解译还应结合不同位置进行裂缝解译和裂缝类型的判断。张扭裂隙一般呈张开状，多发育于滑坡体前端，滑坡体向前端迅速移动时多出现该类型张扭裂隙，遥感影像中多呈放射状，该类型的裂隙在滑坡舌、滑坡前缘陡坡较为发育；呈雁形状发育的裂隙多为剪切裂隙，其多发育于滑动体与稳定地块之间强烈的剪切应力环境，该种裂隙的解译类似于研究断层的解译方法；滑坡体向前运动时可能存在多种类型挤压裂隙，一般在滑坡体前缘部分可能发育较多挤压成因裂缝，研究挤压裂隙一般较少见；在滑坡体滑动过程中，由于滑坡体张力影响可能出现典型的拉张裂纹，从几十厘米到几十米不等，甚至可能发育成断陷湖盆。遥感方法拉张裂隙的解译主要滑坡壁平行方向进行详细的解译，遥感图上一般色调、纹理等与背景存在较大差异，一般拉张裂隙多见呈直线形或弧形。拉张裂隙在滑坡体或滑坡壁中均有比较明显的分布。

研究区的滑坡为典型的古滑坡，与传统的滑坡从成因到地表特征存在一定的差异，通过地表验证、遥感解译的方法进行综合研究，判断滑坡及其属性应综合多种因素。首先，需判断该滑坡发育的地形位置及其物质条件；其次，滑坡形态特征是判断是否滑动的重要指标，也是滑坡研究的一项重要指标，对具备上述条件的位置进行综合调查和遥感工作。

（二）滑坡分类及解译

目前滑坡的分类方案有很多，各方案所侧重的分类原则不同。有的根据滑动面与层面的关系，有的根据滑坡的动力学特征，有的根据滑坡的规模、深浅等，有的根据岩土类型，有的根据斜坡结构，还有根据滑动面形状和滑坡时代等。由于这些分类方案各有优缺点，所以仍沿用至今。以下介绍常见的滑坡分类。

1. 与滑床关系分类

受滑坡体与滑床或滑坡基底之间关系的影响，研究区滑坡常分为均质滑坡或无层滑坡、顺层滑坡、切层滑坡等。均质滑坡发生在同一岩性、相近岩性岩体、土体中，滑动面与层面或结构面关系不大，滑坡的断面或滑动面主要与土体或岩体的剪切应力有关，研究区喀什河沿岸的地震成因滑坡体满足均质滑坡典型特征；顺层滑一般沿着岩层层面或平行层面裂隙面发生滑动，弱岩层存在时易成为滑动面，顺层滑坡是自然界分布较广的滑坡，而且规模较大，喀什河南岸少数滑坡沿古近系、新近系、第四系沉积物界面发生移动；切层滑坡滑移面切过岩层面而发生的滑坡称为切层滑坡，此类滑坡受结构面组合、裂隙、软弱夹层控制。

2. 按滑坡的动力学性质分类

依照滑坡力学成因分为推动式滑坡、牵引式滑坡、混合式滑坡、平移式滑坡。其中推动式滑坡主要由于斜坡上部张开裂隙发育或因堆放重物施加荷载等，引起上部失稳而推动下部滑动；牵引式滑坡是斜坡下部先滑动逐渐向上扩展，引起由下而上滑动，在坡脚掏空斜坡一级一级错落；混合式滑坡一般始滑部位上下结合共同作用，这种类型较为常见；平移式滑坡滑动面一般较平缓，始滑部位分布于滑动面许多点，这些点同时移动，逐渐连接形成统一滑面。

3. 按滑坡形成时间分类

依照典型滑坡的发生时间，滑坡分为新滑坡、老滑坡、古滑坡。研究区喀什河沿岸地震频发，喀什河沿线古滑坡较为发育，野外观察由于地震级地质灾害发育，研究滑坡多呈现滑坡类型新旧叠加等现象。

4. 滑坡与基底关系分类

依据典型滑坡与基底关系，主要滑坡可分为堆积面滑坡、层面滑坡、构造面滑坡、同生面滑坡等。堆积面滑坡多见发育在研究区中高山区，典型的坡面碎石、砂、黏土等堆积于基岩基底，受重力或地震影响，发生滑坡或二次发生滑坡；古近系、新近系、第四系松散沉积物沿坡面堆积，受层面重力、流水、地震等原因产生滑坡，该类型滑坡研究区较少；由于地震滑坡的突发性和剧烈性影响，研究区喀什河沿岸典型滑坡面一般不受先期构造面、层面、软弱面影响，主要受控于地震坡面最大应力形成规模较大滑坡，为典型的同生面滑坡。

5. 滑动面深度分类

滑动面深度与基岩基底、滑坡体堆积物的厚度有关，通过遥感方法对滑坡体的深度进行分类研究，对预测滑坡体的规模有一定参考意义。滑动面的深度可以通过古滑坡体后壁、侧壁、负地形的高度进行推测。浅层滑坡滑动面深度小于6m，中层滑动面深度在6～20m之间，深层滑动面深度在20～50m之间，超深层滑坡最大深度大于50m。受古近系、新近系、第四系沉积物厚度影响，喀什河北岸滑坡滑动面深度一般较厚，从遥感解译及野外验证推测其厚度在5～20m之间，喀什河南岸由于沉积物厚度较薄，滑坡深度多小于6m。

6. 滑坡规模分类

依照典型滑坡的规模进行分类可分为小型滑坡（小于$1\times10^5 m^3$）、中型（$1\times10^5\sim1\times10^6 m^3$）、大型（$1\times10^6\sim1\times10^7 m^3$）、特大型（大于$1\times10^7 m^3$）。喀什河谷沿岸发育滑坡体主要发育呈典型的群状滑坡，以遥感方法推测多见为中型—大型，局部可见特大型。新源县吐尔根乡北侧解译出典型滑坡一般归为小型—中型较多。

（三）研究区典型滑坡

1. 喀阔库勒滑坡特征

喀阔库勒位于尼勒克县乌拉斯台镇喀什河南坡，为典型地质灾害叠加地段，主要地质灾害为滑坡、地震断层等，平均海拔2500m，断陷湖盆水面海拔2490m，南侧山峰海拔3600m。滑坡上部发育串珠状典型滑坡型断陷湖盆。滑坡基底或滑坡床多见为花岗岩、闪长岩、灰岩、砾岩等，滑坡体主要为古近系、新近系、第四系沉积物，通过滑坡后壁高度及地形推测滑坡深度6～20m不等。

遥感调查显示，喀阔库勒滑坡发育相对较多。滑坡壁长度1～5km不等，滑坡壁依坡度方向呈圈椅状发育，滑坡体下部局部可见舌状。滑坡壁与滑坡体可见东西向滑坡洼地，洼地呈串珠状，因积水呈串珠状湖泊；高分辨率影像中可识别滑坡体台阶状地貌特征；滑坡体中可见泉水、积水洼地大量发育；高分辨率影像中可见喀阔库勒东侧东西向发育断裂带，断裂带呈东西向负地形状，可见少量积水地貌，断裂带北侧呈明显的坎状或台阶状，中部凹陷表层新近系地层有滑动特征。图4-6为喀阔库勒滑坡特征及断陷湖解译图，南侧地势较为陡峭为典型花岗岩地貌，部分花岗岩岩体剥离与沟道碎屑物形成规模较大滑坡；北侧地势较为平缓，古近系、新近系、第四系沉积物发生规模较大滑坡，部分滑坡上部形成典型断陷湖特征。

图 4-6　喀阔库勒滑坡特征及断陷湖解译

图 4-7 为喀阔库勒一处中等规模滑坡远景特征，滑坡体宽约 500m，滑坡壁呈多级台阶状，推测壁高大于 5m，滑坡体平面面积约 $2km^2$，估算该处滑坡体体积大于 $1\times10^7m^3$，为特大型或巨型滑坡。

图 4-7　喀阔库勒一处滑坡远景

2. 开英布拉克滑坡特征

喀什河北岸开英布拉克、古如布艾提克、恰尔巴赫特、科可萨依等地沟口附近发育,滑坡密度降低,原因可能与该地古近系、新近系、第四系沉积物厚度变小有关。开英布拉克新生界沉积物厚度10～30m,该处滑坡主要发育在山前一带发育的古近系、新近系、第四系沉积物中。图4-8和图4-9为开英布拉克沟口发育的中等规模的滑坡,滑坡壁高约10m,滑坡体平面面积约0.5km^2,推测滑坡体体积约为500×10^4m^3,可归为大型滑坡体。沿北岸开英布拉克沟口河流两侧典型新生界沉积物发生叠瓦状滑坡,部分中高山区基岩地貌发生小规模石质滑坡。

图4-8　开英布拉克典型滑坡发育遥感特征

图4-9　开英布拉克一带典型滑坡野外特征

科可萨依位于喀什河南岸，相对于巴勒克特能佼纳一带滑坡规模明显密度降低、规模减小。滑坡后壁多见第四系更新统乌苏群、古近系沙湾组出露的地层，在遥感影像中滑坡后壁多见成圈椅状，因乌苏群、沙湾组的出露影像纹理多呈亮白色，滑坡体下部因泉水发育或洼地积水影像多见成暗黑色、深灰绿色。滑坡壁长度多为 0.5～2km 不等，滑坡壁高为 2～7m 不等，推测滑坡体体积为(50～250)×10^4 m^3。

3. 玛依布拉克滑坡特征

玛依布拉克位于伊利河谷东段，位于喀什河主断裂北侧，受新生界发育的厚度变薄关系，喀什河沿岸南北两侧滑坡分布的数量和规模明显少于孟克德萨依一带。玛依布拉克一带人烟稀少，常见滑坡海拔约 2700m，河道两侧地势较孟克德相对陡峭。滑坡呈典型的滑坡群状，最大滑坡面积约 0.7km^2。依据立体影像中的滑坡壁岩石裸露特征，推测滑坡壁长 0.5～1km；该滑坎下部、滑坡舌前缘有少量牧民帐篷。玛依布拉克支沟沿着南北向水系发育一系列滑坡，滑坡中心高程约 2500m。滑坡群面积 1～1.2km^2。遥感影像判读，其滑坡后缘有一定面积裸岩出露，滑坡壁可清晰识别；沿南北向沟系两侧不同程度发育一系列滑坡；可识别少量的积水地貌及封闭洼地，影像中依据牧草覆盖等推测多期滑坡特征明显。

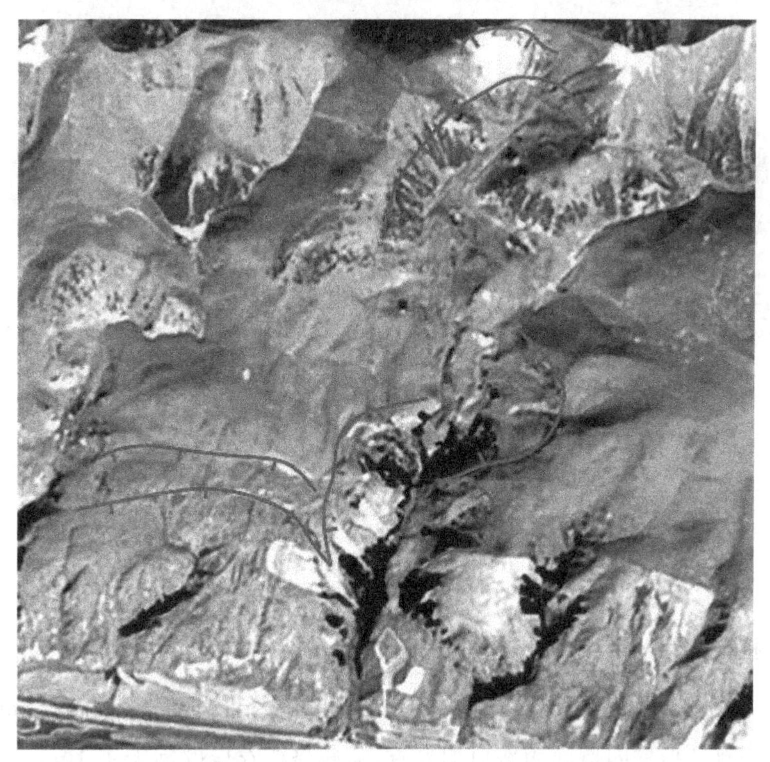

图 4-10 玛依布拉克典型滑坡解译图

4. 乔尔玛一带滑坡特征

前人在地质灾害调查中认为孟克德沟向西地震地质灾害遗迹逐渐减少，本次遥感地质调查中乔尔玛一带有一定规模的地质灾害。受古近系、新近系、第四系沉积物规模、厚度影响，乔尔玛一带典型的滑坡存在较少趋势，但滑坡类型略有不同主要表现为石质崩塌与滑坡并存特征。

图 4-11 为 315 省道北侧一崩塌型滑坡遥感影像特征，受东西向断裂作用影响滑坡或崩塌石质后壁（海拔 2800m）崩塌，崩塌后壁下部阶地（海拔约 2700m）碎石、细砂、黏土等受断裂作用及崩塌共同作用形成滑坡，滑坡面积约 0.5km²，崩塌形成的巨石主要沿沟道发育。遥感影像中，崩塌形成巨石纹理呈典型斑点状发育，滑坡体形成典型的线状、斑状等纹理。影像分析乔尔玛一带主要的滑坡与滑坡壁处发育的东西向石质断裂关系比较明显，沿滑坡后主要灾害纹理可识别出台阶状线状纹理，该线状纹理与主要断裂构造平行。

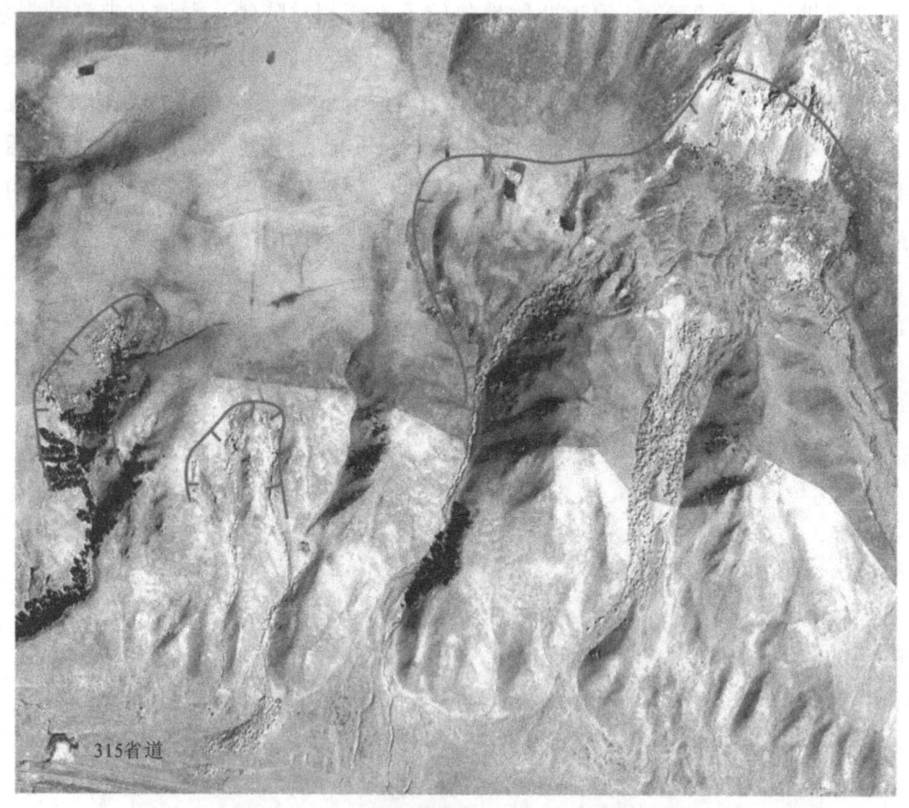

图 4-11　乔尔玛滑坡群遥感影像特征

5. 铁热克特布拉克一带典型滑坡特征

铁热克特布拉克位于喀什河北岸，该地发育典型巨型滑坡群，单体滑坡面积超过 10km²。遥感影像中该处滑坡后壁圈椅状构造典型发育，能解译残存后壁高大于 10m。遥感影像中该处滑坡是研究区单体面积最大的滑坡之一，主要发育砾石、砂、黏土、棕红色的黏土等。滑坡体中可解译较多泉水、积水洼地地貌特征。古滑坡体下游有人工修筑水利设施，古滑坡体能识别小型较新的滑坡体。图 4-12 为该处发育的典型古滑坡远景照。

图 4-12 铁热克特布拉克典型古滑坡远景

6. 唐布拉森林公园滑坡特征

相对于巴勒克特能佼纳典型滑坡，唐布拉森林公园一带滑坡规模和厚度明显变小，其主要受控于唐布拉森林公园一带古近系、新近系、第四系沉积物厚度较小原因。局部露头观察其垂直剖面上部为 5～15cm 深灰色、灰黑色黏土(黑土)，下部为紫红色、棕红色的古近系、新近系泥岩，其厚度可达 10～30m 不等，泥岩中发育 10～20cm 不等钙质结核或发育少量砾石层。古近系、新近系、第四系沉积基底多为侏罗系砂岩、泥岩、砾岩等。唐布拉森林公园一带滑坡呈现深度较浅、规模较小、密度较大、滑坡基底较陡等特点。

图 4-13(a)为该处典型滑坡后壁，滑坡后壁为典型的第四系沉积层，主要为砾石、黏土、砂等，其上部为 10～20cm 灰褐—黑色腐殖土。依照遥感影像中的坎状地貌解译滑坡后壁，依据色调等能区分不同颜色滑坡壁。

图 4-13(b)为唐布拉森林公园典型老滑坡近景照，野外调查部分老滑坡地表特征已经不明显，但通过遥感影像结合野外地质调查手段能圈定其范围。图中老滑坡滑坡后壁已经剥蚀殆尽，新滑坡与之叠加。

图 4-13(c)和图 4-13(d)为该处典型滑坡后壁，红色泥岩是滑坡后壁解译的典型特征，通过高分遥感影像中的色调、纹理等判读滑坡体的后壁岩性等。

7. 科克萨依滑坡特征

科克萨依位于喀什河南岸，阿克塔斯以南 5km 处。科克萨依以西 5km 处有大型厂矿企业，开展遥感方法的灾害调查对当地居民和工矿企业安全生产具有一定作用。科克萨依一线古近系、新近系、第四系沉积物厚度较小，多为 5～20m 不等，主要沉积物多为棕红色黏土、钙质结核、粉砂、砾石等，野外调查能识别部分层理。受沉积物厚度、地形起伏等综合因素影响，

图 4-13　唐布拉森林公园一带典型滑坡后壁特征

该处典型滑坡较喀什河北岸明显规模较小。由于沉积物厚度不大，通过遥感影像解译地震断层特征较为明显，发育多组北东东—北东向地震断层。断层处、滑坡后壁处发育典型泉水。

科克萨依滑坡多见集中式呈滑坡群样式发育，由于地震成因古滑坡规模较大，该处滑坡滑坡后壁等特征较为清晰，部分滑坡切穿古近系、新近系等其滑坡面为典型基岩基底。图 4-14 北侧喀什河沿线新生界沉积地层厚度较大但发育位置较为平缓，未见古滑坡发育。

8. 巴勒克特能伩纳典型滑坡群特征

巴勒克特能伩纳位于喀什河北浅山台地地貌，地形起伏不大，沟谷切割不明显，天然草场发育，因地势较为平缓，牧民牧草收割机能入场作业。台地第四系沉积物多由棕黄色黏土、砾石、砂等堆积，偶见棕红色古近系、新近系沉积物，古近系、新近系、第四系沉积物较厚其沉积基底不明。东西—北东东向地震断层发育，遥感影像中可解译该方向的线状纹理，北西—北西西向断层存在热异常。图 4-15 中，该处滑坡面积较大，受长期侵蚀影响滑坡迹象特征不明

图 4-14　科克萨依滑坡特征

显，地形较陡峭山壁两侧影像纹理呈灰暗特征，线状斑状纹理较为明显，特征较为粗糙，山梁顶部纹理较为细腻光滑，野外调查显示该处图像纹理的细腻程度与地貌的光滑程度关系较大。典型滑坡后壁呈连续的圈椅状发育，显示典型的滑坡群发育状态。巴勒克特能伩纳为1812年尼勒克地震震中位置(尹光华等，2009；王俊锋等，2023)，因此该处滑坡群规模和数量相对较为集中。

巴勒克特能伩纳大面积滑坡密集发育，单体滑坡规模为中型—巨型，该区域地震断裂密集发育，地热露头呈带状分布。该地区是地震、地热、构造研究的热点区域。由于地热或干热岩资源是近年来能源低碳转型的新兴方向，该区域的地质解译工作对该地区开展地热及相关研究有较好意义。

9. 四棵树上游阶地滑坡特征

四棵树上游人迹罕至，该地沿着四棵树上游发育多处河流阶地，沿河沟系发育，切穿主要阶地，部分小型阶地已侵蚀、剥蚀殆尽，遥感影像中阶地解译特征不明显。典型的阶地解体形成滑坡，如图 4-16 所示。河流阶地后侧山峰高约 3800m，主要阶地呈面状发育海拔约 3000m，

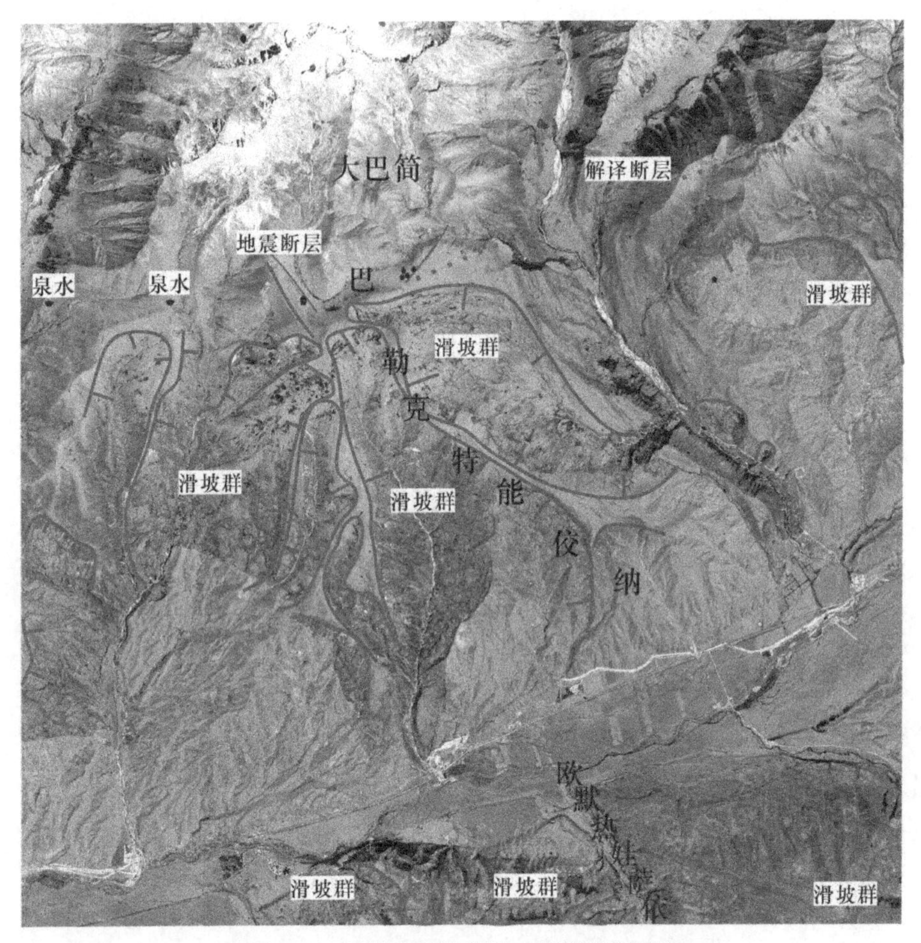

图 4-15 巴勒克特能佼纳一带滑坡群特征

现代河流海拔 2500～2600m，阶地主要坡度大于 45°。阶地主要成分为两侧山脊风化破碎的坡积物、第四系沉积物，主要岩性为片岩、板岩、凝灰岩、花岗岩等，多呈碎片状、磨圆状等。从其砾石成熟度进行分类，该阶地沉积物包含河流相砾石和未经风化磨圆的坡积物。

遥感影像中该处阶地已经逐渐解体，解体后残余物质形成滑坡阻塞部分河道，滑坡体呈典型的舌状、扇状，尖端指向河谷，最宽处 1～1.5km 不等。解体后阶地形成滑坡其滑动面倾角较陡峭，呈现出滑坡后端倾陡前端较缓的形态。受四棵树河不断地下切和侵蚀作用，该阶地仍然存在解体形成滑坡的风险，新滑坡形成可能堰塞四棵树河形成地质灾害危及下游安全。

博罗科努山河流阶地发育较多，特别在中高山区，河流阶地的发育和解体与造山带的不断隆升及古气候的变迁有关，部分阶地沉积物能识别出古近系、新近系地层，甚至部分地区残存中生界地层。博罗科努山地区开展基于残存阶地的专题地质工作对古地理及古气候研究具有一定的探索意义，建议开展相关工作。

图 4-16　四棵树上游阶地坍塌堰塞河道

10. 吐尔根乡滑坡特征

吐尔根乡滑坡位于新疆新源县北部伊墩高速公路北侧(图 4-17),为巩乃斯河流域著名旅游景区且矿业资源较为发达,开展滑坡地质调查和防治工作有一定的实际意义。吐尔根乡滑坡北侧山区发育众多小型滑坡,单体滑坡面积约 0.1km² 不等,为典型的“山扒皮”式滑坡。遥感影像中该滑坡呈典型的亮色纹理,为典型的第四系黏土等纹理特征,与喀什河沿岸 1812 年地质成因滑坡相比其规模差异巨大,在规模、滑坡后植被发育特征、滑坡集中程度上存在显著差异。典型特征主要体现在:吐尔根乡滑坡地形相对陡峭,主要为第四系黄土或黏土沿基岩基底均质的滑坡;滑坡呈东西向带状分布,滑坡规模较小且滑坡带范围小;滑坡时代较新,滑坡后牧草未覆盖。结合吐尔根乡滑坡发育构造带背景及其发育特征推测,该处滑坡遗迹与 1812 年尼勒克地震不同期。

图 4-17　吐尔根乡一带典型滑坡

三、塌陷及鼓包解译

引发地面塌陷外部自然影响因素较多，如黄土高原区大气降水引发黄土湿陷型塌陷，当然也包括人为因素等。地面塌陷各种自然影响因素中大气降水是最普遍也最直接的。无论岩溶地区还是矿山采空区地面塌陷，雨季都是高发期。降水入渗可以使洞顶覆岩含水层增大，自重加大，提高对洞顶垂向压力；其次，下渗水流会湿润裂隙面，降低岩石块体间抗滑阻力，从而引起洞顶和洞壁进一步变形而失稳。另外，降雨强度大、历时长，入渗水流可以以灌入方式快速进入围岩中的宽大裂隙，形成较大动水压力和冲刷作用，使原已不稳定洞室瞬间垮塌。在岩溶地区大气降水除上述作用外，降水入渗补给，会抬高岩溶水水位，若洞穴顶部开口被松散黏土物质覆盖呈封闭状，快速上升的岩溶水会压缩洞内空气，形成上挤压力，导致气爆发生，引发洞顶塌陷。

洪水塌陷在河、湖近岸地带多有阶地发育，普遍分布着孔隙潜水与岩溶水组成的双层含水介质。一般情况下，地下水向河、湖排泄，其水位随河、湖水位的起落而波动。但在汛期洪水位急剧上升的情况下，河、湖水将向地下水产生侧向倒灌，地下水位随之上升。这时岩溶地下水对洞隙上覆盖层土体产生正压力或使浮托力增大。在洪水位迅速回落时，岩溶地下水位由于其径流较通畅亦随之很快下降，对洞隙上覆盖层的浮托力很快消减，而潜水位因渗透性相对较弱则下降较缓慢，使潜水位与岩溶水位之间的双层水位差增大，从而通过洞隙开口处从潜水含水层向岩溶洞隙产生垂向的渗透潜蚀作用，在盖层中形成土洞进而扩展形成塌陷。这种现象称为洪水倒灌潜蚀塌陷，简称洪水塌陷。

地震使地下空穴或洞顶覆盖及洞壁的裂隙扩大，并可能引起岩层进一步破裂、加剧位移等；洞隙上覆松散细物质“液化”形成典型塌陷等。研究区内灰岩发育，喀什河流域水资源丰富且地下有空穴典型案例。

地震时，由于地震断层的强烈错动而在地表产生一种背斜状的小型隆起，发育在地震形变带内的地震断层带中。在有地表覆盖层的地区，相邻两条雁行式地裂缝首尾相接的部位，由于受到两裂缝内侧的相对错动，遭受挤压而形成隆起。鼓包的大小与相邻两地裂缝间距、水平位错量、覆盖层的厚度等因素有关。同时，烈度值愈高的地区，鼓包规模也愈大。1973 年 2 月中国四川炉霍县发生 7.6 级地震时，在 X 度高烈度区中产生的鼓包最大者高约 2.5m、长约 4.5m、宽约 4m，并有由于挤压强烈而在鼓包顶部发生纵张裂缝，以及形成倒转背斜式的鼓包(周存忠，1991)。

乌兰萨德克夏季牧场附近可见面积约 0.32km^2 的塌陷坑，塌陷后坎高约 1m，坑内多年生灌木等发育(图 4-18)。塌陷坑后坎为棕黄色砂质黏土等。巴勒克特能佼纳一处塌陷坑面积约 0.57km^2，塌陷后坎高约 2.5m，坑内杉树等植物发育。本地特殊地貌不利于杉树根系固定，但塌陷、断裂处由于避风、富水等有利于杉树根系发育，部分塌陷区杉树年轮是塌陷时间的证据之一，行树等也是断层解译标志之一。图 4-18 乌兰萨德克滑坡体下部发育多处疑似鼓包，面积约 0.35m^2，推测为滑坡体前缘因受阻力而隆起的小丘。

图 4-18　乌兰萨德克夏季牧场地震遗迹

四、地震崩塌解译

山体、陡崖岩体、土体脱离母体后以跳跃或者崩落等方式释放势能的过程称为崩塌，崩塌是具有一定势能的岩体或土体势能释放危及下部安全的一种灾害现象，主要发生在陡峭的山坡、山壁、崖壁等地。不同地区、不同领域人员对崩塌的定义存在差异，但众多学者对崩塌的危害性却有较为一致的认识。魏荣誉等(2023)以石泉县境内国道及省道沿线地质灾害为研究对象，通过野外调查，对地质灾害进行分类，并选取典型地质灾害点，结合结构面和典型剖面特征，分析道路沿线崩塌地质灾害形成机理。针对公路沿线不同崩塌地质灾害类型，提出防治措施建议，为石泉县公路沿线防灾减灾提供依据和参考，刘文等(2023)对红层区常发育缓倾角岩质边坡进行研究，因其软硬相间的岩性组合，地质灾害频发，灾害严重。基于光学卫星遥感、无人机航空摄影测量、现场调查等天空地一体化的技术手段，以 2021 年 4 月 5 日发生的四川洪雅铁匠湾缓倾角红层岩质崩塌为研究对象，探讨了崩塌的基本特征和成因机理，分析了铁匠湾陡崖区崩塌灾害发展趋势，以期为红层区类似灾害的研究提供资料支撑。龚诚等(2023)通过野外调查，总结了藏东地区川藏交通廊道内崩塌的分布规律和发育特征，分析了崩塌-碎屑流灾害链的形成机制和演化模式。结果表明，冻错曲流域崩塌在空间上沿河流和断层两侧呈条状分布，在较软—较坚硬岩层中集中分布，崩塌的垂向分布主要受凸状折线型坡面形态和高程共同控制；斜坡结构的差异导致了崩塌的不同发育特征，形成了弯曲倾倒式、拉裂滑移式和复合式 3 类崩塌失稳模式。流域内崩塌具有高位启动和远程运动致灾的特点，规模受崩源区的高程、高差及坡度影响显著，堆积体的粒径及运动距离与岩性关系密切。研究区崩塌灾害具有典型的崩塌-碎屑流-堵江的链式演进模式，其灾变和链生过程主要受冻融和地形等因素控制，其中巨型崩塌-碎屑流灾害链主要由地震触发，研究结果可为区内人类工程活动中的崩塌灾害风险防控提供参考。

崩塌的发生具有突发性，难以准确预测，破坏性强，往往可以摧毁房屋建筑，阻断交通，造成严重的人员伤亡和财产损失。有人把崩塌限于陡坡上岩体的崩落,不包括土体;有的人在定义中强调崩塌过程,有的人强调作用力、形成的原因和影响因素。这些论述对于形象、全面地认识崩塌现象和发生过程是十分重要的。从形态学上看,崩塌形成,首先要在陡崖、陡坡前缘上有不稳定的岩土块体,即危岩体,另外,在崩塌高发区,常可见先前崩塌的产物,以大小不等、零乱岩土块体组成锥状堆积体,位于崖下或坡脚处。

崩塌发生时,脱离母体的岩土块体会突然下落或翻滚,互相碰撞,使崩落体自身的整体性再次遭到破坏。崩落体的运动形式主要有两种,一种是脱离母岩的岩土体顺坡滚动,另一种是以自由落体的方式坠落。

(一)崩塌位置分类

崩塌形成的机理和动因比较复杂,依照崩塌发生的层位特征和岩体特征一般分为山崩和水岸崩塌。

1. 山崩

山崩主要发育在较为陡峭的山壁、陡崖、高耸路坎等地,由于开挖坡基不稳、岩石裂隙、地震作用、人为破坏等因素岩石、土体等崩落。该种崩落一般对崩落区下部人员、村庄、道路行人等危害较大。研究区地震成因崩塌多为体量较大的山崩。

2. 水岸崩塌

由于水流的冲刷和侵蚀作用,致使河流、库区等水岸土体湿陷或岩体被掏空等,造成水岸崩塌现象。例如,水库储水量上涨或降低可能导致库区围岩存在变形,典型的库区崩塌对水库稳定性、航运安全等产生极大危害;黄土高原多见水库为典型土质坎状陡崖状暗线,受黄土湿陷影响较容易形成明显的黄土崩塌;四棵树河上游由于河流的不断冲刷,导致河流岸线形成典型的由砾石、砂、泥等堆积的陡坎,即为崩塌现象。

(二)崩塌物岩性分类

1. 岩体崩塌

1812 年尼勒克地震崩塌常为石质崩塌,属典型岩体崩塌(简称石崩)。研究区内多有高大的侵入岩、变质岩形成陡峭的高山地貌特征,岩石受重力或地震作用影响形成不同体量的崩塌,常见从几立方米到数千立方米巨型崩塌不等。岩崩主要物质成分为大小各异的石块,崩落发生区下部常堆积大面积落石,崩落区常形成典型陡坎状崖壁特征。

2. 土体崩塌

沿高耸陡坎、山体发生土质崩落一般称为土体崩塌(简称土崩)。常见土崩的物质多为黏土、砾石、土石混合物、红土等。研究区位于典型造山带内,第四系沉积物发育较少,在喀什河流域土崩较少。博罗科努山山前台地常发育切割较深河流,第四系沉积物常发育呈典型坎状，易形成典型土体崩塌。

3. 混合崩塌

崩塌物为石质、土质等混合特征一般称为混合崩塌。依照崩塌类型和崩塌处地层结构特征不同，崩塌发育形态各异。研究区典型混合型为崖壁或山体上部附着一定厚度的古近系、新近系、第四系沉积物，受地震、坡基失衡等因素影响，岩石与土体共同崩落，崩落物一般为石块、黏土、砾石等。

（三）拆离面特征分类

1. 顺断层或风化层崩塌

受高位岩石断层影响岩石中产生断裂或者破裂面，断裂两侧岩石地层产生较为明显的位移或拆裂，位移或拆裂与岩石强烈挤压或重力拆裂关系密切。断层面或拆裂面位于陡崖崖壁外沿易形成崩塌，受重力、人为破坏、地震等因素影响脱离本体产生崩塌；受风化侵蚀或剥蚀作用影响岩石上形成典型的风化层，风化层易发生脱落进而形成崩塌。

2. 裂隙面型崩塌

研究区侵入岩、变质岩较为发育，由于该类岩石受断裂作用、地震作用、人为破坏作用影响可能产生"断脚"节理崩塌现象。裂隙面愈发育崩塌发育程度越高。

该类崩塌多发育于坚硬且厚度较高的岩体中，例如花岗岩、闪长岩、凝灰岩、灰岩、块状砂岩、石英岩、砾岩等，由于岩石厚度较厚且脆性易发生裂隙且易形成高危边坡。裂隙的发育易形成张力负荷，多重因素作用下张力裂缝发育并与其他结构面贯通，在触发因素的催化下发生崩塌。构造、非构造因素岩石类型在形成崩塌时共同作用，岩体半边坡中要发生崩塌一般能识别两组及以上裂隙与坡面或重力方向相似。裂隙的切割密度与崩塌的危险程度相关。岩石裂隙密集是较易形成小岩块崩塌，单个裂隙发育时岩石崩塌物粒径较大。

3. 探头崩塌

受人工不当开挖或岩石地层风化特征影响，部分路崖、陡坎等存在掏空、探头等现象，较易引起探头崩塌。例如，由于道路修建，部分路崖顶部存在掏空现象，该现象易导致上部岩石拆裂形成崩塌；再如，由于岩石风化特征的差异性，导致部分岩层较易风化而部分岩层不易风化，形成典型的倒悬现象，从而形成崩塌。

（四）研究区典型崩塌解译

1. 四棵树上游花岗岩崩塌特征

四棵树上游地区花岗岩地貌发育，受断裂作用和地震作用影响，花岗岩发育出较为典型的崩塌地貌。图 4-19 为四棵树上游发育的典型花岗岩崩塌呈典型手掌状奇景。岩石中裂隙

图 4-19　四棵树上游花岗岩崩塌手掌状奇景

密集发育，密集裂隙对花岗岩稳定性影响较大，极易导致崩塌再次发生。高分影像中能识别出典型崩塌后崩落物堆积于缓坡。

博罗科努山中高山区崩塌现象明显多于其他地区，规模较大的崩塌主要集中在门克廷达坂—蒙科特萨依堰塞湖一带。崩石沿山坡、道路发育十分明显，局部可见崩落巨石淤塞河道。有人反映该地区局部沟系因较多崩石发育河道中，马匹及人员通行极为困难。1∶5 万基本比例尺地形图中，石块地、孤峰、峰丛等地理要素发育密集，尤其门克廷达坂附近，野外局部查证多为崩塌后残峰或崩塌巨石、石堆等。

2. 孟克德流域典型崩塌特征

孟克德沟位于喀什河谷北侧，该地区花岗岩、闪长岩等密集发育且山势陡峭，崩塌主要集中在沟道两侧或中高山区，崩塌后巨石沿着沟道分布。高分遥感影像中崩塌物呈明显裸露面，表面粗糙，无植被发育，崩塌后壁形成一条明显的断裂面或三角面，地表表现为断裂、裂缝或裂隙等断裂带形式。断裂带在遥感影像上表现为线状或带状的特征，具有明显线性特征。依据坡度位置不同遥感影像中解译崩塌物粒度呈明显的分带性特征，部分遥感影像可以直接测量崩塌物直径。传统崩塌发育受控于多种因素，包括构造、地震、水蚀、重力作用等。孟克德流域构造复杂，多条断裂带密集发育、山势陡峭、岩石裂隙发育密集等，受该地区地震活动频繁影响，岩石极易发生崩塌。

该地区岩石中裂隙和节理密集发育，经过长期风化在强震作用下岩石发生崩塌。图 4-20 为研究区孟克德一带发育典型崩塌地貌，主要崩岩石多为闪长岩、花岗岩、辉长岩、片麻岩等，崩塌后巨石粒径多为20～300cm不等，堆积于崩崖下部或山坡。孟克德一带沿主要沟系崩塌现象较为发育。

图4-20　孟克德流域典型崩塌地貌特征

3.堰塞湖一带典型崩塌特征

该处堰塞湖为地震崩塌成因，崩塌致使崩塌物淤塞河道形成堰塞湖，主要堰塞物为花岗岩崩塌物。通过高分遥感影像解译研究崩塌物堆积范围，通过多源遥感影像详细解译堰塞湖附近岩体断裂带的发育特征，崩塌沿陡峭山崖崩落堰塞成湖，堰塞湖面积0.4～0.5km^2，淤塞河道石质崩塌物推测体积(2～5)×10^6m^3。本次崩塌体量较大，崩塌物后壁地形特征明显变化，通过高分遥感影像形成数字高程明显解译。

研究区诸多地温异常或温泉现象与崩塌、断裂等共同出现，温泉、崩塌、断裂等要素是否存在必然联系尚存在争议，但研究工作中为获取温泉解译结果常以断裂、崩塌等要素作为参考，取得了一定解译效果。

4.廷铁科流域典型崩塌特征

廷铁科流域典型崩塌为研究区规模最大的崩塌之一，位于门克廷达坂以南喀什河以北，为典型侵入岩、变质岩地貌，岩性多为花岗岩、花岗闪长岩等。崩塌形成后壁高约200m，长约2km，遥感影像中能观察到山脊错断现象。崩塌后该处发育北东向陡崖状断层三角面，崩塌物呈带状发育于崖下部。该处存在典型温泉一处。图4-21为廷铁科流域典型崩塌特征；图4-22为萨德根萨拉崩塌、断层三角面综合解译图。

图 4-21　廷铁科流域典型崩塌特征

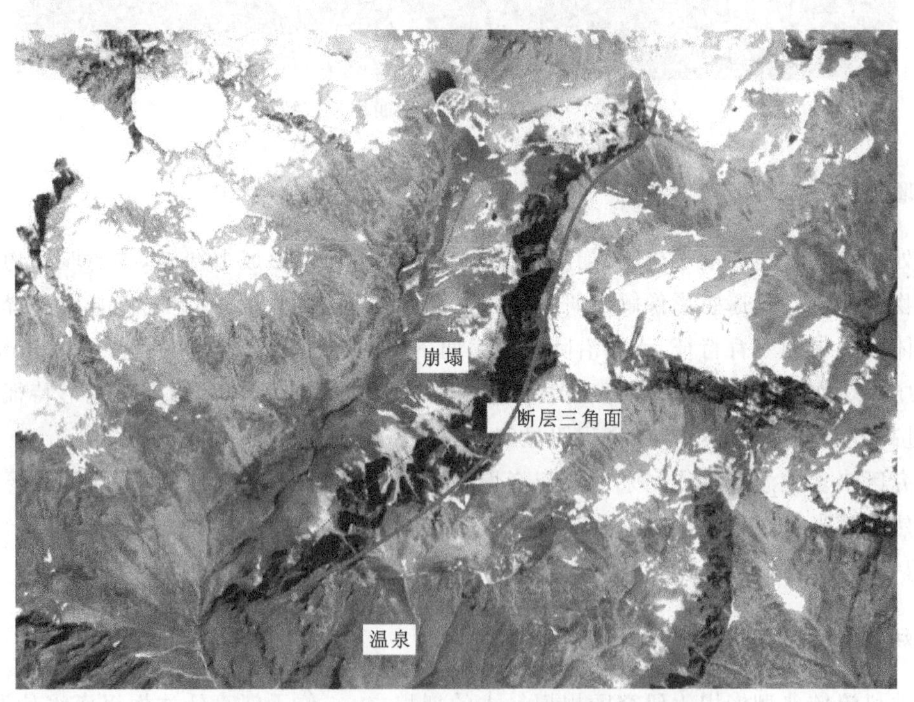

图 4-22　萨德根萨拉崩塌、断层三角面综合解译图

5. 门克廷达坂一带典型崩塌特征

地震崩塌门克廷达坂一带发育较为集中，主要崩塌多为高峻的花岗岩、侵入岩地貌特征。花岗岩较坚硬由于其内部裂隙特征，在地震等剧烈震动下极易形成崩塌、断裂、温泉等现象。门克廷达坂崩塌区岩石崩塌后常形成典型崩塌陡崖地貌，陡崖下部则堆积大量崩积物。由于地震引起花岗岩岩体剧烈震动并释放巨大应力，岩石中的裂隙发生位移或贯穿，未崩塌区域可能存在较大的崩塌，常发育呈典型残峰或独立石等特征。

门克廷达坂地区花岗岩崩塌不仅对当地居民的生命财产造成了严重的威胁，还对周边环道路交通造成巨大破坏(图 4-23)。崩塌导致岩石碎片堵塞河流，引发灾害。为了减少花岗岩崩塌带来风险，因此需加强该地区地震防灾工作。加强花岗岩崩塌监测和预警、及时疏散周边居民、加固花岗岩体等是有效防灾措施。此外，加强公众对地震和崩塌风险的认知和科学教育也是减少灾害的关键。

图 4-23　门克廷达坂一带典型崩塌特征

6. 古尔图河流域河谷型崩塌特征

古尔图河谷一带发育一种典型的河谷型崩塌地貌(图 4-24)，这种崩塌通常发生在陡坡、河岸边坡或峡谷等地形陡峭的区域。河谷型崩塌主要是由于河谷切割较深形成典型的陡崖地貌，或是由于地下水水位变化、降雨等综合因素引起。河谷型崩塌的特点是规模大、速度快、破坏力强。当发生崩塌时，大量的土石块体会从陡坡或峡谷中滑落、滚动或推移，形成巨大的滑坡或滑坡堆积体。这些滑坡堆积体会沿着河道扩展，阻断河流，形成堰塞湖，给下游地区带来严重的洪水、泥石流等灾害。

河谷型崩塌的发生对周围环境和人类活动都会造成严重的影响。它不仅破坏了土地和植被，还可能造成人员伤亡和财产损失。因此，对于河谷型崩塌的预测、防治和应急措施都非常重要。在开发利用河谷地区时，应充分考虑地质条件，采取合理的工程措施，以减少河谷型崩塌的风险。

图 4-24　古尔图河流域典型河谷型崩塌地貌

五、地震断层解译

大地震过后地表断裂形态与地质构造、断层类型、场地条件等有关，尤其场地条件对地表断层破裂及展布和分布状态影响显著。一般来讲，在地质条件好、刚度大、硬度高和脆性强的岩石类场地，如山区的地震断层主要表现为规整平滑的断裂面，剪切效应十分明显；对于场地条件较好的硬土类场地，地表断裂位置也较为集中；而对于有较厚土层构成的河滩和海滩地带，地震断裂在地表处往往表现为范围较宽的破碎区（带）；海底断层因浸泡水中且受海水压力的作用，其形态会相对复杂中海底断层表现出明显的张拉作用效应，断层形态的差异直接影响到地表和浅层（埋）工程结构在地震过程中的受力状态，进而决定了结构的破坏及损毁机制（徐龙军等，2023）。

依据断层层面之间相对运动关系，地震断层分为走滑断层、正断层、逆断层等不同运动类型。正断层一侧岩层沉降另一侧不断抬升；逆断层则断层面上一侧岩层向上隆起，另一侧岩层向下沉降的一种断层类型；走滑断层则是指断层面上两侧岩层之间产生的相对滑动运动，这种断层类型通常在地震带上比较常见。遥感地震断层解译主要结合区域构造、地震区地貌特征、流水特征等进行断层几何性质的解译。通过遥感资料目视结合自动提取方法获取断层线状特征及断阶、位移等测量数据。

地震断层野外调查和解译有别于传统地质断层，针对断层性质、断层产状及错动特征、上覆土层变形特征、上覆土层材料特征、断层与基底影响关系、断层与人类工程影响特征等，解译方法略有差异。研究区经验表明差异：①地质断层解译遥感影像几何分辨率较高，研究区最小分辨率应满足不小于 2.5m；②地震断层影响水系特征更明显；③地震断层两侧高程差异较为明显，一般用 DEM 方法可以辅助解译；④部分断层存在透水、地热现象；⑤地震断层上覆土层存在明显的变形特征，可以辅助解译。

地震断层产状面较传统断层面较易识别，部分地区地震断层常表现为断层三角面形式，地表露头尺度三角面通过实景三维、高分辨率遥感影像方法可以进行断层产状面解译；有一定埋深断层面则通过物探手段反演其断层几何性质，例如，采用地震波反射法和折射法，通过测量地震波在岩层中的反射和折射情况，来确定断层的位置和形态；断层面的测量也包括地质探槽测量、钻探测量、野外露头点观测等。由于遥感方法的宏观性和区域性，地震断层产状推算也可结合三点法进行计算。

地震断层其上覆土层变形特征是地震遥感解译重要要素，上覆土层厚度、土层断裂面倾角、错动状况、破裂位置与土层厚度、非黏性土层与地震破裂关系、错位土层与土层厚度之间关系等是地质断层解译和研究主要方向。依靠遥感影像和遥感解译状况进行合理的推测和分析，有助于地震特征的综合研究。

不同区域地震断层与上覆土层关系之间存在较为明显关系，例如土体含水量、土体密度、砾石含量、黏性程度等在地表破裂程度上均表现出明显差异。由于研究区为典型的高山河谷地貌，不同地区土层或砾石层物理性质差异，表现为断层倾向、土体变形、断层抬高状况、弯曲变形程度。不同类型、不同厚度上覆土层或砾石层与基岩破裂特征存在较为密切的关系，地表土层或砾石层遥感特征有助于断层宏观特征的研究。

研究区水利资源丰富，喀什河、古尔图河流域大型水利水电基础设施较多，开展基于遥感方法的地震断层与大型水利水电工程相关研究对基础设施安全有重要应用意义。

（一）一般解译方法

1. DEM 解译

利用高分辨率 DEM 坡向增强方法可以对小型的坎状地物进行增强。相对传统地质断层，研究区地震断坎等线性特征较明显，DEM 坡向分析后断层线状纹理明显增强。利用地震断层几何特征和坡向分析方法抑制断层无关信息，增强新断层线性和坡向特征（王俊锋等，2023）。主要过程见图 4-25。

像元 e 在 x 方向上的变化率通过以下算法进行计算：

$[dz/dx]=((c+2f+i)-(a+2d+g))/8$；

像元 e 在 y 方向上的变化率通过以下算法进行计算：

$[dz/dy]=((g+2h+i)-(a+2b+c))/8$；

$\text{aspect}=57.295\ 78\times \text{atan2}([dz/dy]-[dz/dx])$

aspect 为象限角。

依据象限角与方位角转换关系获得方位角。

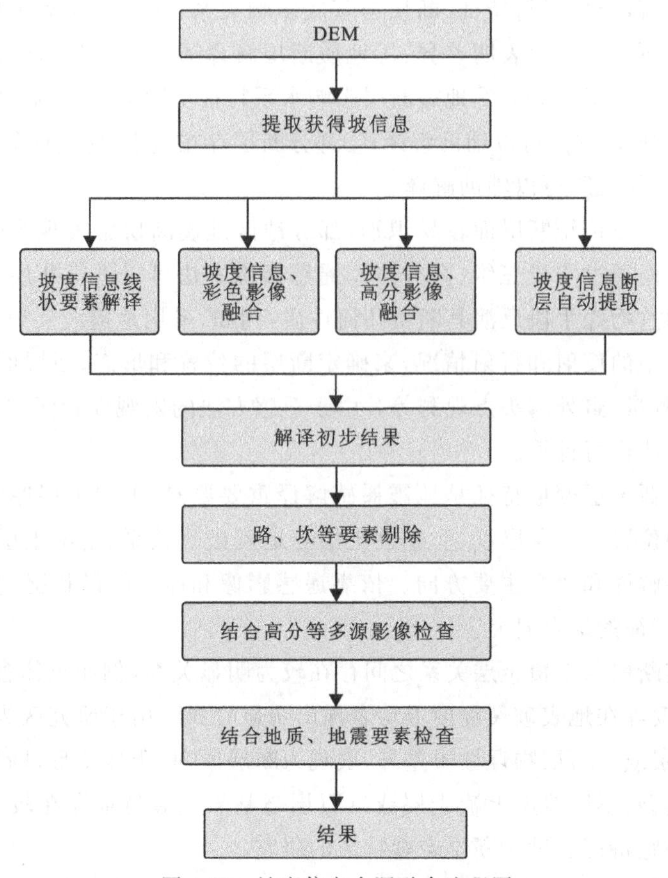

图 4-25　坡度信息多源融合流程图

图 4-26 为古尔图河附近 DEM 和地震断层坡向增强后的特征图，北东向断层及断层两盘坡向信息增强效果差异明显。DEM 坡向分析对农田田坎、道路路坎、山脊线、谷底线、道路等线状信息也具有明显的增强，断层解译应结合遥感方法筛选。坡度坡向增强方法屏蔽与线状地物无关的信息，增强了地震断层两翼破断信息，利用 DEM 获取断层附近坡度信息，坡度信息与彩色影像融合。

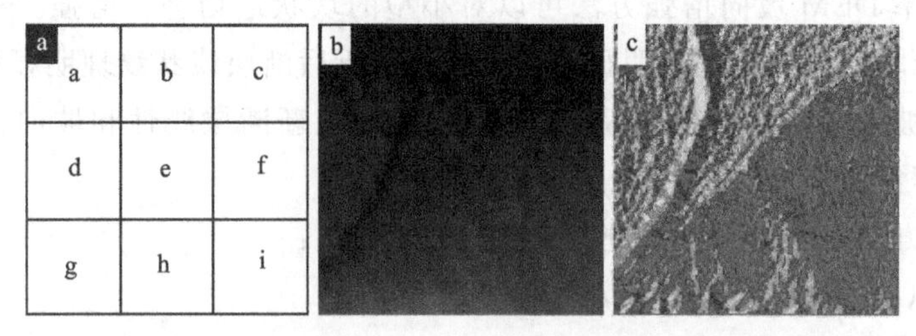

图 4-26　古尔图 DEM 和地震断层坡向解译原理图

2. 卫星遥感图像解译

相对传统地质断层，地震断层的遥感解译特征更为典型。由于地震活动，地表基岩、土层等受断裂作用影响存在不同类型的断裂特征。卫星遥感技术基于高分辨率、广覆盖、长时间序列等特征，为地震断层的连续、大范围、高精度的观测提供必要手段。

卫星遥感数据地震解译的主要应用途径包括高分辨率遥感影像、多光谱遥感影像、合成孔径雷达等。高分辨率影像提供断层周边详细的地形地表变形特征，对断层及其周边岩石、土体变形特征的详细观察提供必要信息，常用的高分辨率遥感影像数据源包括卫星遥感影像、航空遥感影像和无人机遥感影像等；多光谱遥感影像提供断裂周边岩石、地表基质等详细光谱信息，对断裂周边出露不同类型的岩石、基质类型解译提供帮助。如部分断裂周边存在地温异常或者热水现象，利用热红外波段可以提取该部分断层属性。常见断层多光谱或高光谱遥感影像数据源包括 Landsat、MODIS、Sentinel 等系列；合成孔径雷达遥感影像能够穿透云层和植被，对地震断层的解译具有一定的优势。利用合成孔径雷达影像能够获取地震区域典型的沉降信息，对地震断层的解译提供必要的支持。

新疆是我国地震频发的地区之一，由北向南发育阿尔泰地震带、北天山地震带、南天山地震带、西昆仑山地震带、阿尔金山地震带（徐继山等，2022；陈玉鑫，2022）。新疆地震具有频率高、震级大、范围广等特点，如 1812 年 3 月 8 日新疆尼勒克 8 级地震、1902 年 8 月 22 日新疆阿图什 8.2 级地震、1931 年 8 月 11 日新疆富蕴发生 8 级地震、2001 年 11 月 14 日新疆维吾尔自治区和青海省交界的东昆仑山脉发生 8.1 级强烈地震。研究区位于北天山-南天山地震带，地震遗迹发育较多，依托高分辨率地质调查开展地震断层研究对不良地质现象进行识别和防治具有一定现实意义。研究区高分辨率遥感影像地震断层解译主要利用高分辨率影像如 QuickBird、WorldView、SPOT、资源三号遥感卫星进行目视断层、线状断层的验证和解译。

3. 激光雷达解译

随着激光雷达技术与无人机技术不断更新，激光雷达技术在地震断层技术领域的应用不断深入。任宇鹏等（2019）基于激光雷达的褶皱裂缝力学系统及裂缝分布模型构建，结合新兴的激光雷达技术，快速获取区域中裂缝组构及发育密度，并直接应用于裂缝连通性和储层渗透率评价，是裂缝研究的重要方向，但该方法的精度分析和定量评价尚未很好地建立。张迪等（2021）利用地面 LiDAR 精细化测量活断层微地貌形态，以川西理塘毛垭坝盆地北缘的正断层崖为研究对象，利用地面 LiDAR 获取活断层微地貌高精度点云后，经过点云配准、滤波、重采样和三角构网处理后，建立了 0.05m 分辨率的数字高程模型和真彩色三维模型，在此基础上分析了断层崖地貌特征，并获取了正断层错动两期最新地貌面的精确垂直位错量，研究结果表明，地面 LiDAR 技术是精细测量活断层微地貌形态和量化相关地貌特征参数的有效手段，提高了活断层微地貌形态测量的精度和认识水平。刘刚等（2022）利用机载激光雷达在水下地貌识别与断裂构造精细解译中取得进展，通过分析 CZMIL Nova Ⅱ 机载激光雷达测深系统获取的南海某岛高分辨率海底地形数据，发现除地貌类型的识别以外，该数据还可用于海底断裂构造的高精度解译。通过对激光雷达测深渲染图像的解译，发现工作区海底地貌由沙嘴、海岬、海湾、古波切台、岸坡、断陷洼地、峡谷、平原和断块残丘组成；海底发育走向北西、北北西、北北东和北东东 4 组主要断裂，环绕海岛的岸线和水下地貌受多组断裂的控制；海底断裂系统在地表的延伸部分得到了 CZMIL Nova Ⅱ 系统数字相机同步拍摄的陆地高分辨率图像的验证。马旭东(2023)在九寨沟典型复杂地质环境区域,开展激光雷达实验,由于测区独特的地理环境和气候特征,形成了较为稳定且具有一定规模的斜坡带。这一地质背景条件,决定了常规野外实地调查已经无法满足该地区滑坡调查和监测工作。例如,受高植被覆盖率和山体阴影的影响,光学遥感滑坡识别技术和干涉雷达测量技术难以获取裸露地表的真实地形信息,其识别应用能力在此区域受到严重制约。在上述背景下,选取九寨沟以机载LiDAR数据为主要数据来源开展了滑坡识别研究,为滑坡地质灾害的识别与预测提供了一种新的技术支持,同时为研究区开展滑坡灾害多发性区划任务提供了理论与技术支撑。本研究针对此问题提出了基于定量裂缝组构的精度评价方法。

4. 实景三维解译

实景三维技术将真实场景与三维模型相结合的技术,可以提供逼真的地质断层模拟。在地震断层解译中,实景三维技术可以通过模拟地震断层的形态和地貌特征,为地震断层解译提供直观的参考。通过实景三维技术,可以观察地震断层的立体形态、变形特征和运动情况,进一步了解地震断层的活动机制和演化过程。

实景三维地震断层的解译主要包括目视解译、半自动解译、自动解译等。目前,常见的解决方法是通过三维影像和地形地貌的观察进行断层几何形态的综合解译。主要观察包括实景三维中断层的表形态、变形状况、裂缝规模和延展状况。

5. 积雪后目视解译

积雪后遥感影像色调单一,积雪掩膜地表大部分与地震断层无关信息,研究实验表明积雪后线状发育的地震断层其解译特征被明显增强。积雪后地震断层带及其周边色调及纹理存在一定的差别,研究区部分断层带上存在明显的地温异常现象,积雪易融化,因此遥感影像中断层带常表现为典型棕黑色或灰黑色等特征,断层周边影像色调则表现为较为光滑细腻;由于地震断层或地表破裂特征可能存在错动、岩体或土体变形特征,断层带附近积雪后影纹呈典型的线状特征,线状与围岩界线较为明显,如研究区少数断层、断层错动现象在雪后影纹特征较为明显;积雪后部分断层地表高程发生明显变化,断层带地表高程或略高于地表或略低于地表且断层带附近坡度更为陡峭,由于高程的变化致使地表积雪的堆积状况不一,呈现出较为明显的断层行迹,通过目视解译极易解译出较小的断层纹理;研究区部分断层地带为典型的破碎带,并伴有典型的近期断层活动行迹,其雪后断层带中纹理更加粗糙和复杂,其纹理特征与断层带周围积雪特征能识别出比较明显的不一致特征。因此,研究通过典型积雪覆盖特征可以进行较小断层的解译。

(二)典型解译标志

地震断层线状要素、负地形特征是常见断裂构造解译的一般标志,可公开获取的解译平台包括天地图、奥维地图等,国产高分遥感影像、DEM等均参与研究断层详细解译。研究区为典型造山带,地震断层解译标志的建立主要依靠如下内容。

1. 构造线或地质体不连续

受地震断裂作用影响，不同类型地质体标志层（岩石地层、含矿层位、岩体、褶皱等）表现出空间不联系的特征，不连续的特征是遥感断层解译观察基本要素。例如，受断层抬升作用影响标志层的高程会发生显著变化。

2. 地层重复与缺失

受地震断裂作用影响断层两侧地层可能存在重复，表现为遥感影像中相同色调、纹理的现象重复出现；受断裂作用影响断层两侧可能存在重要层位缺失。

3. 阶步及断层岩标志

断层带线状特征发育方向上可能存在较为陡峭的断层崖。断层崖是典型的断层解译标志，一般发育不典型的三角面状，三角面上发育较为明显的断层岩石，由于地震断层三角面断层岩未固结，可能遭受明显的侵蚀和崩塌作用，形成较为陡峭的地貌。依照断层的性质，断层面发育特征会存在一定差异。

断层面上可能发育较为明显的擦痕，擦痕是地震断层运动特征的典型解译标志，由于断层的运动周期性和岩石能干程度差异，部分岩石表面发育呈典型的摩擦镜面状。断层面上发育的台阶状的垂直小陡坎与断层面呈较缓坡度连续过渡，一般解译为阶步。依照断层面上岩石的岩石能干程度和断层性质，断层面上可能发育断层三角面、糜棱岩、断层泥等。

断层并非是简单的线状特征，断层面附近一般发育呈断层带或断层破碎带。地震断层破碎带岩石一般未固结透水，因此透水也是地震断层和断层破碎带的辅助解译标志。

4. 地貌及水文标志

地震断层解译标志包括断层崖、陡崖、断层三角面、山脊挫断、洪积扇错断、水系偏转等现象。如研究区，崩塌遗迹较为明显的断层三角面、门克廷达坂一带部分山脊错断、孟克德一带发育水系急弯、地震带附近发育湖泊沼泽等现象。地震断层地貌解译标志是以地表线状特征反映。通过观察地震断层地貌解译标志，可以推断出地震活动的性质、强度、发生周期等信息。常见的地震断层地貌解译标志如断层破碎带露头，地震断层活动会导致地壳的断裂、错动并形成破碎带，使断层面上岩石露头于地表上。通常呈现出明显断裂面和错动痕迹，如断层面上的剪切带、断裂破碎带等；地震断崖，当地震断层活动导致地壳错动时，可能会形成陡峭的断崖地貌，断崖位于断层两侧，高度差较大，垂直落差明显；地表裂缝，地震断层活动可能导致地表发生裂缝，裂缝通常与断层的走向一致，并且沿着断层线分布，裂缝宽度和长度反映出地震活动的强度和断层的变形程度；沉降盆地，地震断层活动会导致地壳的沉降和抬升，形成沉降盆地和隆起地带，沉降盆地通常相对平坦且低洼地区与周围地形形成明显高差；滑坡和崩塌堆积，地震断层活动可能会引起地表基质失衡导致滑坡或崩塌，滑坡、崩塌堆积物通常呈现出明显的堆积形态和特征，如较陡的堆积坡面、堆积物的分层结构等。

线性负地形并不是断裂和线性构造解译最可靠标志，但其指示作用亦比较明显，尤其在地震断层调查和解译过程中效果更好。研究区位于传统的地震地质构造带，无论是侵入岩还是变质岩地貌，其特征中常见的地震断层网格状、线状纹理发育地区一般发育地震断层，部分地震断层可追迹 1km 至数 10km。

由于地震作用，地表小型水系的流向等可能产生变化，研究区地震断层密集地区断裂负地形可能对河流、水系的展布产生一定影响。例如，河流流经断层破碎带时可能呈现出典型的河流急弯、形态较为相似或规则的急弯等现象。研究区孟克德萨依、科达德萨伊一带北西—北西西、北东向断裂作用对水系的地表形态和流向控制较为明显。

雁列式断裂与断层的走滑性质存在一定联系，部分地震断层雁列式性质解译还需要结合断层破碎带中断层岩的运动特征进行判断。研究区地震带附近发育少量的雁列式构造特征，遥感中水系多呈格网状、雁列状排列。博罗科努山北缘，发育断陷式活动断裂，沿主要断裂呈东西向发育，负地形特征十分明显，断裂附近可见沉积物因断裂活动产生不同的沉积特征。

断裂对研究区地下水的分布和影响也比较明显，在遥感影像中可解译不同类型的断裂含水或透水特征。在遥感解译时依据断裂周边地层含水量不同的程度，利用目视、定量提取进行断裂含水的情况解译。例如，通过断裂附近积水洼地、典型牧草生长、泉水等特定的地物可以推断断层含水状况；利用积雪早融现象推断断层温度异常等。温泉、泉水等串珠状发育亦是断裂构造发育的直接解译标志。研究区喀什河沿岸断裂控制较多的泉水和温泉发育，部分地区甚至可见一条断裂附近发育密集的泉水。

（三）典型解译案例

1. 孟克德一带典型地震断层

构造运动积累的弹性应力达到岩石破裂强度时，岩石从一点或若干点突然开始破裂，最初出现微裂隙，微裂隙逐渐发展，相互串连成为一条明显的破裂面。破裂有可能沿原有的断裂带发生，也可能产生新的断裂面。伴随应力的释放，断层两侧相对错动，同时发生岩石的相变、融溶等现象，其中一部分能量以地震波形式向四周传播，产生地震动。许多地震在地面产生了明显的地表断层，大地震的地表破裂可以穿山越岭，无坚不摧，规模巨大，长数 10m 甚至数百千米，错距可达数米，为地震由断层错动产生之说提供了直观的证据。在模拟地壳环境的高温高压条件下进行的岩石试验表明，剪切破裂可以在完整的岩石中产生，也可以沿已有的薄弱面产生，为地震的断层成因提供了间接的依据。地震断层破裂贯穿到地表，形成地堑、地垒、鼓包、阶梯状、叠瓦状等多种构造形态。

地震断裂形态各异，研究区河流急弯多与断层两翼相对运动有关，比较明显的位于巴尔克特萨依、克达德萨依、孟克德萨依等地。巴尔克特萨依河流自北向南，断裂南翼抬升形成反坎，河流改道向东西向流出，断裂南侧密集发育重力滑坡构造。克达德萨依处南北向河流急转东西向，急转处多见明显的坎状地貌。孟克德沟北侧见部分河流受北东向负地形控制发生多次急转，该处泉水发育且伴有小规模塌陷、滑坡。图 4-27 为孟克德一带典型地震断层与水系特征。

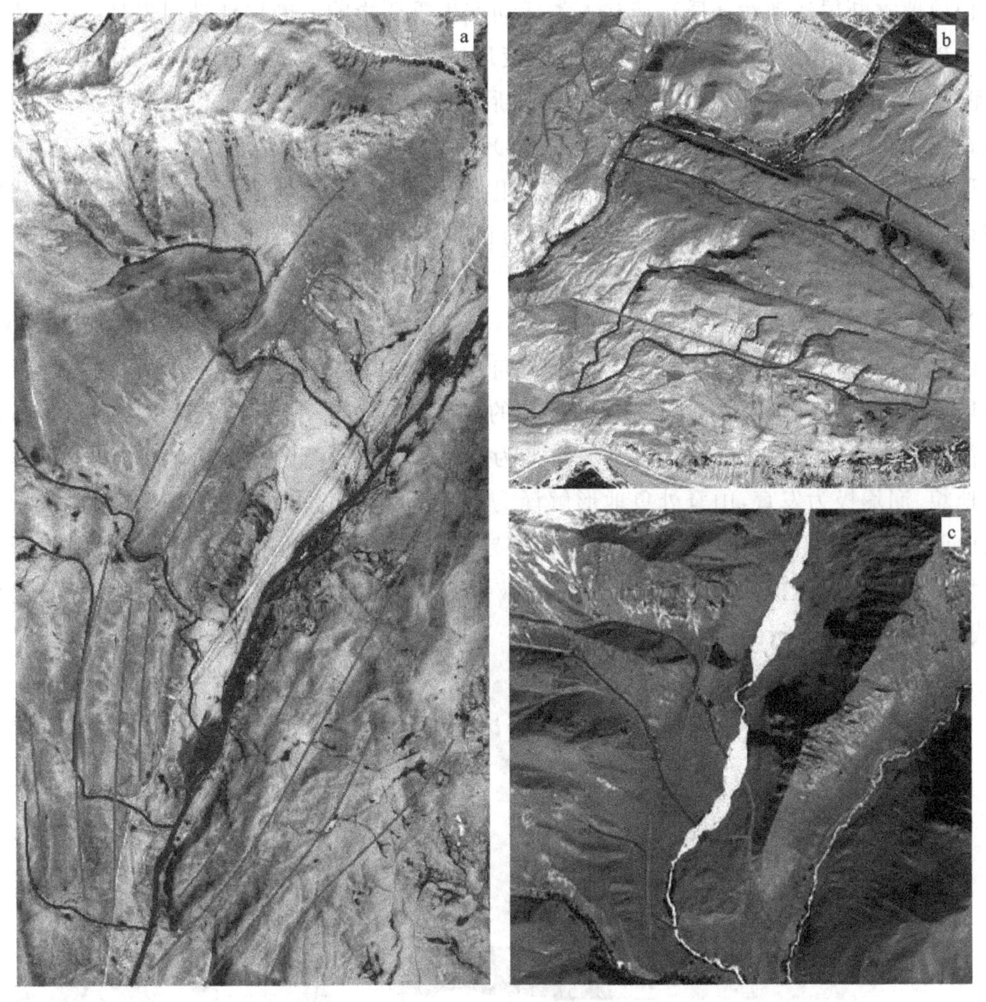

图 4-27　孟克德一带典型地震断层与水系特征

a. 孟克德一带；b. 巴尔克特萨依；c. 克达德萨依

2. 喀什河沿岸山前地震断层

研究区主要地震带沿博罗科努山南缘、北缘发育。由于地震断裂的活动性特征，其相对于传统地质断层解译略明显，既地表存在一定规模且连续的地表破裂特征。研究区山前地震断裂带，遥感方法可识别的地震断层主要依据其线状纹理、断裂的位移、错动等特征等进行初步解译。沿地震断裂分布较为明显的地质地貌学解译标志，例如断崖、鼓包、堰塞塘、沟槽、山脊错断、水系错断、滑坡、古树错断或倾斜等特征；地震断裂带发育垂向，可见发育崩积楔、正断层、逆断层等不同剖面证据。

山前地震断层解译主要进行遥感地震断层展布形态、断层密度、位移量、错动类型的调查和解译。例如确定断层的类型，如正断层、逆断层、走滑断层等，还应确定断层的形状特征。其中错动量一般以米或者毫米衡量，错动类型则是指其滑动的方式如水平滑动或垂直滑动或复合滑动。依照典型解译标志通过遥感影像可以完成断层特征测量工作。

山前地震断层活动对地质环境和人类活动产生重要影响。断层活动引发地震，造成地表和地下破坏，断层位移和错动可能导致地层变形，影响地下水。断层活动还可能引发山体滑坡、泥石流等次生灾害。因此，开展山前地震断裂的研究和定量调查工作对研究区地质环境、灾害地质等具有较大的意义。尹光华等(2006)认为1812年尼勒克地震产生的地震断层按单条断层及构造裂缝的平面走向大致可分为3组：东西向、南北—北北东向、北北西向。研究区内东西向地震断层主要位于喀什河北侧，多为正断层，东西向断层与喀什河北岸滑坡密集发育关系密切；北北西向、南北—北北东向断层较少，主要分布在孟克德附近。地震断层野外多表现为串珠状的泉水、串珠状的湖泊、负地形、反坎等，多通过遥感解译和野外验证方法获取。

图4-28(a)位于门克廷达坂一带，南北走向长约1.2km，为典型花岗岩地貌崩塌后形成崩塌断层地貌；图4-28(b)为门克廷达坂西发育的典型地震断层，北西向发育长约1.8km，该断裂特征通过雪后影像可清晰解译；图4-28(c)为孟克德北部发育的典型负地形，该处为典型花岗岩地貌，崩塌极为发育，山脊处负地形解译为地震断层；图4-28(d)为研究区喀什河沿岸典型的山前地震断裂组，影纹中断裂两侧地貌差异特征明显，断裂北为典型中高山地貌，断裂南为典型河谷台地地貌特征，山前断裂附近滑坡、崩塌等地质灾害较为发育，因此依据其负地形、线状、灾害特征进行断层解译。

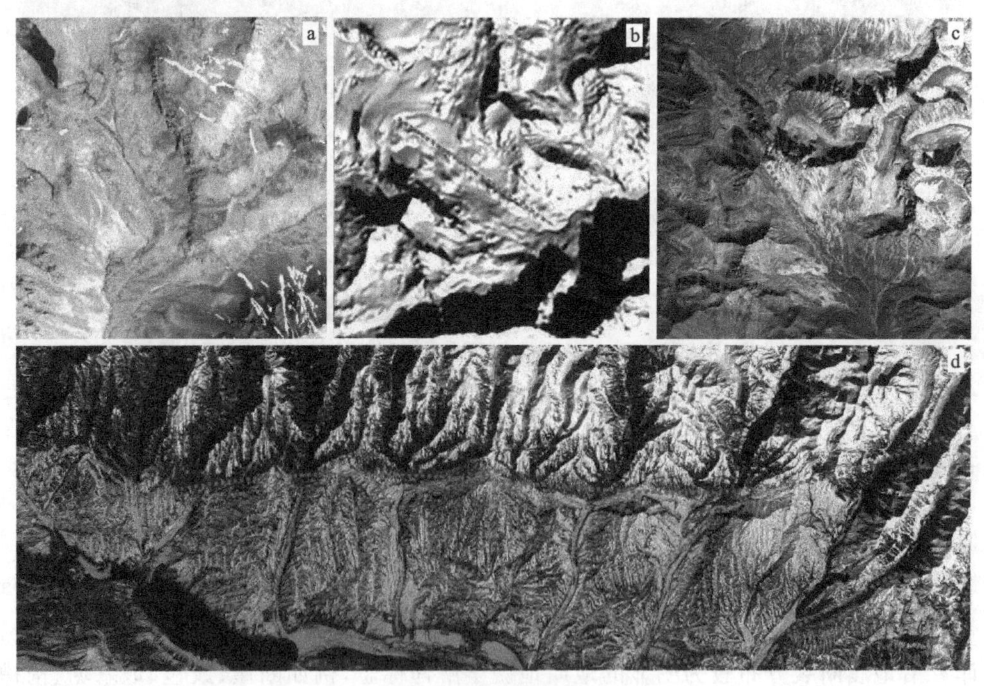

图4-28 部分断层解译特征

3. 透水地温异常地震断层

由于裂缝、裂隙或孔隙等透水通道贯通，透水断层一般具有较高的透水性质。透水断层在水文地质和工程地质领域具有重要意义，对水资源开发利用、工程建设也具有重要的影响。透水断层形成通常与构造运动有关，断层发生滑动、错动或剪切等变形，从而形成裂缝或裂隙，这些裂缝或裂隙成为地下水通道，使水运移。透水断层对地下水资源分布和补给有着重要影响。

透水断层特点是具有较高的渗透性和导水性。由于断层中存在着较大的裂隙和孔隙空间，地下水可以通过这些通道迅速地流动，形成地下水流域。透水断层渗透性使得地下水能够进行有效的储存和输送，其对研究典型地质灾害的发育有一定意义。

研究区内部分断层存在温度异常，断层附近产出大量串珠状温泉或典型地温异常现象。上述现象在遥感影像中常表现为积雪早融、部分植被生长异常等现象。图 4-29 为研究区大巴简一带存在的透水温度异常断层，该断层北北西—北西向发育少量积水潭地貌，附近土体或碎石常为浸湿状态，雪后遥感影像目视识别存在早融现象。

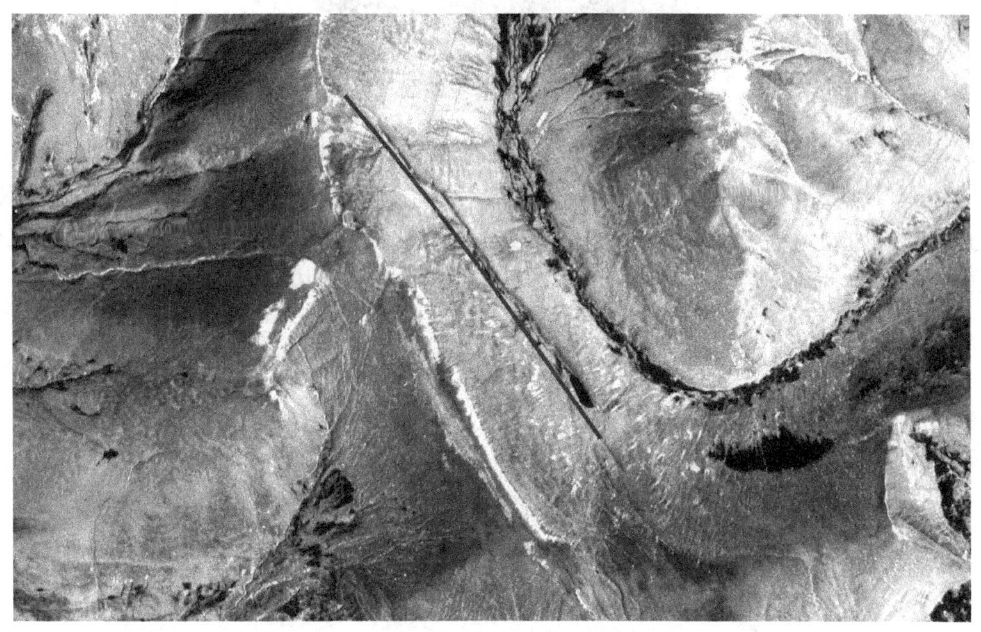

图 4-29　大巴简一带典型的透水温度异常断层

4. 乌拉萨德克地震断层

乌兰萨德克位于 217 国道以西北东东向发育的断裂附近。受断裂作用影响该处发育堰塞湖、崩塌、泥石流等地质灾害，近年来该处小型地震不断发生。沿主要水系发育北东东向断裂，断裂北侧发育较为连续的断层三角面以及若干组小型断裂。断裂近期活动特征较为明显，小型断裂附近发育洼地、第四系沉积物楔形沉积特征等。图 4-30 为乌兰萨德克断层三角面图。

5. 古尔图山前地震断层

博罗科努山北坡总体断裂走向呈北西—北西西向，是一条斜切天山的活动断裂。区域上，该断裂延伸至哈萨克斯坦境内，东侧则延伸到吐鲁番南缘，该断裂走滑、剪切性质兼具。研究区古尔图地震带位于该断裂带中部。古尔图一带山麓戈壁滩解译出一些列典型的地震

图 4-30　乌兰萨德克断层三角面

断层呈典型线状纹理分布，部分地区可利用雪后遥感影像特征、DEM 特征进行典型解译。

图 4-31 为研究区古尔图河一带地震带断裂特征，古尔图河为典型南北向发育的断裂，野外调查其断裂两侧发育一定规模的碎裂岩、岩石地层剪切等特征。通过不同精度遥感影像解译小型地震断裂、地震地表破裂特征可知以古尔图沟口为中心密集发育各种断裂。

图 4-31　古尔图河一带地震带断裂特征

六、泉水解译

泉水、湿地是生态系统中的重要组成部分，对维持生态平衡、保护生物多样性和水资源具有重要的作用，研究区泉水、湿地的研究对伊利河谷生态系统、地质灾害等具有一定的现实意义。泉水调查作为传统水文地质调查的重要内容，在遥感技术广泛应用之前依靠传统的野外线路调查法其劳动强度大。在遥感技术引入地质调查中后，广大的地质调查人员对遥感方法提高调查精度和减轻劳动强度有较为浓厚的兴趣。利用遥感方法获取泉水的位置、规模等研究在地质灾害、断层分布、水源寻找方面具有良好的作用。同时新兴的无人机调查技术也在不断地被应用在水文调查中。

研究区大型地质灾害极为发育，泉水作为地质灾害和断层的间接解译标志，对地质灾害和断层调查具有较好的指示作用。利用航空和航天遥感资料对研究区泉水解译不论在水文研究还是地质灾害、断层识别方面都具有良好的效果。利用遥感方法对泉水的调查优点如下：

(1)利用航片可以快速地进行泉水判译，提高泉水判译精度，便于研究泉水分布的规模和规律性。解译结果可以为地质构造、地质灾害研究提供帮助。

(2)可以降低综合调查成本和提高调查效率，在3S技术综合支持下，对复杂问题和复杂要素的研究有较好的促进作用。

(3)多源遥感影像综合判译在泉水解译过程中起到较好的促进作用。针对地表泉水的不同露头特征如地表水体、地表湿地、空隙水、断层积水等，利用热红外、高分影像、多时域影像进行综合判译，效果较好。

伊犁河谷地带气候湿润、降雨充足，各种因素如人类活动、断层活动、地质灾害等对泉水的影响较为明显，依据研究区的地质特征及对研究区的地表水体提取方法进行综合研究。

(一)解译方法

1. 日视解译法

研究区气候湿润，天然地下水在地表以泉水、湿地等形式露头。利用遥感影像的影纹特征和泉水产出地质地貌特征，对泉水露头点进行详细目视解译。常见泉水发育在大型滑坡、地震断裂附近，与河谷谷底、冲沟、山坡、山脚等地貌有一定关系。另外，泉水分布状况可通过遥感影像的解译标志判读进行直接解译。

水是植物生长和发育的重要因素之一，植被的分布和演化受限于空间水分的分布特征，植被也是泉水解译的辅助标志之一。泉水解译应结合植物的类型和生长规律。研究属于高寒高原气候，植被以草甸为主[图4-32(a)、图4-32(b)]，多见高大松杉沿河流沟系发育[图4-32(c)、图4-32(e)、图4-32(f)、图4-32(h)、图4-32(i)]，部分中高山区可见“铺地柏”[图4-32(g)、图4-32(h)]，乌兰萨德诺尔一带发育胡杨[图4-32(d)]。利用遥感影像判断植被与植物发育的对应关系，结合影像判断植被周围是否存在积水、土壤水分变化、流水痕迹等特征。研究区河谷及台地一带断裂较为发育，部分断裂积水、透水为植物生长提供必要的水分条件，断裂为高大松杉根系固定提供理想环境。

地下水对地表水影响较大，地表泉水的补给形式因环境不同差异巨大，结合不同地质地貌特征，泉水解译还应该结合不同的水文网特征进行综合研究。利用航片或卫片进行地表泉水露头的调查方法现已很成熟。利用遥感技术在冰川监测、水文地质等调查中应用，利用国产卫星数据在青海省选择了祁连县、湟源县、玛沁县南部3处开展遥感解译泉点工作，获取丰富的泉点要素的定位定性信息，为水工环、矿泉水靶区优选研究等地面调查提供支持。根据渗漏补给功能特征，采用RS、GPS、GS、物探测量、水文地质试验等技术手段，利用LSDPV方法，以主河道为中心划定玉符河重点渗漏带的保护范围，并利用变化参数法计算玉符河重点渗漏带多年平均天然地下水补给量。李晋明(1985)利用遥感方法对神头泉进行了工作，研究结果对大同盆地构造及汤渭地堑构造作了进一步的证实，对神头泉的补给与径流情况有了进

图 4-32 研究区不同地貌类型常见植被

一步的认识。朱第植等(1980)在区域水文地质概况了解的基础上,先利用 1∶3.5 万的航摄像片进行地质解译,根据解出的岩性与构造,分析地下水的形成条件与富水规律,然后利用红外片解译浅层地下水,并结合一些水文资料,分析坝派泉的补给来源。前人在遥感方法泉水调查的基础上进行大量的研究工作,结合研究区地质背景及水文发育状况,研究区泉水目视解译主要流程如图 4-33 所示。

为了准确地进行泉水解译,结合研究区泉水出露的地质地貌特征,采用直接判断法、相邻比较法、类比法、综合判定法等进行目视解译。

直接判断法:近年来高分遥感影像和无人机影像的使用,使直接进行泉水或者湿地的判读条件更为成熟,利用遥感影像直接或间接解译标志判断是否为泉水或者湿地,依据不同类型的遥感影像进行验证,实现解译目标类型的划分。

相邻比较法:同一地区具有相同影纹特征的影像其地物属性大概率相似。对位置区域的疑似泉水等与已知影纹对比,经过遥感影像影纹色调、纹理、大小等特征一致的解译为同类地物。

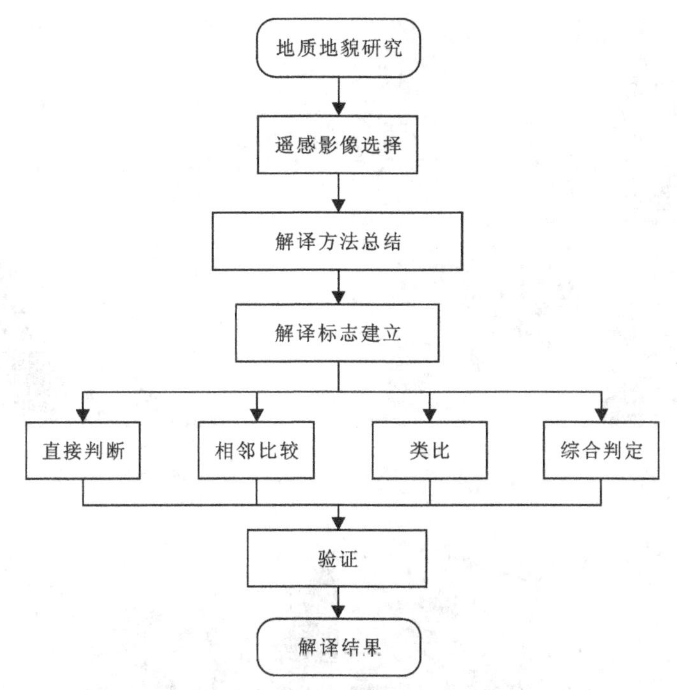

图 4-33　研究区泉水遥感目视解译一般流程图

类比法:部分地区影像纹理不清晰、分辨率不高时,将研究区典型的解译标志引入本区进行解译和解释。

综合判定法:直接判断存在困难时,采用地质地貌、水文、植被、土壤等辅助解译标志,结合相关的资料,进行综合推理和解译。

依据泉水在不同类型遥感影像中的大小、位置、色调等总结解译标志。各类型的目标在遥感影像中的形态以点状、线状、面状等形式加以区别。

2. 光谱角法

N 维空间的光谱向量之间的角度称为光谱角,光谱角分类的基本原理是通过运算影像像元的光谱与样本参考光谱之间的夹角来区分类别。把像元的光谱(多个波段的像素值)作为矢量投影到 N 维空间上,N 为影像的波段数。在 N 维空间中,各光谱曲线被看作有方向且有长度的矢量,依据像元光谱矢量 $\boldsymbol{X}$ 与参考光谱矢量 $\boldsymbol{Y}$ 之间的夹角 α 大小来进行分类(杨宝林等,2015)。

$$\alpha = \arccos \frac{\boldsymbol{X} \cdot \boldsymbol{Y}}{\|\boldsymbol{X}\| \cdot \|\boldsymbol{Y}\|}$$

式中:$\boldsymbol{X}$ 为像元的光谱矢量;$\boldsymbol{Y}$ 为参考类别的光谱矢量;α 为光谱间的夹角,代表光谱矢量之间的相似性,α 越小代表 $\boldsymbol{X}$ 与 $\boldsymbol{Y}$ 越接近。

研究区通过建立典型的泉水、湿地等遥感影像的解译标志,进行光谱角方法湿地或泉水信息提取。

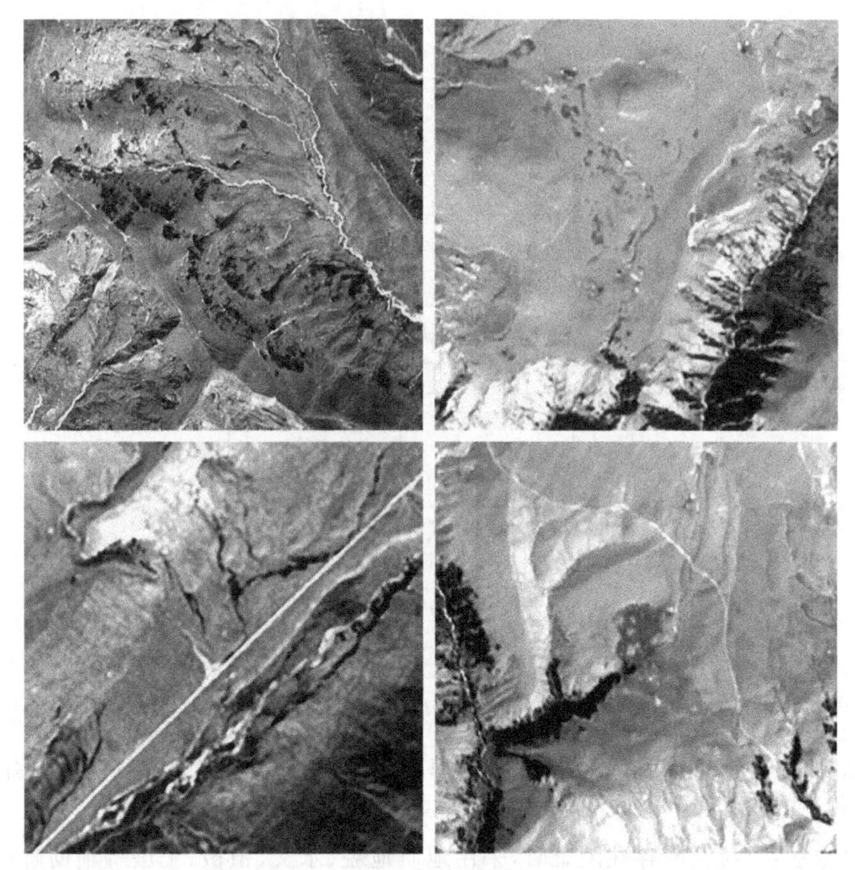

图 4-34 泉水或湿地解译标志

3. 监督分类法

湿地与泉水宏观特征存在差异，部分湿地与泉水发育关系密切，但研究区部分湿地与断裂作用关系更为密切。泉水或湿地的监督分类需要获取高分辨率遥感图像数据，常用数据来源包括卫星遥感数据和航空遥感数据，如 Landsat、MODIS、Sentinel-2 等，小范围内泉水的调查可以采用实景三维、热红外技术等进行。其中基于无人机低空的摄影测量资料其空间分辨率更高，可以提供更详细的泉水信息，基于无人机的热红外遥感方法可以完成温泉的调查。

泉水或湿地的监督分类前数据需预处理，包括辐射校正、大气校正、几何校正等。辐射校正是将原始数据转换为反射率数据，消除地表反射率的影响；大气校正是消除大气散射和吸收对反射率的影响；几何校正是将图像进行几何变换，使其符合真实地表的几何特征。预处理后的数据可以提高监督分类的精度和可靠性。

常用的分类方法包括最大似然分类、支持向量机分类、随机森林分类等。其中，最大似然分类是一种基于概率论的分类方法，可以根据泉水与其他地物的反射率差异进行分类；支持向量机分类是一种基于学习的分类方法，可以通过训练样本来识别泉水区域；随机森林分类是一种基于决策树的分类方法，可以通过多个决策树的集成来提高分类精度。泉水监督分类需要选择合适的分类方法和参数，以提高分类精度和可靠性。

（二）典型泉水

研究区典型泉水、湿地遥感影像综合解译后，针对不同类型不同成因的泉眼或湿地开展地质工作。基于综合分析的辩证解译是研究区解译工作的基本方法，通过各种地质体之间的直接或间接解译标志进行推断。

连续发育的温泉、泉水、落水洞、溶蚀洼地等“一”字形发育，其可以作为典型断裂发育的间接标志。小型河流水系流经断裂带时可能沿着断裂带的“破碎带”渗入地下。当然河流流经处突然消失或流量明显减少，亦可能与岩溶现象有关。部分解译标志受季节的影响较为明显，例如研究区的温泉现象，夏季时其地温背景较高不利于温泉的提取，而到冬季其地温、气温背景干扰较小，能够较易进行提取和识别工作。

1. 典型滑坡泉水

地下水通过地表裂缝或岩石孔隙等通道向上喷涌而形成泉水。构造活跃地区，断裂带通常会成为地下水重要通道之一，地下水通过断裂带的裂缝和孔隙流动，最终形成泉水。断层活动和地下水的流动关系密切。当断裂发生时，岩石发生位移和错动，导致地表出现明显裂缝。喀什河沿线发育一定数量滑坡体，野外调查滑坡体附近发育泉水，部分泉水发育地区在低洼地带又形成典型的湿地。

图 4-35 为研究区典型的滑坡后壁附近的泉水及积水洼地，因泉水较为发育其附近植被较多，呈典型的灰黑—暗黑色斑状特征。泉水多见发育于滑坡体“圈椅”状后壁附近。高分遥

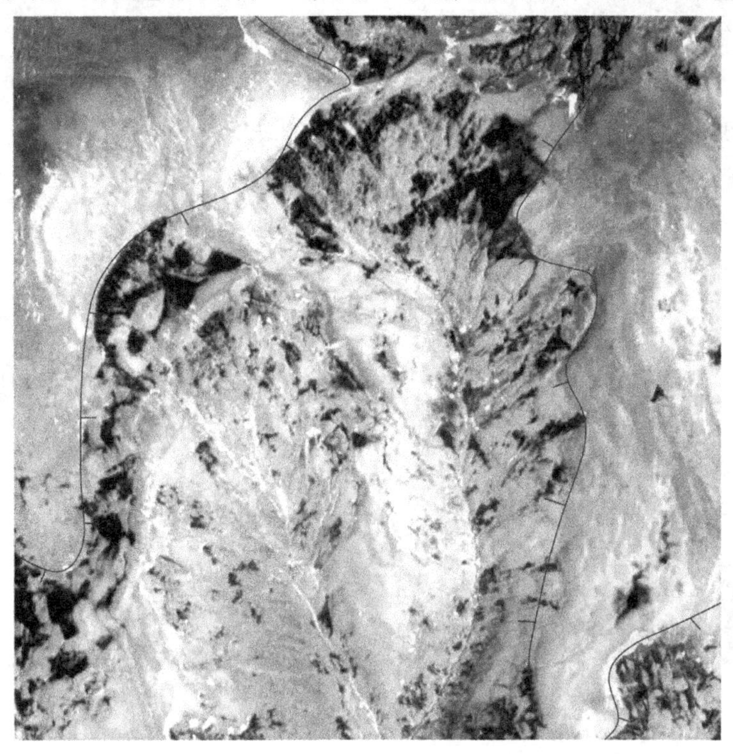

图 4-35　研究区滑坡后发育典型泉水

感影像可直接解译泉眼积水洼地及湿地。通过部分喜水植物亦可解译部分泉水。图 4-35 中，滑坡体中泉水密集发育，泉水与滑坡相互作用是研究区典型滑坡灾害的特质之一。

2. 灰岩地貌泉水

灰岩地层受雨水、地下水长期侵蚀，其中碳酸钙会溶解形成溶洞。溶洞是由长期溶蚀作用而形成的地下空洞，具有独特的地貌景观。而河流消失通常指河流在一段区域内失去流水状态，水流进入地下而不再在地表形成明显的河道。这种现象在灰岩地区较常见。灰岩地层有较高的溶解性，地下水和降水会渗入地下，经过长时间的侵蚀和溶解作用，形成了一系列的地下水道和溶洞网络。当河流经过灰岩地区时，水流可能会进入地下的溶洞系统，导致地表上的河流消失。

喀什河沿岸发育一定程度的灰岩，图 4-36 为典型灰岩地貌，图中南北向的河流地表径流消失。南北向河流特定地点消失，可能由于地表水径流进入地下河道中，继续在地下流动。这种地下河流可能在灰岩地质体中延伸，形成地下水网。地下河流的存在可能会对地表地貌产生影响，如有溶洞、峡谷等地形特征。该处位于省道附近，需要进一步地质勘探和调查确定地下河流具体分布和特征，以免对该处居民及道路交通造成影响。

图 4-36　典型灰岩地貌

3. 地震断裂

研究区断裂活动对泉水、积水洼地形成和分布有着明显的控制作用。在大巴简一带山脊，沿着东西或北东东向的断裂带有一系列泉水，其中部分泉水存在温度异常。可能表明断裂带存在地下水透水，并且地下水受到地热作用的影响，形成温水泉。

图 4-37 中，大巴简发育的北北西向断裂带具典型透水性并且存在地温异常现象。喀什河两侧泉水数量很多，与塌陷、滑坡、断层等地质现象密切相关。说明断裂活动对泉水形成和分布有重要影响。喀什河两侧发育大量的泉水，野外查证本区泉水、积水洼地、溪流突然消失等多与塌陷、滑坡、断层等地质现象伴生。因此，开展典型的泉水调查对塌陷、滑坡、泥石流等地质灾害的调查具有一定意义。

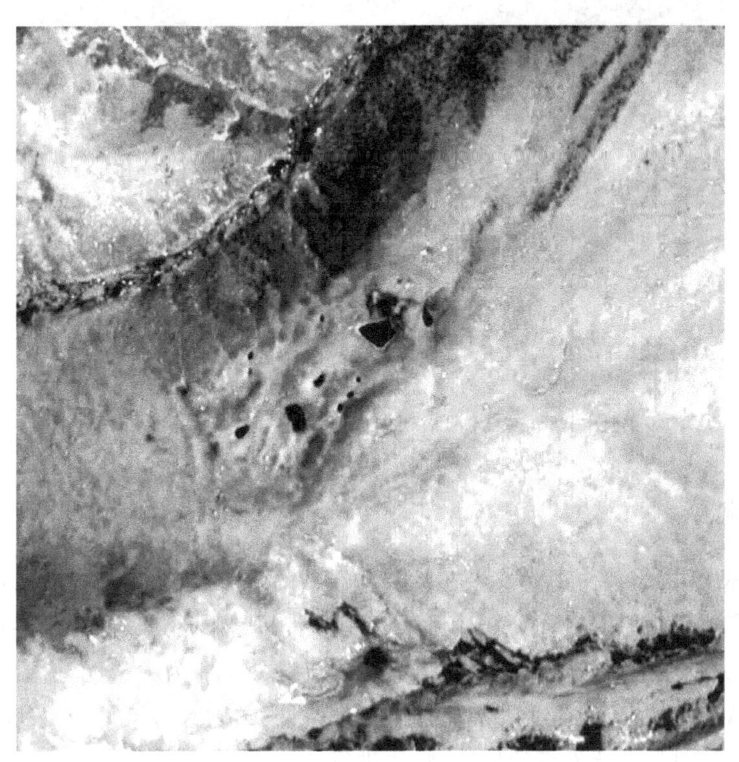

图 4-37　大巴简一带山脊发育的典型泉水

4. 喀什河沿岸阶地

河流阶地是河流在长期被侵蚀作用下形成的，是河流高位沉积物堆积形成的平坦地带。由于阶地上的土壤比较松散，地下水更容易上升到地表，形成泉水。泉水水源通常是附近山脉中的降雨或融雪，经过地下渗透后汇聚而成。喀什河沿线泉水涌出使得周围的土壤保持湿润，形成湿地环境。湿地是一种特殊的生态系统，具有丰富的生物多样性和生态功能。泉水湿地通常具有较高的湿度和丰富的水源，为多种植物和动物提供了适宜的环境。湿地还能够起到调节水量、净化水质、保持土壤水分、防止洪水等重要的生态功能。图 4-38 为喀什河沿线泉水发育的典型特征。依据图中线状纹理解译典型阶地，利用目视方法、光谱角法解译获得泉水分布。

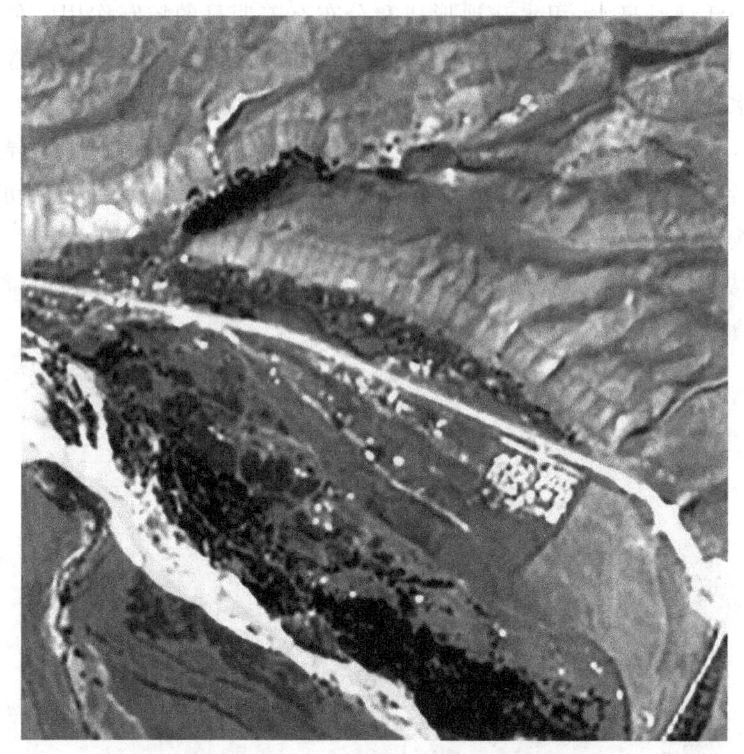

图 4-38 喀什河沿线典型泉水发育的典型特征

七、泥石流

泥石流又称山洪泥石流，主要发生在沟谷深壑或者山区等地形险峻地区，因暴雨、暴雪、冰川等自然灾害或人为原因造成突发性泥沙、石块、水等特殊极具破坏性的洪流。流速快、突发性、巨大破坏力是典型泥石流的基本特点。泥石流成分主要为大量无分选泥沙、碎石、巨石等。前人研究认为，泥石流发生主要满足能量聚集条件、物质来源条件、触发条件等。研究区泥石流解译主要针对泥石流发育的地形、物质进行。

（一）常见泥石流孕育条件

受能量聚集条件、物质来源条件、触发条件等不同因素约束，泥石流发育也呈现出较大地区差异性。泥石流能量聚集主要来源于重力，泥石流运动方向与其发育地的重力降向基本一致，因此研究区泥石流遥感解译基础是通过卫星影像或 DEM 判断其发育地形能否孕育泥石流。遥感方法解译泥石流发育上游山坡，是否为高山深谷、地形陡峭、河流纵向坡降较大等，并且依据遥感方法判断是否存在一定流域的汇水能力。上游山坡是否有较多松散堆积物和坡积物等，是否具备较大的势能也是遥感泥石流解译任务之一。

通过遥感影像判断泥石流发育形成区、流通区、堆积区，研究区 1812 年发生过较大规模地震,地震曾引发较大泥石流,古泥石流的发现和定量研究对掌握1812年地震的特征意义较大。通过遥感影像判断三面环山一面开口瓢形或漏斗形地貌,一般认为是泥石流发育的典型地貌特征;沟谷中游地形一般较为狭窄且沟谷纵向坡降较大有利于泥石流汇水并排泄,泥石流发育沟谷下游一般较为平缓有利于沉积物的迅速堆积。

松散的碎石坡积物、堆积物、水、泥、砂等是泥石流发育的直接物质来源。物质来源差异主要与岩石地层条件、新构造活动条件、植被发育状况、土壤情况等有关。研究区地震成因地震泥石流,通过遥感方法解译其发育的间接条件,通过实景三维、高分辨率遥感影像对泥石流发育区的构造特征、褶皱特征、地震活动特征、新构造特征进行综合解译,对岩石的破碎程度、崩塌等现象进行综合解译。

受暴雨、地震等综合因素影响泥石流发生具有典型的突发性特征。水流激发、地震等是常见泥石流触发的常见因素。火山、滑坡、崩塌、地震等外力活动也可激发泥石流。

泥石流概念和界定各国仍存在不同认识,我国一般认为泥石流介于崩塌和滑坡与正常水流之间的一系列连续过程,泥石流形成是固态-液态物质在沟道或山坡相互作用并孕育短时间能量释放的过程。从成分上分析,泥石流既有固体成分也有液体成分,固体成分来源于狭窄沟道上游或者两侧山坡,液体成分来源于大气降水或地表、地下径流;从泥石流的流动性来看,其流动性显然具有突发性、间歇性特征。新疆阿吾拉勒山北侧气候干燥、南侧降雨充足,遥感工作显示博罗科努山南侧、阿吾拉勒山南北侧伊利河谷一带泥石流发育较多,在博罗科努山、阿吾拉勒山一带开展基于遥感方法泥石流研究具有一定的意义。

(二)常见泥石流分类

1. 物质成分分类

水石型泥石流主要发育在中高山区,泥石流主要物源为附近山体风化物、崩落物等以砂、砾石、巨石等为主,含少量黏土物质。研究区位于高寒高原地区岩石裸露程度较高,该类型泥石流是较为发育。该类型泥石流缺乏黏土、细砂等填隙物质,泥石流在重力、流水作用下进入开阔区迅速堆积,由于缺乏填隙物,水流很快流失。遥感解译中,该类型泥石流主要发育在中高山区。遥感影像中呈扇形等特征较为明显,植被不发育、泥石流行进距离较短等也是其特征。

泥石混合型泥石流主要是由碎石、泥浆等混合形成流体,在重力和水力驱动下快速移动并堆积于开阔地带。与水石型泥石流相比其黏土、砂的含量显著提高,因此其运动距离比水石型普遍较长。研究区伊犁河谷部分沟谷山口及河谷阶地等地区有利于该类型泥石流发育。

泥流型泥石流主要由黏土、砂等粒径较小碎屑组成,一般发育在黄土堆积区较多。研究区博罗科努山北侧分成黄土有一定程度堆积,存在泥石流风险。

2. 黏稠度分类

稀性泥石流因其物质组成中缺乏黏土、粉砂、细砂等物质填隙物,因此其透水性较好,固液两态物质运动时速度差异较大。泥石流中巨石在重力、水流作用下以滚动或者跳动的方式前进，堆积在平缓开阔地带。研究区中高山区内稀性泥石流较为常见。

黏性泥石流物质组成中黏土、粉砂、细砂等填隙物含量较高，流体具有相对密度大、黏度高、浮力大、冲击力强等特点，研究区内发育极少。

3. 地貌分类

研究区坡面型泥石流发育较多，坡面型泥石流主要发育在陡峭的山坡地区，坡面堆积大量坡积物，坡积物在重力及水流、冰川等诱因下触发。这种泥石流的发育存在周期性特征，6—9 月较多间较多活动，毁坏公路、淤塞河道等现象较多，该类型泥石流的规模一般较小、运动距离短。该类型不良地质现象的解译主要针对居民地、道路、水系等进行高分辨率遥感影像解译。

研究区河谷型泥石流区水系发育、流水充足、冰川作用明显的窄沟，泥石流物源区有大量碎石、砂砾、黏土等物质来源。在持续的水作用下沿着沟谷移动。该类型泥石流的解译主要针对狭窄沟道的物源区及物源堆积进行解译，部分泥石流物源区来源于中下游的滑坡和塌方，其发育沟系狭长且中上游水流补给较为充足。遥感影像中可主要解译其堆积区和其运动特征。研究区位于中高山区，河谷型泥石流相对较为发育，该类型泥石流对河流、道路等影响较为明显。

冰川型泥石流主要发育在高海拔冰川发育地区或冰湖地区。在气温持续增高的春季、夏季活动较为频繁，积雪区或现在冰川在气温持续上升，冰川持续消融为泥石流活动提供了稳定的水流条件。持续消融下，部分冰川在重力的影响下迅速移动加剧了泥石流的破坏力。大量未经分选的砾石、泥沙形成的特殊洪流，季节性的堆积与冰川下游的狭窄沟口。冰川型泥石流依据水流条件等特征还可再分为：①冰雪消融型；②降雨与冰雪消融混合型；③冰、雪崩消融型等。

研究区位于博罗科努山腹地，冰川型泥石流发育较多，但冰川型泥石流发育地区人迹罕至，所以对人类生产生活影响甚微。冰川泥石流发育区植被覆盖较少，依照遥感进行解译冰川堆积物堆积范围及所处地形，判断冰川堆积物是否具备较大的重力势能；解译冰川汇水区下部松散固体堆积物特征，解译冰川融水径流量；结合 DEM 解译冰川孕育环境及泥石流发育条件，判断是否存在狭长沟道为泥石流发育提供良好的沟床纵坡条件等。

（三）研究区典型泥石流

1. 木呼尔阿尔次塔典型泥石流

研究区木呼尔阿尔次塔发育多期大面积泥石流，该泥石流发育区位于乌拉萨德克流域以北，泥石流发育区汇水面积约 30km^2。泥石流发育区上游多条支流汇集于中游狭窄沟道，上游较为平缓，中游狭窄且纵向坡降较为陡峭，上游岩性多为板岩、片岩、千枚岩、糜棱岩、凝灰岩等，受东西向构造带影响岩石发育较为破碎，因此泥石流发育的固体物质来源条件较为丰富。木呼尔阿尔次塔一带为典型的小型盆地气候，较博罗科努山山区相比气温较高，高大的松杉、胡杨发育，遥感影像中可以解译出 2～3km^2 现代冰川（图 4-39）。

图 4-39　木呼尔阿尔次塔泥石流遥感影像

遥感影像中，泥石流行迹宽 300～500m，长 2～3km 不等。野外调查，泥石流主要成分多为 10～50cm 片状碎石堆积，未见磨圆，堆积物厚度大于 20m，地貌上呈典型的台阶坎状。沟系中游松杉林中发育大量崩塌迹象，推测崩塌与 1812 年地震存在一定关系。本处泥石流较为发育，与该处典型的盆地特征、构造特征、局部气候特征、冰川发育特征关系密切。

2. 博罗科努山主脊一带典型泥石流

博罗科努山主脊一带冰川型泥石流较为发育，7—9 月冰川消融泥石流随季节活动频繁。季节性融雪和大雨使泥沙、碎石、山壤等稀释形成泥石流，图 4-40 中为典型的冰川型泥石流解译标志。冰川型泥石流主要发育在现代冰川和冰原地貌附近，常发生在温度异常或者融水较为集中的夏秋两季，由于冰川型泥石流主要来源为现代冰川，因此该类冰川的规模较大且持续时间较长。冰川型泥石流解译主要针对现代冰川、冰碛物、冰水沉积物、冰缘地貌，解译过程中需对冰川型泥石流的危险程度进行分析。

3. 哈希勒根达坂典型泥石流

独库公路一线发育多处冰川型泥石流，其毁坏国道阻塞交通事件频繁发生。图 4-41(a) 为哈希勒根达坂一带发育的典型冰川型泥石流，遥感影像中现代冰川面积为 2～3km^2，冰碛物面积 2～3km^2，该处灾害对独库公路通行安全影响较大。

图 4-40　博罗科努山主脊一带冰川型泥石流近景

图 4-41(b)为独库公路哈希勒根达坂—乌拉萨德克一带发育的典型冰川型泥石流遥感特征，现代冰川发育在山顶较为平缓部位呈典型扇形发育，沟系中游坡度陡增且沟道异常狭窄，泥石流多期发育使沟道下切呈“V”字谷。冰碛物沿沟道发育，2011—2016 年该处泥石流活动频繁，7—8 月常堵塞交通或堰塞河道。

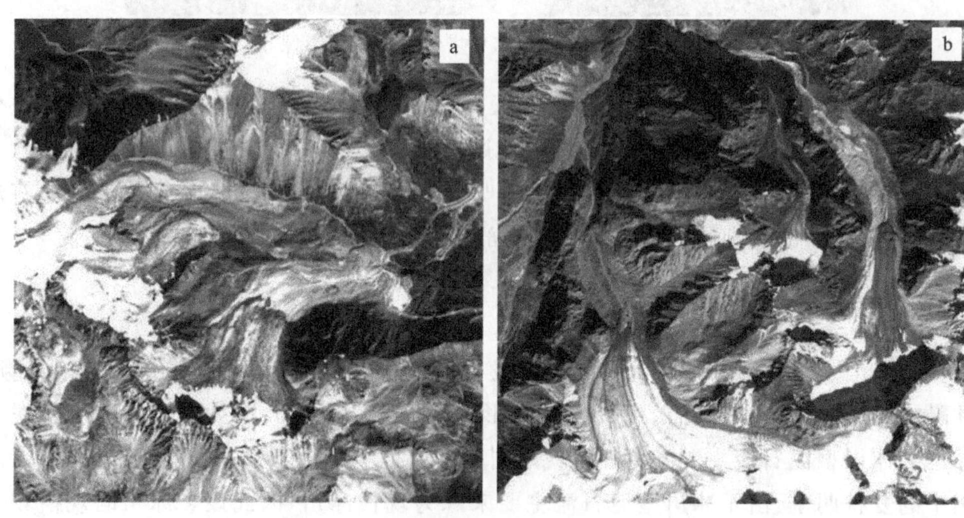

图 4-41　哈希勒根达坂冰川型泥石流灾害

4. 拉帕特一带典型泥石流

降雨条件是泥石流发育的诱因之一，在持续降雨或暴雨条件下，地表未固结的砂、砾石、土壤等强烈的地表侵蚀作用下迅速集聚形成洪流沿着沟道前行。降雨型泥石流的解译主要依据遥感影像判断泥石流物源的储集特征、运动特征以及淤积的地形条件。在遥感影像中主要判译松散堆积物(土石、碎屑、岩块等)的物质来源、降雨的激发条件等。

以博罗科努山为分水岭，研究区南侧气候湿润、降雨充沛，降雨型泥石流有一定发育，研究区内217国道部分路段因该类型泥石流影响较大，常发生泥石流损毁公路堵塞交通。

图4-42(a)为拉帕特东侧一带典型泥石流，泥石流物源区易风化程度较高，多见为泥岩、片岩、页岩、千枚岩等，岩石风化物堆积于陡坡，在降雨的冲刷下汇集于狭窄的主沟道，由于该泥石流两侧扩展能力较弱，泥石流流出山口后不呈扇形，一般呈舌形。多次泥石流季节性活动，表面呈现出波浪状。

图4-42(b)为拉帕特一带典型泥石流。泥石流物源区地形陡峻且沟系较为开阔，泥石流呈片状发育于宽阔的沟底。该种影纹特征泥石流多为不易风化的坚硬岩石，如侵入岩、石英岩、硅质砂岩、砾岩、火山岩等。泥石流主要由砾石、泥、砂等组成较为稠密的混合体，透水性一般较差。

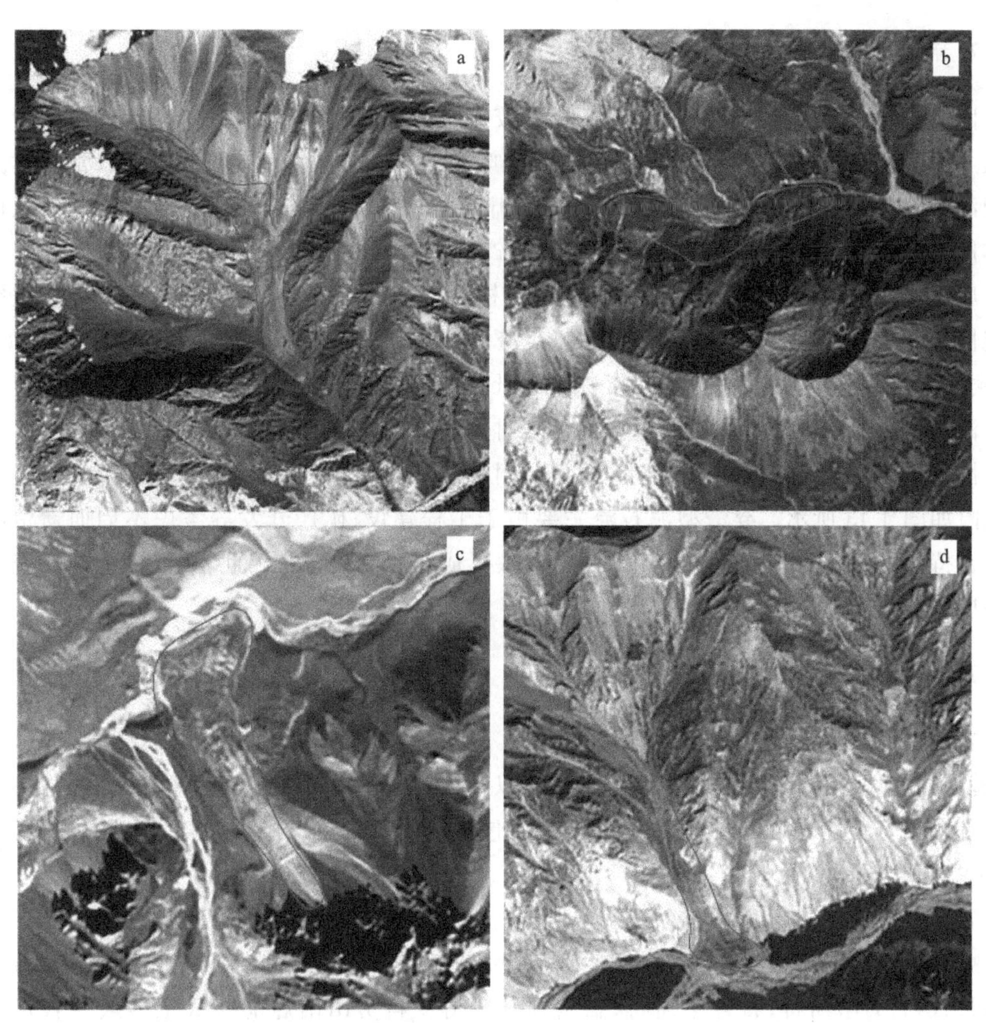

图4-42　研究区典型降雨型泥石流影像特征

5.哈夏廷郭勒一带典型泥石流

图4-42(c)为哈夏廷郭勒一带典型泥石流。该类型泥石流主要在山坡上发育，遥感影像

中可见形成区和沉积区，泥石流流通区少见或未见。遥感影像中泥石流呈锥形或扇形，泥石流涌入河道后河流被迫改道。泥石流物质主要由本地风化的碎石、黏土、砂等组成，泥石流透水性较好，运移距离较近，一般其规模较小，危害也较小。

6. 乌兰萨德克一带典型泥石流

图 4-42(d)为乌兰萨德克一带典型泥石流。泥石流沿陡峭支水系发育，泥石流物源区岩石易于风化，风化物汇集于山坡或支沟沟底，在降雨等作用下汇集于主水系沟口，沉积物前缘多见呈扇形，由于地势陡峭且岩石风化破碎，泥石流透水性较差。该类型泥石流在博罗科努山一带发育较为普遍，对公路、水系等危害较大。

7. 弃渣型泥石

博罗科努山和阿吾拉勒山一带矿产资源较为丰富，部分矿产资源处于整装勘查或者开发阶段，因开发和矿山建设过程中不合理的尾矿废渣或土石方堆放引起的泥石流，常被称为弃渣型泥石流。弃渣型泥石流其物源来源于矿山尾矿、弃渣的不合理堆放，在重力、流水、山洪的作用下对下游的厂矿、居民地、道路、河流等产生巨大的威胁，呈现出多种危害方式。

厂矿企业地表开发导致植被消失，土壤疏松，在雨水冲刷下水土流失进而破坏边坡等的稳定性造成次生自然灾害频发；部分厂矿弃渣重金属污染较为严重，常见重金属污染如汞、镉、铜、锌、铬、铅、镍、砷、硒，放射元素，如铀、钍、镭；酸、盐碱类等，重金属污染可能随弃渣型泥石流加速扩散。弃渣型泥石流重金属污染对周边水体和土壤影响极大。

博罗科努山-阿吾拉勒山成矿带，铁、金、铜等矿产发育，部分在建厂矿企业及弃渣型泥石流风险如图 4-43 所示。弃渣型泥石流主要由于工程建设、矿产开发等考虑不周而遗留的隐患。在持续降雨、冰川、地震等诱因下迅速溃决形成泥石流灾害。因此，研究区遥感调查研究中还应进行该类型泥石流的识别。

八、岩溶

岩溶是水对可溶性岩石（碳酸盐岩、石膏、岩盐等）进行以化学溶蚀作用为主，流水的冲蚀、潜蚀和崩塌等机械作用为辅的地质作用，以及由这些作用所产生的现象的总称，岩溶地貌主要分布在可溶性岩石地区，可溶性岩石主要包括石灰岩、白云岩、泥灰岩、石膏、硬石膏和芒硝、卤盐类岩石等。

岩溶地貌按照出露条件分为：裸露型喀斯特、覆盖型喀斯特、埋藏型喀斯特；按气候带分为：热带喀斯特、亚热带喀斯特、温带喀斯特、寒带喀斯特、干旱区喀斯特；按岩性分为：石灰岩喀斯特、白云岩喀斯特、石膏喀斯特、盐喀斯特。博罗科努山南麓前寒武纪碳酸盐岩建造发育，部分白云石、灰岩、大理岩中发育小型溶洞(图 4-44)，偶见小型钟乳石发育特征。

遥感解译中，偶见灰岩地层中河流消失，推测与岩溶现象相关，在公路施工、水库建设中应该及时预防此类灾害。

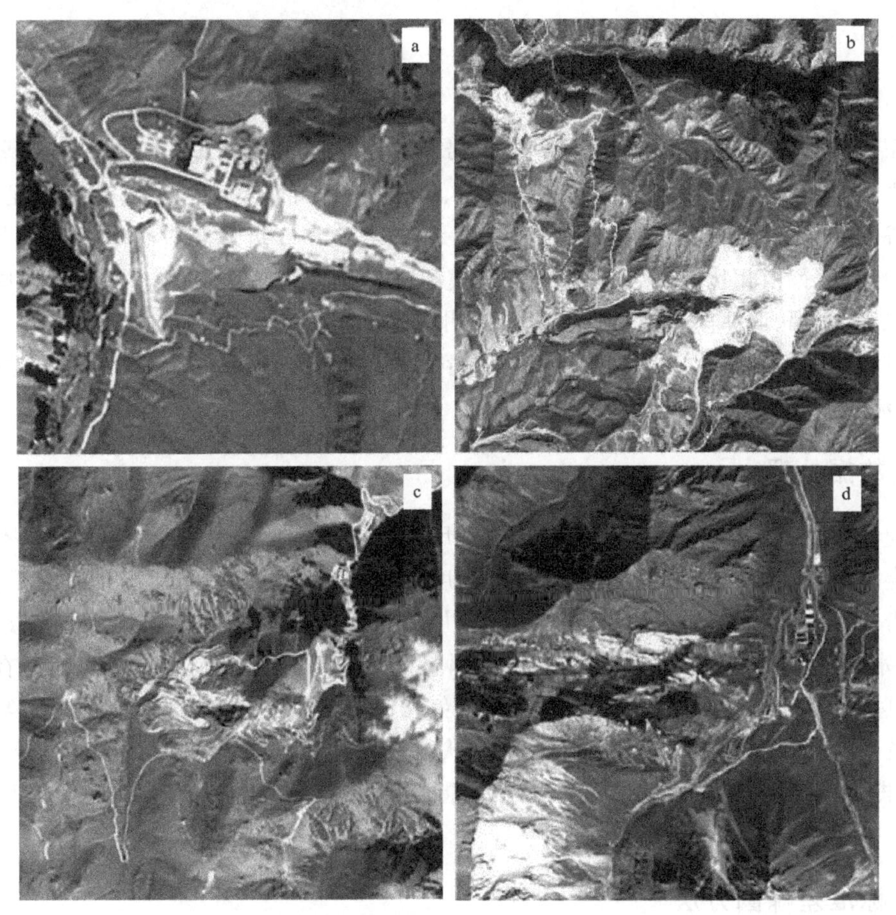

图 4-43　研究区弃渣型泥石流风险区

图 4-44　喀什河沿岸溶洞

第二节　地震地质灾害空间特征分析

伊犁河谷是博罗科努山与阿吾拉勒山一带重要的旅游、人文、电力、矿产廊道，掌握该区地质灾害的分布规律，对伊犁河谷一带旅游业、资源开发、经济社会发展具有一定促进作用。伊犁河谷喀什河流域地质灾害发育密集，特别是在1812年8级地震中心附近。前人野外调查认为：与孟克德西相比，东侧地震遗迹的规模和密度有减少趋势，沿北东向孟克德周边发育一系列泉水、崩塌、堰塞湖、坎状地貌、滑坡等明显受控于孟克德沟北东向展布。为了结合遥感方法讨论伊犁河谷喀什河流域地质灾害发育一般规律，结合GIS空间分析方法对崩塌、滑坡、泥石流、泉水等现象进行统计。

一、数据处理

在通过遥感、野外调查等方式进行大比例尺地质灾害现象解译基础上，笔者对不同现象进行分类统计。崩塌遗迹较为发育，为更大程度排除部分冰川成因与地震成因的混淆，尽可能选取野外目测特征明显并且规模较大，与冰川成因遗迹在面貌、物质成分等有明显区别的样点；泉水与断层、塌陷、滑坡相伴出现，部分塌陷、滑坡、断层处可见多处泉眼发育，在选取时候依照其他地震遗迹的空间关系进行归类，避免几何要素密度过高；规模较大的堰塞湖研究区内仅统计一处，将其属性归为崩塌类型；线状地物采集长度小于5km的线状断坎、断层三角面、小断层等，以长度作为权重，参与统计；断陷湖泊、鼓包、塌陷遗迹较少，将其归入滑坡统计。

二、标准差椭圆方法

标准差椭圆(standard deviational ellipse，SDE)用于揭示地理要素的空间分布特征(Lefever，1926)，该方法已经广泛应用于地学统计领域。创建标准差椭圆以概括地理要素的空间特征：中心趋势、离散和方向趋势。SDE中心趋势反映要素空间分布整体在二维空间上的相对位置，长轴方向反映其在二维空间上展布的主趋势方向，长轴长度表征要素空间分布在主要方向上偏离中心的程度，短轴长度代表其在次要方向上偏离中心的程度，长、短轴长度的比值体现要素空间分布的形态。地质遗迹标准差椭圆将反映地质遗迹的中心位置趋势、长轴方向将反映地质遗迹的走向规律，短轴与长轴的比值反映地理要素空间上展布主要方向的优势程度(王俊锋等，2023)。

三、分析结果

泉水：主要沿着喀什河两岸分布，标准差椭圆长轴走向98°方位，走向近平行于喀什河断裂方向，短轴与长轴比值0.42，表明泉水沿喀什河断裂方向分布优势比较明显(图4-45)。

崩塌：野外调查规模较大的崩塌主要集中在门克廷达坂一带，标准差椭圆几何中心位于门克廷达坂一带，长轴走向82°方位，长轴方向沿着F_3断层几乎对称，短轴与长轴比值0.40，表明崩塌遗迹主要沿F_3断层走向发育特征明显，崩塌遗迹与F_3断层关系密切。

滑坡：80%滑坡主要位于喀什河沿岸，其标准差椭圆长轴走向98°方位，与喀什河断裂基

图 4-45　喀什河沿线主要地质灾害标准差椭圆图

本一致，短轴与长轴比值 0.26，显示该种遗迹与喀什河断裂方向较为一致，研究区内 100%滑坡的标准差椭圆长轴走向 71°方位；线状地物长度作为权重参与统计，标准差椭圆长轴走向 67°方位，与断层 F_2、F_3 近于平行，几何中心接近廷铁壳温泉附近，短轴与长轴比值 0.39，显示线状地物北东向展布的趋势明显。

泉水、温泉、崩塌、塌陷、线状地物、滑坡等无量纲综合统计，获得综合标准差椭圆，几何中心位于孟克德沟西温泉附近，其长轴走向 70°与 F_2、F_3 断裂走向相似，短轴与长轴比值 0.43，表明孟克德附近地震遗迹分布方向明显呈北东向。

第三节　独库公路沿线常见灾害解译

研究区常见地质灾害有滑坡、崩塌、泥石流、水毁、雪崩等，其中崩塌、泥石流对公路通行影响程度很大。影响公路通行安全的灾害类型中崩塌所占数量过半，其中大型、中型、小型的灾害类型沿公路两侧呈带状发育。崩塌灾害又以滑移式、坠落式、倾倒式 3 种形式最为典型。高寒山区，反复的冻胀作用、地震作用、风化作用、冰川作用等，使得研究区典型地质灾害频发。

天山公路地质灾害主控因素有地层岩性、地质构造、地貌类型、路基位置、坡角、坡高、地形相对高差、路面拔河高度，以上几个因素主导了公路沿线灾害的地点、规模、发生频度、发育程度、稳定性、致灾范围等，例如公路路基的底部是否存在大型构造断裂带，路基所处岩体是否破碎，这都直接决定着路基自身稳定性，路基修建的坡高、坡角决定着公路的危险性，沿河公路的路面拔河高度可体现路基是否会发生路基掏蚀、公路水毁的发生概率。以上表明地质灾害的预测和监测离不开对其存在地区的地质条件的分析与观察。地域环境的差异性导致不同灾害类型的发生，沿河公路面临着公路水毁灾害，高切坡公路面临着危岩灾害，沟谷内公路面临着沟谷泥石流，山体顶部高寒地区面临着雪崩、崩塌等灾害（张婷，2015）。

独库公路是贯通天山南北的重要保障性公路，全长500余千米，20世纪80年代通车。第四纪以来天山地区新构造特征明显，加之严苛的地理环境和气象条件，冻土、泥石流、崩塌、水毁路段、积雪等灾害威胁天山独库公路交通安全，因此开展基于高分辨率卫星遥感和基于无人机实景三维灾害调查工作对保障天山地区交通畅通有一定意义。

一、崩塌

沿独库公路崩塌现象的大量出现，受公路设计地形所限部分公路路壁坡度大于30°，甚至部分公路附近坡度大于70°，由于路基开挖部分岩石裸露且岩石十分破碎极易发生崩落现象。部分山坡坡积物极为发育，在降雨、冰雪、冰川等不稳定因素影响下极易发生岩石崩落现象。由于部分路段位于明显的断层带内，岩石风化特征极为明显，部分岩石呈碎裂状、碎粉状发育，路基坡脚过陡极易发生崩塌现象。受断裂带影响和高海拔冻胀作用影响，铁力买提达坂地、哈希勒根达坂地区岩石破碎明显，加之地形极为陡峭，该路段较易发生崩塌事故。

独库公路一带崩塌现象具有典型的活动频繁、规模小、呈带状分布特征。这与独库公路一带岩石地层、构造、岩性、风化、路基开挖特征有关。结合研究区综合灾害影响因素，独库公路一带崩塌解译时主要参考以下要素。

1. 地形要素

地形因素是崩塌发生的基本控制因素之一。研究区大部分崩塌发生在地形起伏较大、切割较深、边坡较陡峭的区位。博罗科努山一带构造较为复杂，特别是第四纪以来抬升明显，河流下切深度较大，公路沿线形成比较明显的陡坡。

地形因素是崩塌发育的主要因素之一，坡度越大崩塌发生概率越高，坡度越大崩塌物获得重力势能越大其破坏性就越强；随着坡度的增加，岩体所受重力随之增加，更易于崩塌。研究区崩塌多发育于高度大于30m的高陡坡；研究区部分凹形陡坡等受风化、剥蚀、地震等外力作用，易产生应力失稳导致崩塌发生。

针对研究区崩塌发生的常见典型地形特征，遥感解译主要依照DEM、高分辨率影像、实景三维地质调查等方法针对公路两侧典型崩塌易发性进行详细解译。

2. 岩性要素

独库公路沿线因岩性的差异导致崩塌地质灾害发生呈现明显分区性。岩性坚硬呈块状、厚层状。岩性一般形成公路陡坎状边坡，例如花岗岩、片麻岩等岩石坚硬且呈块状，在岩石裂隙不发育情况下不易发生崩落。岩性较软的泥岩、粉砂岩、板岩、千枚岩等不易形成坎状地貌，但岩石较为松散一般形成坡度较缓的崩塌。

块状结晶灰岩、侵入岩等易于在公路两侧形成陡峭边坡，加之岩石中裂隙发育密集在地震、降雨等要素干扰下易形成崩塌；部分层状灰岩沿顺层坡面易发生失稳，多见沿裂隙面切割分块，易于崩落、倾倒、倾滑等；泥岩易于风化，较易形成软弱滑动面，研究区部分泥岩形成坡脚后其顶部覆盖层或巨石易于形成崩塌；砂岩、泥岩互层因不同岩性受侵蚀速度不一，易形成侵蚀空腔导致局部脱落，空腔上部覆盖层易于崩落。

3. 构造要素

断层构造带是地质结构薄弱地带，岩石通常破碎、裂隙发育，公路两侧岩石地层裂隙发育程度与水环境作用能直接影响崩塌事故，这使得岩体在受到外力作用时更容易发生崩塌；天山地区新构造运动发育，断层构造带应力分布复杂，应力改变岩体稳定性，导致崩塌现象发生；研究区脆性断层透水性较好，断层构造带是地下水或裂隙水水流动通道，水文活动可能对岩体产生软化、侵蚀等作用，降低岩体强度，从而引发崩塌；断层构造带地震高发区域，地震震动可能会导致岩体松动，从而引发崩塌。

研究断层构造带内岩石崩落呈明显的高发特征。博罗科努山一带构造复杂，且新构造运动强烈，岩石中大量的裂隙、破碎特征等与岩石的崩塌存在直接的关系。

4. 岩体结构

研究区常见的岩石结构为块状结构、层状结构、碎裂结构、松散结构等。岩层结构的解译主要采用高分辨率遥感影像或实景三维技术进行目视解译。研究区块状结构较易形成陡边坡，依据块状结构岩石裂隙发育程度判断其易发程度；层状结构一般分为厚层状、中层状、薄层状等，崩塌的解译一般结合岩石的抗剪性进行综合判断；碎裂结构一般常见于断裂带内，独库公路碎裂状岩石发育较多，是岩石崩塌的主要解译指标之一。

5. 边坡结构

公路边坡结构对沿线崩塌现象的影响主要通过边坡高度和角度、边坡岩性与岩石结构、边坡植被覆盖、边坡排水状况、边坡地质工程要素等进行判别。高边坡和陡角度会增加崩塌风险。高度增加岩体所受重力作用，使得岩体更容易崩塌；而较陡角度也使岩体不稳定，容易发生崩塌；植被起到固定土壤和岩体作用，有助于减少崩塌的发生；排水不良可能导致边坡积水，进而增加岩体重量，并降低岩体的抗剪强度，从而增加崩塌的风险；不良的边坡工程可能导致边坡失稳，加速崩塌现象发生。

针对上述公路边坡结构影响因素，研究区依据DEM、实景三维技术进行道路边坡结构解译和调查。主要解译边坡结构面的倾角、倾向、结构面的发育程度。

图4-46为研究区沿线发生的小型滑坡形成坎状地貌，由于该区岩性主要为泥岩、千枚岩、砂岩等，岩石呈碎块、碎片状，风化破碎较为严重，存在部分岩石崩塌及滑坡风险。遥感边坡调查及灾害防治应充分考虑本处岩石边坡特征进行综合工作。

6. 气象特征

研究区为典型的高寒高原地貌，公路沿线因分属于不同的地理单元，不同的气象特征对崩塌的影响较为明显。独库公路博罗科努山一带主要的气候因素多为降雨、降雪等。降雨冲击公路边坡，部分降雨入渗至土体或岩体内从而降低边坡稳定性，易于发生土体涨冻等现象，降雨加速泥岩软化、土体软化，间接加速崩塌事故的发生。

气象条件长时间作用于边坡能改变岩体内部结构，扩张岩体结构面，其内部容易产生风化裂隙和节理，岩体内部结构改变影响地下水流动，导致抗剪强度下降，严重时引起公路边坡岩体土体滑落和坍塌，增加了公路边坡工程地质灾害的危险性。

图 4-46　研究区边坡差异导致滑坡

博罗科努山一带气候极为恶劣，植被稀少，岩石构造破碎且物理风化极为发育。加之冰川发育岩石冻胀效应明显，地质灾害的发育与局部小气候关系密切。遥感地质灾害调查还应参考典型的气候特征进行综合分析。

7. 地震带特征

地震对崩塌现象影响巨大，受地震影响，路基和路面相互挤压、隆起变形，形成波浪状、拱翘状、错台开裂，地表波浪起伏，使路基随之起伏变形，在鼓起地段，产生众多横向张裂缝，严重者将路面面层结构挤走。受地震横波、纵波影响，岩体稳定性遭破坏，重力作用下崩落地面；部分岩石受地震影响岩石裂隙密集发育，形成崩塌隐患。研究区地震带附近岩石崩塌现象明显呈高发特征。

研究区内发育多条地震带，沿伊犁河谷一带为典型的地震多发地带，地震成因崩塌现象较为集中，图 4-47 为喀什河沟脑喀什巴斯阿热散一带发育的典型崩塌特征。崩塌构造附近发现温泉。

图 4-47　喀什河沟脑喀什巴斯阿热散一带崩塌

8. 人类活动特征

近年来独库公路旅游线路不断被开发，人类活动给地质灾害的发育和形成带来诸多不确定性因素。如新修道路开挖边坡导致岩体松动，存在滑坡和崩塌风险等。因此，遥感解译还应参考人类工程建设和灾害内在联系的分析与解译。

二、滑坡及溜沙坡

独库公路沿线地形切割较深，公路两侧山势极为陡峭，多为裸岩。该类地形不利于传统意义滑坡构造发育，沿独库公路典型滑坡发育一般较少，滑坡规模一般为中型、小型等。由于公路沿线岩石风化破碎较为严重，风化物以坡积物形式发育形成溜沙坡，溜沙坡对公路通行及河道行洪潜在危害较大。

图 4-48 为独库公路乌拉萨德克一带发育的典型碎石型溜沙坡特征。该类地形一般发育在较陡峭的岩石坡面，常见物质来源于周围基岩的物理风化，粒径呈不规则状 2～20cm 不等，具棱角状或者片状特征。由于路基开挖或者河流下切侵蚀可能造成该类滑坡坡脚不稳导致重力失衡从而引发滑坡。该类滑坡沿独库公路沿线发育较多，一般规模小、危害大。遥感方法解译该类滑坡时主要依据 DEM 进行坡度分析和碎石坡识别等。

图 4-48　独库公路沿线典型碎石型溜沙坡灾害

哈希勒根达坂附近发育的滑坡为冰碛物堆积体形成的滑坡体，该滑坡体多为巨石、泥沙、碎石等无序堆积，滑坡体下部基底为花岗岩。受地形地貌限制，独库公路部分路段经过该滑坡体，该部分路段灾害特征较为典型。

三、泥石流

受气候、地貌、地质构造、岩性特征的影响，独库公路沿线泥石流类型常为冰川型、暴雨型、冰川暴雨混合型等。博罗科努山、哈尔克山、依连哈比尔尕山一带降雨充沛且雨量周年分布不均，呈短时频率高、雨量大等特征。加之独库公路沿线高峻山势影响下，雨水携带大量泥沙、碎石等在高山峡谷间迅速移动形成泥石流。该类泥石流重复性较强，主要受控因素与冰川、降雨、地形等密切相关。

冰川型泥石流受夏春两季高温影响，冰雪消融形成雪山融水，雪山融水作用下堆积于坡底、坡面的碎石、泥沙、巨石等形成泥石流。该类泥石流发育海拔一般较高，受气温影响一般呈明显的季节性特征。

冰川暴雨混合型在冰川融水、暴雨作用加持下碎石、泥沙等迅速移动形成灾害。该类泥石流的主要补给源为暴雨形成径流和雪山融水。该类泥石流在独库公路乌拉萨德克—哈希勒根达坂一带有一定程度的发育，对独库公路通行安全影响较大。

图 4-49 为研究区一带冰川暴雨混合型泥石流解译标志。冰川暴雨混合型泥石流常发育的地貌为陡峭的深山峡谷，峡谷顶部常年积雪，通过遥感方法解译积雪多年变化特征以明确该冰川多年的活动特征。泥石流堆积区一般呈典型的扇形，主要由未经磨圆的碎石、碎石片、砂、泥等堆积形成，其分选性和成层性较差。遥感影像中可识别泥石流堆积物中"槽状"地貌为降雨或暴雨冲刷的流水沟槽。

图 4-49 泥石流地貌特征

四、水毁

天山地区特别是独库公路一带水毁路段特征较为明显。水毁灾害是独库旅游公路沿线最为严重的灾害之一，水毁影响公路总长 49.28km，其中，冲刷型水毁 16.67km，占水毁路段总长的 33.83%；淤埋型水毁 13.18km，占水毁路段总长的 26.75%；漫流型水毁 8.24km，占水毁路段总长的 16.72%；淹没型水毁 0.88km，占水毁路段总长的 1.79%；混合型水毁10.31km，占水毁路段总长的20.92%(魏学利等,2020)。

图4-50为独库公路沿线常见的水毁路段,该处泥石流较为发育,春夏季节泥石流常涌入河道形成堰塞,水位升高致水毁公路阻塞交通。

图4-50　典型水毁路段遗迹

五、积雪

积雪造成风吹雪或者雪崩阻塞交通并有可能毁坏路段,严重影响独库公路的交通安全。积雪消融期极易造成雪崩或水毁灾害。研究开展基于遥感方法的积雪调查,对“雪害”的防治和减灾有一定意义。

图4-51为天山一带雪崩遗迹解译标志,冬春季研究区山脊积雪较厚,在雪融及积雪重力作用下形成雪崩或泥石流毁坏附近森林。图中山脊向下呈带状发育的低矮灌木林为典型的雪崩或泥石流通道遗迹及遥感解译标志。

图4-51　天山一带雪崩遗迹

第四节　遥感地热提取

地热资源是贮存在地球内部的可再生热能，多发育在构造板块边缘一带。新疆尼勒克地区位于塔里木、准格尔稳定地块构造活动带内，受逆断裂控制的山间挤压盆地，受活动构造带影响地热资源较为丰富。地热资源是一种天然可再生资源，因其取之不尽用之不竭且对环境污染小等优点，近年来越来越受到关注和重视。作为重要的新能源资源之一，地热资源利用已经成为全球各国竞相发展的领域，新疆尼勒克地区因其地热资源储量丰富潜力巨大，是地热资源开发的潜力地区之一。近年来，随着国家对新能源利用的大力推进，新疆尼勒克地区的地热资源得到了更为广泛的关注，呈现出良好的发展势头。

新疆尼勒克县海拔1500～4000m，气候寒冷，该地区因其较佳地质构造环境使地热资源(包括温泉、岩体储热等)较为丰富。沿伊犁河谷喀什河沿线巴尔盖提、布隆、孟克德和喀什脑子温泉连续发育(徐平，2012；陈锋，2016)，表明喀什河沿岸尼勒克地区有较好地热资源禀赋。在煤、油、天然气等传统能源逐渐枯竭和环境污染加剧背景下，地热资源因其优质高效、绿色低碳且再生等优点，对节能减排具有巨大的经济意义和社会意义。

地热异常提取和圈定是确定地热资源目标区的重要依据，利用遥感热红外技术进行地热资源的提取和圈定具有客观性、宏观性等特征。在博罗科努山温泉发育地带进行遥感方法地热研究，进而进行针对性的地热资源预研究，可以快速、准确、高效、不同尺度地提取地表热异常。

一、遥感数据源

20世纪60年代随着TIROS2热红外传感器的投入使用，利用卫星热红外遥感技术进行地温研究正式投入实践。随着卫星技术和热红外遥感技术的不断发展，各国不同时期卫星热红外技术不断进步，从早期光谱分辨率只有单波段到目前多波段，几何分辨率几千米到现在几十米等，卫星热红外遥感技术不断地进行革新和进步。目前我国卫星热红外技术取得长足发展，如目前在轨“风云二号”“风云三号”卫星。

1. 国外常见热红外传感器

目前，卫星热红外资料应用最为广泛为国外卫星有AVHRR、MODIS、Aqua、Aster、Landsat8等不同系列，因其卫星技术参数不同使用领域和应用方法也存在一定差异。

AVHRR传感器，自1979年服役以来AVHRR传感器持续进行对地观测任务，其波长范围如表4-1所示。在区域尺度为国家、洲际、全球尺度遥感调查中AVHRR遥感资料显示了良好的技术优势。在中小尺度遥感调查中，AVHRR数据以其典型的宏观性、实时性、高精度性技术特征弥补了高空间分辨率影像中数据获取困难，数据实时性差等的诸多技术不足。

表 4-1　AVHRR 波段介绍

通道	波长范围/μm	对应的波段	地面分辨率(星下点)/km
AVHRR-1	0.55～0.68	可见光	1.1
AVHRR-2	0.725～1.1	近红外	1.1
AVHRR-3	3.55～3.93	中红外	1.1
AVHRR-4	10.5～11.3	热红外	1.1
AVHRR-5	11.5～12.5	热红外	1.1

MODIS 传感器中分率成像光仪是新一代地球观测系中“图合一”光学传感器，搭载于 Terra 和 Aqua 两颗太阳同步极轨卫星上，白天 Terra 卫星在地方时上午过境 Aqua 卫星在地方时下午过境，这两颗星上的 MODIS 数据在时间更新频率上相配合，可以得到每天最少两次白天和两次黑夜的数据，这些数据主要反映陆地和云边界、云特性、海洋水色、浮游植物、生物地理、生物化学、大气中水汽、地表温度、云顶温度、大气温度臭氧和云顶高度等特征的信息，利用这些信息可以对陆地表面、生物圈、固态地球、大气和海洋进行长期全球观测。MODIS 数据除保留了应用最广的 AVHRR 遥感数据功能外，还在数据波段数目和数据应用范围、数据分辨率等方面做了改进。MODIS 仪器的地面分辨率分别为 250m、500m、1000m，扫描宽度为 2330km，每一个 MODIS 仪器的设计寿命为 5 年。它的主要任务是一日 4 次获取地球系统(主要包括大气、海洋、陆地)相关要素变化的数据(郭倩，2008)。

Aster 是由美国国家航空航天局和日本经济技术研究所共同实施的一个计划，该计划得到了两个国家科学界和工业界的积极支持。这是 Terra 卫星上的一种先进的光敏元件，包含 14 种不同的光谱通道，能为多个领域提供科学、实用的卫星数据。Aster 传感器由 3 部分组成：可见光近红外光谱带、短波红外光谱带和红外光谱带。在此基础上，发现了 4 个可见光和近红外波段，短波红外波段的数量为 6 个，热红外波段的数目为 5 个，总共 15 个波段。Aster 数据的空间分辨率从 15～90m 不等，扫描宽度是 60km(原琪翔，2008)。

Landsat8 传感器作为美国国家航空航天局陆地卫星计划的延续，Landsat8 卫星于 2013 年 2 月 11 日成功发射 Landsat8 卫带两个要的传感器陆地成像仪(OLI)和热红外传感器(TIRS)。OLI 可见光/近红外波段的空间分辨率为 30m，TIRS 热红外的空间分辨率为 100m，反演得到的地表温度的空间分辨率也是 100m，是以 Landsat8 为主要遥感数据源，以能量平衡为原则，基于不同地表组分热辐射的异质性，综合热红外波段数据与高空间分辨率的可见光/近红外波段数据的融合方法，对 100m 分辨率的地表温度数据进行分解以期将地表温度的空间分辨率提高到 30m，从而实现高空间分辨率地表温度数据的获取(宋彩英，2015)。

2. 常见国内热红外传感器

随着卫星应用技术不断发展，热红外技术在国内应用领域需求不断增长，例如环境监测、国土资源调查、国情普查等。我国热红外技术发展迅速提升，目前地质遥感技术领域热红外常见卫星如下：

风云三号D星(FY-3D)于2017年11月15日发射升空成功，是中国新型极轨风云气象卫星，其搭载的中分辨率光谱成像仪Ⅱ(MERSI-Ⅱ)集成了原来风云三号卫星两台图像测量仪表可见光近红外扫描辐射光计(VIR)和中分辨率光谱成像仪(MERSI)的功能，并具有25个波段，其中热红外线通道24和通道25的空间分辨率均是250m，光谱范围是0.412～12μm，共25个离散通道，其中250m分辨率通道共有6个，1000m分辨率通道共有19个，为世界上第一台可以得到最大250m分辨率红外分裂窗区资料的热成像仪(安然，2021)。

FY-3C/MERSI通过45°扫描镜和消旋K镜对地球表面进行全天的扫描观测。扫描镜呈椭圆形，表面镀有镍和银，使传感器在宽光谱范围内实现高反射率和低散射。能量通过扫描镜反射到达主镜，经过视场光阑后进入次镜，从次镜反射的辐射被传输到消旋K镜，消旋K镜用于消除由于45°扫描镜和多个平行探元造成的图像旋转。紧接着在K镜之后是一个由三个分色片组成的用于实现光谱分离的双色分色片组件，之后光束通过由4个折射组件及滤光装置组成的分光、滤波装置到达焦平面阵列并被探测器接收。分色片将MERSI探测到的光谱区域划分为可见光(VIS，412～565nm)、近红外(NIR，650～1030nm)、短波红外(SWIR，1640～2130nm)和热红外(TIR，12 250nm)4个区域(胡晓晨，2020)。

二、地温提取常见方法(原琪翔，2022)

地表温度反演算法一般可以分为单通道算法、分裂窗算法、多通道算法。

1. 辐射传输方程法

基于辐射传输方程，利用大气廓线数据对遥感图像进行大气矫正处理，由此获取地表发射辐射，进而求得地表温度。在太阳辐射对其不产生影响的情况下，热红外通道i通过计算求出地表温度T_{si}的公式为：

$$T_{si}=B_i^{-1}\left(\frac{(B_i(T_i)-L_i^{\uparrow}(\theta))/\tau_i(\theta)-(1-\varepsilon_i)L_i^{\infty\downarrow}}{\varepsilon_i}\right)$$

式中，B_i^{-1}是通道为i时的普朗克逆函数，$B_i^{-1}(T_i)$表示当温度为T_i时卫星接收到的通道为i时的辐射，$L_i^{\uparrow}(\theta)$表示通道为i时的大气上行辐射，$L_i^{\infty\downarrow}$表示通道为i时的下行辐射，θ表示天顶角，ε_i表示通道为i时的地表比辐射率，τ_i是通道为i时的大气透过率。

这种方法在使用时，处理流程相对复杂赘余，同时还需获取同步的大气廓线数据，在一定程度上比较困难，此外还不能直接获取大气和卫星数据，在进行地面热辐射模拟时用到的大气剖面数据，非实时性和非真实性都会对其产生误差，进一步对地表温度的反演精度造成影响。

2. 普适性单通道法

2003年，Jiménez-Muñoz和Sobrino等提出单通道算法，在只需要知道大气水汽含量(ω)的条件下便可以通过计算反演得到地表温度，公式如下：

$$T_s=\gamma[\varepsilon^{-1}(\psi_1 L_{sensor}+\psi_2)+\psi_3]+\delta$$

$$\gamma=\left[\frac{c_2 L_{sensor}}{T_{sensor}^2}\left(\frac{\lambda^4}{c_1}L_{sensor}+\lambda^{-1}\right)\right]^{-1}$$

$$\delta=-\gamma L_{sensor}+T_{sensor}$$

式中，传感器接收到的热辐射亮度用 L_{sensor} 表示，单位是 $W \cdot m^{-2} \cdot s^{r-1} \cdot \mu m$；$T_{sensor}$ 表示亮度温度，单位是 K；λ 表示有效波长，单位是 μm；ε 表示地表比辐射率；c_1、c_2 则为大气参数，$c_1=1.191\,04\times10^8 \mu m^4 \cdot m^{-2} \cdot s^{r-1}$；$c_2=1.438\,77\times10^4 \mu m \cdot K$；$\psi_1$、$\psi_2$ 和 ψ_3 为关于大气水汽含量 ω 的三次四项式，是地表温度反演公式中的中间变量，函数表达式如下：

$$\psi_k=\eta_{k\lambda}\omega^3+\xi_{k\lambda}\omega^2+\chi_{k\lambda}\omega+\varphi_{k\lambda}$$

Abbasi 等(2020 年)基于比值法进一步发展而来，提出的一种适合于 MERSI-Ⅱ传感器的关于大气水汽含量反演的方法。此方法得以实现的原理是利用 MERSI-Ⅱ传感器的水汽吸收波段(16 波段，0.905μm；17 波段，0.935μm；18 波段，0.940μm)辐射亮度和大气窗口波段(4 波段，0.865μm)辐射亮度之比通过回归与加权平均求得大气水汽含量，如下所示：

$$W_{16}=27.298-61.336R_{16}+34.754R_{16}^2$$

$$W_{17}=7.723-27.945R_{17}+26.136R_{17}^2$$

$$W_{18}=11.541-34.942R_{18}+27.143R_{10}^2$$

式中，W_i 表示 i 通道的 R_i 通过回归计算处理后获得的大气水汽含量；R_i 表示 i 通道与第四通道辐射亮度之比：

$$R_{16}=L_{16}/L_4$$

$$R_{17}=L_{17}/L_4$$

$$R_{18}=L_{18}/L_4$$

式中，L_i 是通道为 i 时的辐射亮度。

将 3 个水汽吸收通道经过线性化组合后可以更好、更精确地表示大气水汽的含量，因此，通过加权，大气水汽含量计算公式为：

$$W=0.208W_{16}+0.433W_{17}+0.359W_{18}$$

最后依据将计算求得的大气水汽含量带入普适性单通道法公式中，获取真实的地表温度，从而完成地表温度的反演。

3. 单窗算法

单窗算法是由覃志豪(2001)提出的，该方法利用地表比辐射率、大气透射率、大气平均温度以及地表辐射传输方程来反演地表温度。引入 planck 函数的泰勒一阶展开和偏导参数 L，基于统计数据进行回归分析，构建 L 和通道亮温间的函数关系式，进一步得到了地表温度 T_s：

$$T_s=\frac{1}{C}[a(1-C-D)+(b(1-C-D)+C+D)\cdot T_{sensor}-DT_a]$$

式中，$C=\varepsilon\cdot\tau$，$D=(1-\tau)[1+(1-\varepsilon)\cdot\tau]$，$a$、$b$ 为参数 L 回归分析后的回归系数，T_{sensor} 为传感器得到的辐射亮度温度，T_a 是大气平均作用温度。在大气透过率 τ、地表比辐射率 ε、大气平均作用温度无误差的情况下，地表温度反演精度在 0.4K 以内，误差在 1.1K 以内。

4. 分裂窗算法

分裂窗算法多数使用在 AVHRR 的第四和第五热红外通道，MODIS 第 31 通道和 32 通道与 GMS5/VISSR 的分裂窗口的两个热红外通道也适用此方法。基于 10～13μm 的大气窗内两个邻近的通道对空气的吸收率差异，采用两个通道的亮温线性函数来表达地表温度，从而消除了受大气的干扰，使反演的地表温度更加准确。20 世纪 70 年代首次提出分裂窗算法，用于海表温度的反演。在取得了较好的海表温度数据后，1980 年该方法应用于对陆地表面的温度进行反演。

Becker 等(1990)以 Price 利用两种热红外通道的比辐射率来处理其他卫星图像为基础，提出此算法，具有较高的准确度和广泛的应用价值。计算公式如下：

$$T_s = 1.274 + \frac{P(T_a + T_b)}{2} + \frac{M(T_a - T_b)}{2}$$

式中：

$$P = 1 + \frac{0.15616(1-\varepsilon)}{\varepsilon} - 0.482\frac{\Delta\varepsilon}{\varepsilon^2}$$

$$M = 6.26 + \frac{3.98(1-\varepsilon)}{\varepsilon} + 38.33\frac{\Delta\varepsilon}{\varepsilon^2}$$

$$\Delta\varepsilon = \frac{\varepsilon_a + \varepsilon_b}{2}$$

ε 是两个热红外通道的平均比辐射率，此算法用于反演 MODIS 数据 31 和 32 通道的地表温度反演，T_a、T_b 分别是波段 31 和 32 的亮度温度。

5. 多角度算法

多角度算法是一种结合多通道法和多角度法的方法，目前，该方法仅适合于海洋表面温度的反演，并已被应用于从组分中提取温度信息分析，也就是在相同像素中，对植物的温度和土壤的温度进行分析。

三、提取结果及分析

伊犁河谷从喀什巴斯阿热散—孟克德一线发育多处温泉，基于热红外遥感技术在研究区开展定量和定性地热异常解译工作对地热分布规律及地热预测有一定意义。

研究区属于高寒高原气候，采用 Landsat8 影像反演获取不同月份地温、不同季节典型遥感影像四幅，依据上文不同类型的地温反演方法进行地温反演。反演结果与当地气象资料基本一致。通过四幅地温资料按研究区范围进行裁剪，对研究区内常年积雪部位进行主成分分析，通过不同月份的地温数据获得不同类型的特征向量，不同的特征向量代表不同的地学意义。依据异常切割原理提取地温异常区域。地温异常区通常分布在断裂周围，并且排列方向与活动断裂的延伸方向一致，或者分布在断裂交叉复合部位的周围，这两点是区分真伪地热区的重要判别依据，依照地温提取异常与断裂等关系排除干扰。研究区共划分 3 处低温异常，如图 4-52 中的 A、B、C 区。

地温异常区A内地震遗迹密集发育，通过多年连续积雪早融观察，该区北部北西向断层积雪早融特征较为明显，山坡东西向断层控制积水潭的部分水温。

地温异常区B科达德萨伊异常区北西西向断层密集发育，地温提取异常与断层走向基本一致，河流流向基本受断层走向控制。

地温异常区C呈北东向发育，区内存在两处温泉与孟克德断裂方向一致，温泉东侧断层附近山坡提取出与断层走向一致的地温异常。

图4-52　地热异常区提取结果

第五章　实景三维典型地质灾害调查

博罗科努山及独库公路一带地质灾害发育，为减少地质灾害对人民生命财产的威胁，分析和研究地灾活动的分布规律，采取无人机及实景三维手段进行灾害预测和防治是十分必要的。目前，传统的地质灾害调查方法受到现场地形和地理条件的限制，危险区域调查人员难以到达，作业具有一定危险性。本次野外工作从无人机摄影测量技术入手，在天山地区某地质灾害区域进行实地调查，收集相关资料，分析其地质概况、自然地理、空间分布规律和关系。对实验区或灾害点进行无人机航线规划，并采用无人机贴近摄影测量方案、影像去雾增强算法以达到精细化三维建模的效果。运用地质分析和数值模拟等方法，对地质灾害稳定性进行调查和分析。

本次博罗科努山及独库公路一带完成地质灾害调查与稳定性分析任务，主要研究内容如下：

(1)针对传统的地质灾害调查方法受现场地形和地理条件限制的问题，将航摄实景三维技术应用于地质灾害调查与稳定性分析中，验证该方法的可行性，提高勘测精度和效率，一定程度上规避高危区域中调查人员作业的风险。

(2)无人机贴近摄影测量方法与精细化三维建模研究。设计合理的航线飞行计划并优化摄影测量航线，使地灾地区边坡斜面与相机拍摄角度保持最佳匹配。筛选出需要细致分析研究的目标面，采用贴近摄影测量的方式，让采集数据具有由“粗”到“细”的特点，并提高地质灾害调查的效率和准确性。

(3)由于研究区地处高寒高原，有效工作月份为5—10月，有效工作时间短，沿线灾害点多，采用实景三维方式进行灾害调查，可以提高调查精度和工作效率。通过无人机摄影测量技术，在短时间内完成大范围的高精度地质灾害调查，确保在有效工作月份内完成必要的数据采集，并规避高危区域中调查人员作业的风险；设计合理的无人机航线飞行计划并优化摄影测量航线，使灾害地区边坡斜面与相机拍摄角度保持最佳匹配。通过贴近摄影测量的方式，筛选出需要细致分析研究的目标面，从而提高地质灾害调查的效率和准确性；针对高寒高原地区雨雾天气较多、航拍数据多为带雾影像的问题，改进影像去雾增强算法。

(4)常规的地质灾害调查通常只有定性的统计，本文中定性定量地展开对地质灾害的调查与稳定性分析。基于数字地理信息产品以及实景三维模型，发挥GIS技术优势，提出单体滑坡体积计算，并进行相关地形分析。根据调查区域的特殊性质，将调整区划分为若干个区域，分别分析其失稳变形趋势。

第一节 精细化建模

地质综合调查是地质构造、矿产资源、地质灾害等多种地质现象的常规工作。随着科技的进步,地质调查方法也在不断发展,传统的地质调查方法逐渐被更加高效、精准的技术手段所取代。本次地质综合调查采用了便携式实景三维采集设备和大面积作业设备,通过对这些先进设备的应用,极大地提升了地质调查的效率和准确性。本文将详细介绍这些设备的种类、应用场景及其在地质调查中的具体作用。

1. 便携式实景三维采集设备

1)普通智能手机

智能手机的普及和摄像头技术的不断进步,使其成为便携式实景三维采集设备的重要组成部分。智能手机具有便携性强、操作简便、拍摄质量高等优点,特别适合野外地质调查中的快速记录和实时观察。

智能手机内置的GPS功能,可以准确记录拍摄位置,从而为后续的三维建模提供精确的空间定位数据。此外,智能手机还可以通过安装专业的地质调查APP,实现对拍摄图像的实时处理和分析,这为地质队员提供了极大的便利。

2)GNSS数字相机

GNSS数字相机是一种结合了高精度定位技术和高分辨率摄影技术的设备。它可以在拍摄图像的同时记录精确的地理位置,从而生成具有地理坐标的高精度影像数据。

这种设备在地质调查中的应用主要体现在对典型地质现象的详细记录和建模上。例如,在断层、褶皱等地质构造的调查中,GNSS数字相机能够提供高精度的图像数据,帮助地质学家进行详细的结构分析和建模。

2. 消费级无人机

消费级无人机以其价格低廉、操作简便、机动性强等特点,成为地质调查中常用的设备。通过搭载高分辨率相机,无人机可以获取大范围的高清图像,这对于地质现象的观察和建模非常有帮助。

消费级无人机的应用范围广,可以用于地形测绘、矿产资源调查、地质灾害评估等多个方面。在野外地质调查中,无人机不仅能够提高工作效率,还能够到达地面人员无法到达的危险区域,获取宝贵的数据。

3. 大面积作业设备

1)多镜头多旋翼无人机

多镜头多旋翼无人机是一种高端的地质调查设备,它通过搭载多个高分辨率相机,能够同时拍摄多个角度的图像,从而生成高精度的三维模型。这种设备特别适合大面积、长距离的地质剖面摄影及建模任务。

在实际应用中,多镜头多旋翼无人机可以快速覆盖大面积的调查区域,获取全面的影像数据。通过对这些数据的处理,可以生成精确的地质模型,为地质研究提供可靠的数据支持。

2)固定翼无人机

固定翼无人机与多旋翼无人机相比,具有续航时间长、飞行速度快、覆盖面积大等优点,适合用于大面积的地质调查。固定翼无人机通常配备高分辨率相机或激光雷达,可以获取高精度的地形数据。

在地质调查中,固定翼无人机主要用于广域地质构造的观测和分析。例如,在大型矿区的勘探中,固定翼无人机可以快速获取矿区的地形数据,帮助地质学家确定矿体的位置和规模。

4. 实景三维获取方案的制定

1)依据工作范围

工作范围是制定实景三维获取方案的重要依据。对于小范围的地质现象观察,通常采用便携式设备,如智能手机、GNSS 数字相机等;而对于大面积的地质调查,则需要使用多镜头多旋翼无人机或固定翼无人机,以提高数据获取的效率和精度。

2)依据工作目的

不同的工作目的需要不同的设备和技术手段。例如,对于地质灾害的监测和评估,通常需要高分辨率的影像数据和精确的地形模型,这时多镜头无人机和固定翼无人机是首选。而对于矿产资源的勘探,则需要对地质构造进行详细的分析,GNSS 数字相机和多镜头无人机可以提供高精度的数据支持。

3)依据作业方式

作业方式的选择直接影响到数据获取的质量和效率。对于复杂的地质构造区,采用多种设备协同作业,可以获取更全面、更准确的数据。例如,在断层带的调查中,可以先用固定翼无人机进行大范围的初步勘探,再用多镜头多旋翼无人机进行详细的局部调查,最后用 GNSS 数字相机对关键部位进行精细拍摄和建模。

4)依据工作区状况

工作区的地形、气候、植被等状况也是制定实景三维获取方案的重要因素。在地形复杂、植被茂密的区域,消费级无人机和多镜头无人机可以发挥其灵活机动的优势;而在开阔平坦的区域,固定翼无人机则能够高效地完成大面积的数据采集任务。

5)依据剖面制图比例

剖面制图比例的大小决定了数据获取的精度要求。对于大比例尺的剖面制图,需要高精度的影像数据和详细的三维模型,此时可以使用 GNSS 数字相机和多镜头无人机;而对于中小比例尺的剖面测量,则可以利用高分辨率的卫星影像进行建模,这样既能保证精度,又能提高工作效率。

6)高分卫星影像建模

高分卫星影像是一种重要的地质调查数据来源,通过对卫星影像的处理和分析,可以生成中小比例尺的地质剖面模型。高分卫星影像具有覆盖范围广、获取速度快、分辨率高等优点，在地质调查中被广泛应用。

通过与其他设备的数据结合，高分卫星影像可以为地质调查提供全面的数据支持。例如，在矿区的勘探中，可以先利用卫星影像获取大范围的地形数据，再结合无人机和GNSS数字相机的数据，对重点区域进行详细调查和建模。

5. 应用实例分析

1）野外典型地质现象观察和建模

在野外地质调查中，地质队员经常需要对典型的地质现象进行观察和建模，如断层、褶皱、矿脉等。这些地质现象通常在较小的空间范围，可以使用便携式设备进行详细记录。

智能手机、GNSS数字相机和消费级无人机可以为地质队员提供高质量的影像数据，帮助他们对地质现象进行详细观察和分析。通过对这些数据的三维建模，可以生成精确的地质模型，为地质研究提供可靠的数据支持。

2）大面积长距离的地质剖面摄影及建模

对于大面积、长距离的地质剖面摄影及建模任务，需要使用多镜头多旋翼无人机或固定翼无人机。这些设备可以快速覆盖大范围的调查区域，获取全面的影像数据。

通过对这些数据的处理和分析，可以生成高精度的地质剖面模型，帮助地质学家进行详细的构造分析和资源评估。例如，在大型矿区的勘探中，可以利用无人机获取矿区的地形数据和地质剖面图，以确定矿体的位置和规模。

3）中小比例尺剖面测量和制图

高分卫星影像在中小比例尺剖面测量和制图中具有重要作用。通过对卫星影像的处理和分析，可以生成中小比例尺的地质剖面模型，帮助地质学家进行广域地质构造的观测和分析。

在实际应用中，可以将卫星影像数据与无人机和GNSS数字相机的数据结合使用，生成更加精确的地质模型。例如，在大型地质灾害的监测中，可以先利用卫星影像获取灾区的总体地形数据，再结合无人机和GNSS数字相机的数据，对重点区域进行详细的调查和建模。

一、倾斜摄影测量

摄影测量是一种利用影像数据构建三维模型的重要技术，尤其在城市规划和地理信息系统中被广泛应用。随着计算机视觉、数字图像处理和人工智能等技术的进步，摄影测量的自动化和数字化程度不断提高，尤其是进入数字摄影测量阶段后，传统的人工立体量测逐渐被计算机技术所替代。

倾斜摄影测量作为一种新兴技术，主要通过搭载多个相机和传感器，获取目标对象从不同角度拍摄的影像数据，能够生成与真实场景高度还原的三维模型。这一技术的出现，使传统的仅能获取垂直影像数据的方法得到了极大丰富，提升了三维重建的精度和效率。

在实景三维重建的研究中，光学影像的多视角匹配是核心环节，通过提取同名点的空间关系，恢复目标的三维位置。这一过程包括多个关键步骤：多视影像匹配、空中三角测量、点云构网和空间纹理映射。其中，影像匹配的质量和效率直接影响到最终模型的生成。

航空测量技术在地质调查、城市规划、资源勘探等领域被广泛应用。通过高空飞行平台携带多种传感器设备，可以获取高精度的地理信息数据，极大地提升了数据获取的效率和准确性。航空测量相机组成包括垂直相机和倾斜相机、机载定位定向系统、相机曝光控制单元、飞行管理系统以及陀螺稳定座架等部分。

在航空测量中，垂直安装相机主要用于获取垂直影像。垂直影像的优势在于能够提供高精度的地面数据，便于后续的三维建模和地理信息系统（GIS）分析。垂直相机通常安装在飞行器的底部，确保相机镜头始终垂直于地面，从而捕捉到地面的垂直视角影像。

除了垂直安装相机外，航空测量中还常用到倾斜安装相机。倾斜相机通常安装在垂直镜头的前、后、左、右 4 个位置外，每台相机的倾斜角度约为 45°。这样的配置可以从多个角度获取地面影像，生成更加全面和立体的地理信息数据。

二、民用单反相机近景摄影测量

近景摄影测量系统是一种利用相机拍摄的近景影像进行测量和建模的技术。基本原理是通过相机拍摄物体的多角度照片，利用摄影测量学中的影像匹配和几何校正技术，重建物体的三维模型。相比传统的接触式测量方法，近景摄影测量系统具有非接触、高效率和高精度等优点。

图 5-1　便携式民用单反相机

近景摄影测量系统利用先进的影像匹配算法，实现航向和旁向的连续自动匹配。通过多角度、多方位的影像获取，可以精确地匹配和对齐各个影像，生成高精度的三维模型。这种自动匹配技术不仅提高了数据处理的效率，还增强了模型的精度和可靠性。

近景摄影测量系统能够快速获取高密度的点云数据。通过多角度影像的自动匹配和三维重建，可以生成包含丰富颜色信息的点云数据。这种高密度点云不仅提供了精细的几何信息，还包含了物体的颜色和纹理信息，有助于进行详细的地质分析和可视化展示。

在近景摄影测量中，通过多角度拍摄获取的点云数据需要进行配准和拼接。近景摄影测量系统利用先进的点云配准算法，能够自动对齐和拼接多个点云数据，生成完整的三维模型。这种自动配准拼接技术大大简化了数据处理流程，提高了模型的精度和一致性。

岩体结构表面通常具有复杂的纹理特征，传统的影像匹配算法在处理单一纹理时容易出现匹配误差。近景摄影测量系统采用多视图匹配技术，通过结合多个视角的影像信息，能够有效解决单一纹理匹配难题，提高影像匹配的准确性和可靠性。

近景摄影测量系统通过自动空三技术，可以实现高质量的三维重建。自动空三技术利用多角度影像的几何关系，自动生成影像的三维坐标和形态信息，进行精确的三维重建。这种技术不仅提高了模型的精度，还简化了三维重建的流程，增强了系统的自动化程度。

近景摄影测量系统采用先进的影像匹配算法，能够在复杂环境中实现高精度的影像匹配。通过结合多视角、多尺度的影像信息，系统能够在各种复杂场景中稳定地进行影像匹配，生成高质量的三维模型。这种强大的匹配技术为岩体结构面几何信息的获取提供了可靠的技术保障。

民用相机地质调查近景摄影常见步骤如下。

(1)进行近景摄影测量前，需要进行控制测量以建立精确三维坐标系统。在 GNSS 信号较差或无信号的密林、矿硐中，控制测量通常使用免棱镜全站仪，通过现场布设控制点，获取这些控制点的三维坐标信息。控制点的布设应考虑拍摄范围和影像的覆盖范围，以确保所有影像都能够精确配准。GNSS 信号较好，采用单反或数字相机进行近景摄影测量，而为提高摄影 GNSS 点位精度普遍采用 GNSS 后差分技术(图 5-2)。

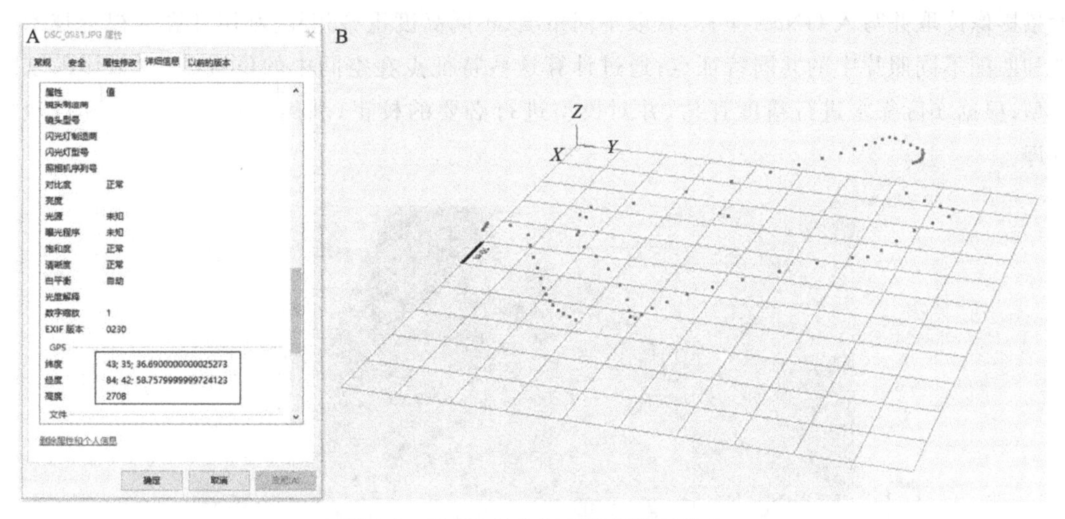

图 5-2 GNSS 数字相机摄影结果检查

A. 检查相片 GNSS 坐标信息；B. 检查相片位置是否均匀

(2)近景影像获取是摄影测量的工作基础。通常使用高分辨率的普通数码相机进行拍摄，以不同角度、不同距离拍摄岩体结构面。为了保证影像的质量和精度，需在摄影场地设置标志物以检验或鉴定测量结果的可靠性，如设置固定长度的目标、测量岩石产状面等以验证实景三维工作的精度。

(3)影像获取完成后，通过数字摄影测量工作站进行三维建模。工作站利用影像几何关系和匹配算法，自动生成岩体结构面的三维模型。在建模过程中，需要进行影像的配准和拼接，确保模型的精度和一致性。

(4)三维模型生成后,需要进行精度评定以验证模型的准确性。精度评定通常采用测量误差理论,通过比较模型坐标与控制点坐标的偏差,评估模型的精度。在模型精度符合要求的前提下,可以进行后续的信息解译和分析。

(5)在模型精度评定通过后,利用三维模型解译岩体结构面几何信息。通过模型的可视化展示和分析,可以获取岩体结构面的走向、倾角、间距等几何参数。这些信息对于岩体稳定性评价和地质灾害防治具有重要意义。

三、智能手机近景摄影测量

智能手机的便携性、高新能性、廉价性、摄影高分辨率性、丰富的软件生态等特征使其作为野外调查终端被广泛使用,如基于智能手机的“地质数字调查系统”在我国基础地质调查中曾起到较好的作用。智能手机有便携、可直接定位、固定焦距、高分辨率的特征能够满足一般的近景摄影三维建模要求,关于智能手机的实景三维地质调查方法目前还在研究实验中。

与专业近景摄影相似,智能手机近景摄影测量通过拍摄物体的多角度照片(图 5-3),利用影像重建物体三维形态。基本流程包括影像采集、图像匹配、三维重建、精度评估与校正、实景三维解译。主要过程包括地质队员野外发现典型地质现象,开启手机 GNSS 功能以便获取近景影像读取并写入 GNSS 坐标,获取不同角度、不同高度重叠相片;利用计算机视觉技术识别和匹配不同照片中的共同特征点;通过计算这些特征点在空间中的位置,构建物体的三维模型;根据实际需求进行精度评估,并对模型进行必要的校正;利用实景三维模型进行地质解译。

图 5-3　智能手机近景摄影原理示意图

手机体积小,重量轻,便于携带,尤其适合地质队员在野外作业中使用。相比传统的摄影测量设备,手机的使用更加简便,可以大大提高工作效率;传统的摄影测量设备如专业相机和激光扫描仪价格昂贵，而智能手机价格则相对便宜，且大多数地质队员已经拥有智能手机，可以显著降低野外作业成本；现代智能手机配备了强大的处理器和多种传感器，如GNSS、加速度计和陀螺仪，这些功能可以为近景摄影测量提供更丰富的数据支持。例如，GNSS可以提供精确的地理位置信息，加速度计和陀螺仪可以提高图像配准的精度；现代智能手机的摄像头已经达到很高的分辨率和成像质量，足以满足大多数近景摄影测量的需求。某些高端手机甚至配备了多摄像头系统，可以提供更多角度的影像资料，提高三维重建的精度和完整性。

手机实景三维可以用于测量地质构造，如断层、褶皱和岩层走向。通过拍摄地质构造的照片，利用摄影测量软件生成三维模型，帮助地质研究人员分析地质结构的特征以及矿床的形成机制；在矿床勘探过程中，手机可以用于记录矿体的外观特征和分布情况。通过近景摄影测量生成矿床三维模型，帮助地质学家更好地理解矿床的形态和规模，为后续的采矿工作提供数据支持；在地质灾害发生后，地质队员可以使用手机拍摄灾害现场的照片，通过近景摄影测量生成灾害区域的三维模型，有助于评估灾害的影响范围和严重程度，制定相应的救援和防灾对策；地质样品的三维形态和表面特征是地质研究的重要内容。手机拍摄样品照片，生成样品的三维模型，可以帮助地质学家进行更详细的分析和研究。

为了获得高质量的三维模型，保障图像采集的质量，在野外作业时，应注意以下几点。

（1）光照条件：尽量选择光照均匀的环境，避免强烈的阴影和反光。

（2）拍摄角度：尽量从多个角度拍摄目标物体，确保各个角度都被覆盖。

（3）重叠度：相邻照片之间应有足够的重叠区域，通常建议重叠度在60%以上。

四、近景摄影测量中直接线性变换解法

直接线性变换（DLT）是一种摄影测量和计算机视觉领域广泛应用的算法，特别适用于处理非量测相机拍摄影像，如普通数码相机、高速摄影机、CCD摄像机、普通手机照相机等。在实景三维地质建模过程中，廉价的、非专业的、操作简便的摄影测量应用较多，然而上述相机可能存在较大的镜头畸变，且无专门定向装置，内方位元素未知，传统摄影测量处理方法存在一定的计算困难

DLT方法通过建立影像上像点坐标与对应物体上的物点在物方空间中坐标之间的直接线性关系，从而实现对物体三维定位。该方法不需要内、外方位元素的初始近似值，只需一定数量的已知控制点就可以求解。给定一组控制点，其物方空间坐标（X，Y，Z）与影像坐标（X，Y）之间关系可以通过一组线性方程组来描述。方程组包含11个未知参数（DLT参数），参数反映相机的内外方位元素以及畸变等信息。通过最小二乘法求解参数，利用DLT方法进行后续物点三维定位计算。

DLT方法步骤包括控制点选择、参数求解、物点定位等。选择一定数量已知物方空间坐标控制点，控制点数量至少要满足求解DLT参数所需最小数量要求；根据控制点在物方空间和影像上的坐标，建立线性方程组并求解参数；利用求得的参数，对于任何新物点，只要其在影像坐标已知，就可以计算出该点在物方空间坐标。

DLT方法适用于多种类型的非量测相机，能够处理畸变较大的影像；不需要相机内方位元素和外方位元素初始近似值，降低了操作难度；使得低成本的非量测相机也能用于精确三

维测量，提高了摄影测量的可及性；相对于使用精确量测相机和复杂的摄影测量方法，其精度可能较低；精度质量依赖于控制点数量和分布。控制点的误差和分布不均匀可能会显著影响结果的准确性。

五、产状测量原理

测定岩体结构面产状，可以通过测量结构面上的多个特征点，并利用点的空间坐标计算出岩层平面方程。假设已经通过近景摄影测量方法得到了结构面上 n 个不共线点的空间坐标(X_i, Y_i, Z_i)，可以列出以下方程来描述这些点(韩东亮，2014)。

岩层平面方程：

$$Z_i = AX_i + BY_i + C$$

可列出方程：

$$\begin{bmatrix} X_1 & Y_1 & 1 \\ X_2 & Y_2 & 1 \\ X_3 & Y_3 & 1 \\ \vdots & \vdots & \vdots \\ X_n & Y_n & 1 \end{bmatrix} \cdot \begin{bmatrix} A \\ B \\ C \end{bmatrix} = \begin{bmatrix} Z_1 \\ Z_2 \\ Z_3 \\ \vdots \\ Z_n \end{bmatrix} \cdots\cdots$$

采用最小二乘原理解算(A,B,C)。

$$\begin{bmatrix} A \\ B \\ C \end{bmatrix} = \left(\begin{bmatrix} X_1 & Y_1 & 1 \\ X_2 & Y_2 & 1 \\ \vdots & \vdots & \vdots \\ X_n & Y_n & 1 \end{bmatrix}^T \begin{bmatrix} X_1 & Y_1 & 1 \\ X_2 & Y_2 & 1 \\ \vdots & \vdots & \vdots \\ X_n & Y_n & 1 \end{bmatrix} \right)^{-1} \begin{bmatrix} X_1 & Y_1 & 1 \\ X_2 & Y_2 & 1 \\ \vdots & \vdots & \vdots \\ X_n & Y_n & 1 \end{bmatrix}^T \begin{bmatrix} Z_1 \\ Z_2 \\ \vdots \\ Z_n \end{bmatrix} \cdots\cdots$$

结构面法向量为(取向上的法向量)$n=(-A,-B,1)$。

由法向量 n 可计算出倾角 α 和倾向 B。

(1)当 $A=0$ 时。

$$\alpha = \arctan|B|; \quad \beta = \begin{cases} \pi/2(B<2) \\ 3\pi/2(B>2) \\ \forall\ (B=0) \end{cases}$$

其中，$A<0$ 时，$\begin{cases} B\leqslant 0, \beta=\beta_0 \\ B>0, \beta=\beta_0+2\pi \end{cases}$；$A>0$ 时，$\beta=\beta_0+\pi$

六、近景摄影测量边坡几何面获取

1. 测试概况

试验区位于新疆博罗科努山腹地四棵树上游地带，属于典型中高山区，剖面为典型南北向走滑性质断层挫断形成高峻陡崖断层，断层上能清晰地描述和发现逆冲构造形迹(图 5-4)，且该地区近景摄影、高分辨率遥感影像、DEM 等资料齐全，基础地质实测资料齐全，具备完成

图 5-4 博罗科努山腹地实景三维影像

精细化定点研究的资料和必要性。

试验区主要岩性为白的灰岩、大理岩、凝灰岩、酸性侵入岩，岩石产状较缓，一般10°～30°。如图 5-4 所示，受自然断裂作用影响研究点形成高峻的陡崖，高差百米，岩石边坡岩体大量裸露、岩石节理裂隙密集发育，部分厚层巨厚层灰岩被切割成块状。出露地层为东图津河组(C_2dt)。剖面沿南北向断裂发育，断裂东西两侧崖壁 60°～90°近直立状，崖壁高差约 400m。通过高分卫片、DEM、近景摄影测量等综合方法建模获取实景三维。近景相片分辨率优于20cm，实景三维中一般的地层界线、构造界线、垂向节理等可清晰解译。东图津河组一段(C_2dt^1)主要为火山碎屑岩，近景相片中呈深灰色或灰黑色，二段(C_2dt^2)主要岩性灰岩，近景相片呈乳白色。东图津河组地质剖面总长度约 2.8km，剖面北侧灰岩段逆冲于火山碎屑岩之上；南侧灰岩段与火山碎屑岩段之间发育大量的互层或条带。灰岩中穿插大量火山碎屑岩条带，火山碎屑岩条带随高度变化呈现厚度变薄、频次减弱特征。依实景三维剖面及测量结果推测，东图津河组海陆交互相特征明显。

研究点也是良好的崩塌地质灾害研究点，野外工作过程中，部分巨石崩落，边坡和岩石节理系统发育复杂，受构造影响岩石边坡的稳定性有待进一步研究。研究点上游发育大量冰川及冰川型泥石流，附近构造沉积物多表现为冰碛物、河道砾石杂乱堆积，依据遥感影像开展泥石流、崩塌等研究。

为了全面综合研究试验点地质灾害、地层、构造等综合情况，本次采用近景摄影测量、卫星遥感、实景三维等多方面技术，利用相机自带 GNSS 资料进行免像控建模，实验结果与野外地质测量效果要好，能满足一般野外调查需求。

在数据处理和模型建立过程中，采用了三维建模软件进行建模，并通过误差分析对模型的精度进行了严格评定。结果表明，所建立的三维模型具有较高的精度，能够准确反映边坡的地形和地质特征。基于高精度的三维模型，详细解译了岩体结构面的几何特征，包括节理面、裂隙面和层理面等关键信息。

通过对结构面信息分析，评估边坡岩体的稳定性，识别出潜在的滑坡和泥石流危险区域。

研究结果为边坡的稳定性管理和地质灾害防治提供了重要的科学依据和数据支持。

2. 不足之处

近年来，随着大型工程建设项目不断推进，岩体结构稳定性评价问题备受国内外学者的关注。岩体结构面几何信息的获取是岩体结构稳定性分析评价基础。数字近景摄影测量技术应用于工程地质岩体结构面信息获取这一热点问题，并结合计算机视觉领域的相关理论。

在研究中，结合国内外研究现状，运用测绘科学中非接触数字近景摄影测量技术获取岩体结构面几何信息，遵循“控制测量—影像获取与校正—三维建模—精度评定—信息解译”过程思路，重点研究了相关基本原理、无控制（免棱镜全站仪控制测量）、普通数码相机标定及影像校正、基于数字摄影测量工作站建立边坡三维模型的作业流程，并基于测量误差理论评定了模型建模控制点的拟合精度以及非建模控制点和产状的解译精度。在精度符合要求的前提下，解译了大量岩体结构面几何信息，为岩体稳定性评价提供了可靠的基础数据。主要不足及存在的问题如下。

（1）无控制（免棱镜或自带 GNSS 模式）：采用近景摄影或无人机方式，无控制或摄影器材自带 GNSS 三维坐标模式建模，经验证满足中精度被测目标点位精度要求，能为边坡三维模型建立提供可靠的数据基础。

（2）有控制点情况下边坡结构面控制点选取原则：控制点应按照清晰易辨、易于瞄准原则进行选取；整体分布应本着环绕目标、适当加密的原则进行均匀布设。实验位于中高山区，需满足区域地质调查需要。

（3）摄影器材与结构面间夹角限差分析：在岩体结构面信息采集时，摄影器材方向与目标点所在结构面所成夹角不宜大于 45°。

（4）三维模型建立：针对非量测相机获取的边坡近景摄影测量影像，探讨数字摄影测量工作站建立边坡三维模型的技术流程和方法，实现了边坡三维模型的建立。

（5）三维模型及产状解译的精度评定：应用单反数码相机（有效像素 1200 万、2000 万）拍摄的数码影像，基于数字摄影测量工作站建立边坡三维模型。基于测量误差理论，野外检验能够满足边坡岩体结构面几何信息获取要求。通过三维模型解译产状与罗盘获取产状进行对比，倾向和倾角的误差分别为±5°和±4°，具备较好的符合精度，进一步验证了三维模型解译产状信息的可靠性，从而实现边坡结构面几何信息的广泛解译。

在地质调查过程中以裸露岩体或断面为研究对象，实验性完成实景三维工作，工作过程中遵循“控制测量—影像获取与校正—三维模型建模—精度评定—信息解译”思路，重点对无人机航测控制测量、边坡影像获取与校正、基于数字摄影测量工作站边坡三维模型建立和基于测量误差理论模型精度评定进行研究。模型精度符合或野外检验精度要求前提下，解译大量岩体结构面几何信息，为区域地质调查基础研究、边坡岩体稳定性评价提供大量可靠的数据。

通过无人机航测技术对研究点进行高精摄影测量，获取详细的摄影数据。运用先进的影像处理技术对获取影像，确保影像几何精度和色彩一致性。利用摄影测量三维工作站建立剖面或边坡高精度三维模型，并通过测量误差理论对模型的精度进行评定。基于高精度三维模型，解译了大量关于地质剖面、岩体结构面几何信息，为区域地质剖面研究、工程地质边坡稳定性评价提供坚实的数据支持。

通过研究，验证了无人机航测在区域地质调查、工程地质中的应用潜力，而且为类似调查方式、地质工程提供研究方法和技术路线。

本次还进一步探讨不同控制测量方法对模型精度的影响。通过对比传统地面控制测量和无人机航测控制测量，发现后者在提高工作效率和数据获取全面性方面具有明显优势。同时，影像校正过程中采用的多视角影像融合技术，有效减少了影像畸变和遮挡问题，提高影像质量和模型的精度。

在三维模型建立过程中，针对实景三维工作站参数设置进行了优化，确保了模型的真实性和精度。精度评定环节，通过引入误差分析工具，对模型的平面精度和高程精度进行了全面评估，验证了模型的可靠性和适用性。

基于高精度三维模型，详细解译了地质剖面、边坡岩体结构面的几何特征，包括节理面、层理面、裂隙等重要信息。为边坡稳定性分析提供重要参考，能够有效预判潜在滑坡、崩塌等地质灾害风险。

本次实景三维技术方法上提供了创新性的思路和手段，同时在实际应用中也具有重要的指导意义，为类似地质灾害防治工程提供了宝贵的经验和数据支持。

第二节　实景三维灾害调查

独库公路，又称独山子至库车高速公路，是中国新疆地区一条重要的交通干线（图 5-5），连接了天山南北两侧的经济和文化。该公路全长超过 500km，穿越了复杂的地质和气候条件，尤其是在高寒高海拔地区。独库公路的沿线地形复杂，山高谷深，既有雄伟的山脉，也有险峻的峡谷，给公路的建设和维护带来了巨大的挑战。

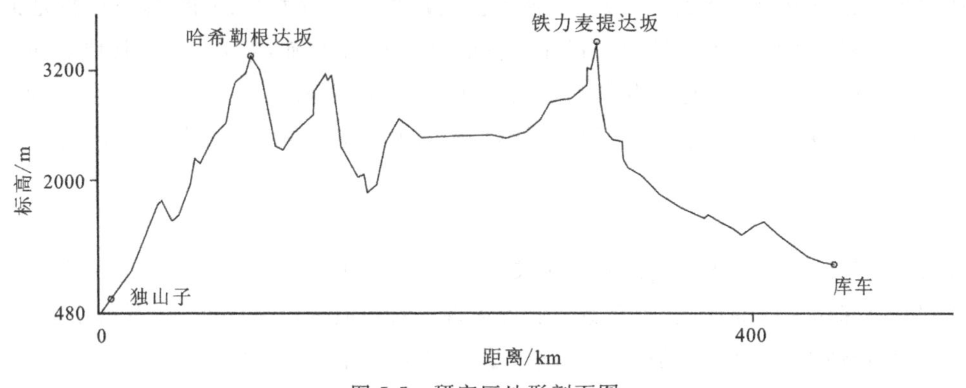

图 5-5　研究区地形剖面图

独库公路沿线地质条件复杂，存在多种不良地质现象，不良现象严重影响公路安全和有效运行。主要不良地质现象包括崩塌、泥石流、滑坡、冰雪害、水毁、冻土、冻胀翻浆等。地质灾害不仅威胁到行车安全，还可能导致交通中断，影响沿线居民的正常生活和经济活动。

在高寒高海拔地区，气候条件变化多端，降水、积雪和气温波动都对公路稳定性产生直接影响。尤其是在春季和秋季，冰雪融化和降雨造成的泥石流和滑坡现象频繁发生。由于公路沿线的地质条件不稳定，灾害发生频率和强度在近年来有所增加，给交通运输和公路管理带来严峻的考验。

为了有效识别和评估这些地质灾害隐患，传统人工调查方法往往难以适应高陡斜坡和深山峡谷环境。为此，采用遥感解译技术显得尤为重要。遥感技术能够通过卫星影像和航空摄影等手段，快速、全面地获取沿线地质灾害分布和发育情况。不仅提高了调查效率，也降低了人工作业的风险。

结合遥感影像解译，研究人员通过目视方法和自动方法开展识别沿线不良地质现象研究，并对其进行分类。常见崩塌、滑坡等地质灾害较多，而泥石流可能在特定河道和山坡上形成特征性痕迹。通过对灾害痕迹识别和分析，划分出不同类型地质灾害发育区，并评估其对公路的潜在危害。

灾害评估过程中需考虑多方面因素，包括地质结构、降水量、气温变化、土壤湿度等。各个因素相互作用且相互影响，可加剧灾害发生。因此，建立完善监测体系，结合遥感数据和地面实地考察，有助于更准确地评估地质灾害对独库公路影响。

此外，为降低地质灾害对公路的威胁，建议相关部门需要制定科学合理的管理和维护措施。包括定期安全检查、灾害预警系统的建立、以及应急预案的制定等。措施不仅可以提高公路的安全性，也能保障沿线居民的生活和经济活动的顺利进行。

独库公路作为一条重要交通干线，面临着复杂的地质条件和多种潜在地质灾害隐患。通过遥感解译技术应用，能有效识别和评估隐患，为公路的安全运行提供科学依据。未来，随着技术不断进步和管理水平提高，独库公路必将更加安全、畅通。

一、铁力买提达坂

铁力买提达坂位于新疆天山深处，是独库公路跨越天山分水岭的重要隘口，也是横贯天山南北独库公路的咽喉之地。铁力买提在蒙古语中意为“不可逾越”，显示了其地形和气候条件的艰险。该区域崩塌、滑坡和雪崩等地质灾害频发，严重威胁公路的安全运营（陈邦贤，2015）。该处开展基于无人机技术和卫星遥感技术的灾害防治具有较好的应用价值。

1. 滑坡

天山公路是连接新疆天山南北的重要交通要道，沿线挖填方现象普遍，道路经过峡谷陡坡、坡脚开挖、深切河谷等地段，频繁遭受崩塌灾害。峡谷地带山坡陡峻，岩石风化强烈，岩体疏松破碎，稳定性差，容易发生崩塌。线路上崩塌灾害具有频繁发生、类型多样等特点，其规模以中、小型为主。道路沿途数量众多、分布广泛的小型崩塌，常常砸毁车辆、损坏路面，而大型崩塌则具有毁灭性破坏力。沿途高大陡峭山壁常发生巨石坠落事件，毁人毁车，崩落的碎块还堵塞河道，形成堰塞湖。

研究区内大量出现灰岩、碎屑岩边坡，受地质构造及外界风化发育影响，岩体十分破碎。虽碎落掉块不至于造成严重事故，但也对公路正常运营带来一定影响。为保障天山公路安全运营，亟须深入研究沿线崩塌灾害的成因及影响，并采取有效的防治措施。

研究区区域地质构造复杂，欧亚大陆板块和印度洋板块近南北向挤压作用密切相关。天山山脉和塔里木盆地位于挤压带，因此山脉的断裂带走向总体上与挤压方向垂直，即北东东向延伸，且大多数断裂为压扭性。

在研究区域内，断裂带发育显著，对地层稳定性影响较大的断裂包括那拉提断裂带、铁力买提断裂、哈尔克山断裂及库尔勒断裂。断裂带使得区域内地质条件更加复杂，增加了滑坡及其他地质灾害的风险。研究位置海拔高差显著，从3700m高山向塔里木盆地过渡，地形落差超过3000m以上。地形剖面上该段山体雄厚，地形起伏明显，呈现出高山深谷的地貌特征。山脊多呈尖棱状，主脊两侧的山梁排列如梳状，形成独特的地形景观。天山主脊区降雨量相对强度大，加之山体坡积物较为破碎，沟谷一般呈较深的"V"字形，水流急促，加剧了坡积物的不稳定性。研究区水补给主要是降水、融雪，区域年降水量在600mm左右，降水量除少量蒸发外，全部径流补给河水及地下水。地下水类型以裂隙水为主。天山区新构造运动十分强烈和频繁，其特点是继承老断裂的差异性升降运动，并伴有轻度的挤压褶皱运动。在构造、演示、冰川、降水等综合作用下铁力买提达坂两侧公路和坡体裂隙、位移、沉降等较为明显。

通过实景三维影像、航拍照片以及现场观察，识别和评估滑坡现象(图5-6)。实景三维影像利用无人机、卫星或地面激光扫描等技术，生成高精度三维地形模型。通过模型分析，直观地观察滑坡区域地形变化和滑坡体特征；无人机携带高清航摄仪，倾斜或从不同角度拍摄区域影像，生成高分辨率三维模型，高分航片参与地质灾害解译；利用高分辨率遥感卫星获取大范围的地形数据，适用于大范围滑坡监测；可通过激光扫描仪获取地面高精度点云数据，生成详细三维地形模型；通过对比不同时期的三维地形模型，识别滑坡前后的地形变化，确定滑坡范围和体积；三维模型可清晰显示地表裂隙和沉降区域，辅助判断滑坡稳定性；分析滑坡体形态、方向和规模，评估滑坡的危险性和潜在影响。

图5-6　铁力买提达坂附近实景三维

通过对比不同时期航拍照片，识别滑坡前后地表变化，确定滑坡范围和移动方向；高清影像可以清晰显示地表裂隙和局部崩塌现象，辅助判断滑坡稳定性；分析滑坡区域植被变化情况,判断滑坡活跃程度;现场观察是滑坡解译中最直接方法,通过实地勘察,直接获取详细滑坡信息。

结合实景三维技术,现场观察可以做到有的放矢,详细记录滑坡地质特征,包括岩性、地质构造、裂隙和沉降等;通过现场观察,了解滑坡体动态变化,判断滑坡稳定性;评估滑坡对周围环境和基础设施的影响,为防治措施提供依据。

通过实景三维影像、航拍照片,实时监测公路路面裂隙和沉降情况,判断滑坡风险;结合现场观察,评估公路路面变形情况,采取加固措施,保障交通安全;利用实景三维影像和航拍照片,准确确定滑坡范围和体积,为防治工程提供数据支持;结合多时相影像和现场观察,评估滑坡体的稳定性和动态变化,制定科学的防治措施;监测滑坡对周围环境和基础设施的影响,为滑坡治理提供依据。

研究点裂隙分布广泛,裂隙在公路两侧分布广泛,尤其集中在断裂带附近区域;主要为张裂隙和剪裂隙,张裂隙多由岩体受拉伸作用形成,剪裂隙则由岩体受剪切力作用形成;裂隙走向多与主断裂带方向或坡向一致;裂隙宽度不一,从几毫米到数十厘米不等,部分裂隙在降雨后会进一步扩展。

公路沿线常见沉降现象,主要表现为:沉降现象多发生在公路沿线的低洼地带和断裂带交会处;沉降深度从几厘米到数十厘米不等,部分区域沉降较为严重,影响公路正常通行;沉降速度与降雨量和地下水位变化密切相关,降雨季节沉降特征更加明显;沉降形态多样,有整体性沉降和局部沉降两种,整体性沉降多发生在大面积软弱地基处,局部沉降则多见于断裂带附近。

公路沿线常见位移现象,主要表现为:位移方向多与坡度方向一致,岩体沿坡面向下移动;位移速度不一,受降雨和融雪影响,雨季和融雪季节位移速度加快;位移规模从几厘米到数米不等,部分区域位移较大,导致公路变形和破坏。

2. 崩塌

崩塌在天山公路沿线普遍发育。受地形所限,公路所经之处许多边坡的坡度大于 30°,加上开挖后岩体卸荷及物理风化等因素造成沿线崩塌密集常常数公里路段边坡连续发生崩塌形成崩塌区段。尽管规模不是很大但也给公路运营带来很多影响。公路沿线的崩塌受到地质构造及气候条件的控制发育的构造带会形成许多断层和褶皱破坏岩体的完整性;严寒的气候会有强烈的物理风化作用使岩体风化破碎。如哈希勒根达坂和铁力买提达坂地区分别受哈希勒根断裂带和塔里木北缘断裂带影响断层褶皱发育且两个地区均位于海拔 3000m 以上寒冻风化作用强烈,因此这两个地区的崩塌十分发育(张博,2006)。

天山公路沿线崩塌灾害的基本原因是陡峭的地貌环境和破碎的边坡岩土体结构这些条件的普遍性决定了崩塌发育的广泛性。崩塌害具有必然性特点是因为公路沿线斜坡的表面岩土体普遍松动破碎只要具备陡坡条件往往就会发生崩塌灾害。崩塌灾害突然发可认为是一种必然的结果在满足崩落坍塌条件的边坡中当受到地震、风力、水力侵蚀人为活动等作用时就易于发生崩塌灾害。崩塌灾害具有规模小、活动频繁等特点,这与公路沿线出露的地层岩性和地质构造发育情况较为密切。沿线出露的岩性以火山岩为主,软弱夹层很少受到地质应力作用后岩体往往被切割成较小的块体形成掉块;火山岩岩性较硬抵御外界风化的能力较强一般的火山岩边坡岩体以轻~中等风化为主风化层厚度较薄风化和剥落往往同时进行:天山地区地质构造发育完整的岩体在各种褶皱裂隙的作用下变得十分破碎从而形成小规模的垮塌掉块(张博,2006)

3. 溜沙坡

溜沙坡是天山公路沿线一种较为特殊的灾害种类,鉴于对它的研究程度不高,现将其放在崩塌中加以简单介绍。溜沙坡灾害是砂石在重力作用下向坡脚运动与堆积的过程。物质组成以碎石夹砂粒为主,个别含有少量黏粒,在坡面不稳定的时候以碎屑流的形式达到新的平衡,稳定的坡角为自然休止角,因补给物的不间断性,溜沙坡活动具有频繁发生的特性,严重影响通过坡脚公路的安全(张博,2006)。

针对溜沙坡威胁路线的特点,从溜沙坡所处位置、规模、风化裂隙发育程度等方面综合分析其对路线的危害程度。溜沙坡处于活动状态,直接威胁拟建路线安全,危害程度为"较大影响"。对于离路线距离较近,存在失稳的可能或失稳后有可能影响正常交通的溜沙坡,危害程度为"中等影响"。对于目前处于稳定状态,若路线施工可能诱发其复活的溜沙坡,危害程度为"轻微影响"。对于离拟选路线距离较远,本身已经趋于稳定的溜沙坡,或虽然存在隐患,但即使发生灾害也不至于影响到路线的溜沙坡,将其危害程度定为"无影响"。工作区内发现对拟建路线中等影响的溜沙坡有 9 处,轻微影响的滑坡点 18 处,无影响的有 60 处(金鋆和林华章,2020)。

4. 雪崩

每年 10 月降雪季节到后积雪封路,多处雪崩,第二年 6 月才可正常通车,大大降低了公路的使用率。

积雪造成的雪崩、风吹雪对天山公路的安全使用造成很大的影响,冬季特大暴雪、大小型雪崩、风吹雪及积雪消融都会严重损坏公路路面、路基,造成严重交通事故等。天山公路沿线受三大冰川的影响,近几十年来各流域普遍开始快速升温且近 50 年来覆盖的冰川面积缩小了 11.5%,大型冰川的加速消融作用下形成的洪水无疑为地质灾害的发生提供了足够的水源,对天山公路的安全运行造成巨大威胁。

每年 5—9 月夏季来临时,温度升高,冰川融化,暴雨集中,此时为泥石流、滑坡等灾害提供了充足的水源,暴雨的冲刷同时会导致危岩体的崩塌和路基冲毁等灾害。天山暴雨型泥石流主要集中在海拔 1600~2500m 之间,时间多半在 6—8 月。沿线 K627—K905 年均降雨雪量在 350~800mm 之间,每年都会发生具有局地性、周期性及危害大等特点的强降水,每当汛期来临,也是泥石流、滑坡、水毁等地质灾害的高发时段,根据其在时间分布的灾害群发性、发生周期性不确定性可开展具有针对性的抗洪救灾措施。每年降雪季节主要集中在 10 月至翌年 5 月,且 1 月降雪量最大,在这个时期公路沿线雪崩灾害时常发生,且主要集中在哈希勒根、玉希莫勒盖、铁力买提 3 个达坂区和巩乃斯沟流域(张婷,2015)。

雪崩是指积雪在重力作用下沿山坡快速下滑的现象。铁力买提达坂区域的雪崩现象主要表现在以下几个方面。

雪崩频率：雪崩主要发生在冬季和春季，积雪融化期间是雪崩的高发期。

雪崩规模：雪崩规模从小规模表层雪崩到大规模深层雪崩不等，大规模雪崩对公路和车辆的威胁更大。

雪崩路径：雪崩路径多沿山谷和坡面下滑，积雪对公路的覆盖和冲击力较大。

雪崩屏障：在雪崩高发区设置雪崩屏障，如雪崩挡墙和雪崩网，减缓雪崩对公路的冲击。

雪崩路径管理：通过人工干预改变雪崩路径，减少雪崩对公路的威胁。

监测预警：布设雪崩监测设备，实时监测积雪变化，及时预警雪崩风险。

(a)研究点遥感图　(b)切割沟谷　(c)峰顶灰岩　(d)灰岩陡坎

图 5-7　铁力买提达坂遥感影像及野外景观

二、乌兰萨德克

天山公路沿线泥石流十分发育，这与天山地区的地层岩性、地质构造、气候特点密切相关。按照触发因素，天山泥石流可以分成三大类（张博，2006）：

1. 暴雨型泥石流

这种泥石流是由于降雨径流激发形成的，爆发频率高，危害大，物源多为沟谷两侧山坡风化破碎产物，主要分布在沿线海拔较低的地区。逢雨季降雨集中、量大，沟谷中松散堆积固体物质被雨水侵蚀、搅和、搬运，最终形成泥石流。

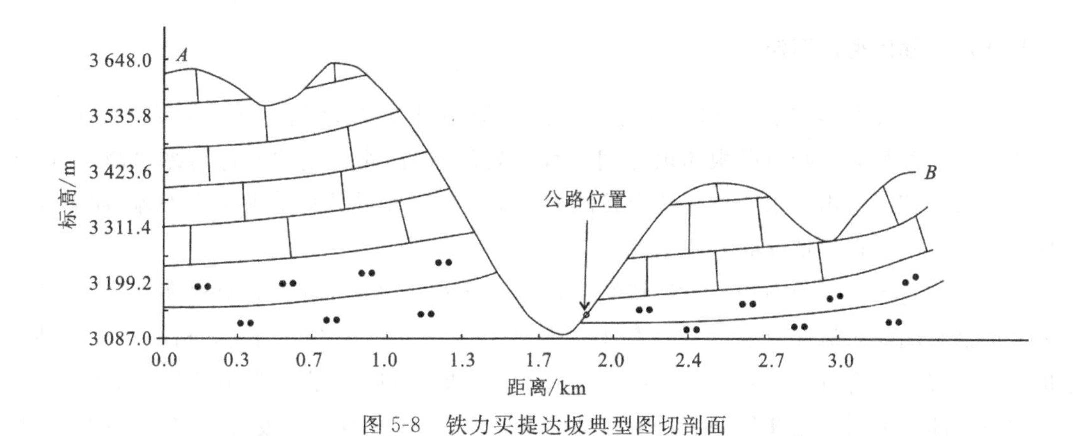

图 5-8　铁力买提达坂典型图切剖面

图 5-9　独库公路乌兰萨德克一线灾害点

2. 冰川型泥石流

冰川型泥石流是由高气温引起强烈的冰雪消融洪水冲击形成。此种类型泥石流一般分布在高海拔地区，受气温变化影响明显，固体物质多为冰碛物及崩塌堆积物，规模宏大，破坏力极强。由于在高海拔的山垭口附近常采用盘山公路的方式爬坡，因此冰川型泥石流一旦暴发将同时影响多级公路，造成严重后果。

3. 冰川—暴雨型泥石流

冰川受连续高温影响消退活跃，至冰川消融或崩塌，在地质环境等多重影响下形成典型泥石流。乌兰萨德克至哈希勒根达坂之间发育多处泥石流，泥石流的发育与冰川消融、降雨等因素关系密切。雪山融水剧增加持山谷两侧黏土、碎石、粉砂等形成典型泥石流，泥石流导致独库公路中断通行等情况时有发生。

冰川型泥石流受冰川面积、位置、持续高温的影响逐渐消融，山谷陡峭程度、泥石流物源等来源都是影响泥石流发育的重要因素，研究区泥石流研究过程中借助无人机技术获取典型冰川赋存位置及状态、碎屑物发育程度等，对泥石流的形成和预警提供有效的技术支撑。

冰川及冰川的活动是冰川型泥石流活动的主要因素，研究点峰顶发育一定数量的大陆性冰川，冷季冰川积累、暖季冰川释放水源，持续温度异常导致冰川活跃异常，造成研究区冰川型泥石流发育。利用遥感技术通过不同季节、不同年份的冰川面积监测以研究本区域冰川型泥石流发育及活动特征，图5-10为研究区遥感影像及冰川特征。

图5-10　研究区遥感影像及冰川特征

研究点泥石流活动特征受控于地形条件、物源条件、气象条件。

1. 地形条件

博罗科努山-依连哈比尔尕山北侧现代冰川富集，且北侧山峰沟深剖都，相对高差较大，为泥石流发育集聚势能。研究点峰顶4400m，河道高程2000～2100m，相对高差约2200m。冰川区海拔约4300～4400m，冰川消融区海拔3500m以上，也是冰川物质来源的重要区域之一。岩石主要为片岩、板岩、砂岩等，岩石较为破碎，岩石裂隙发育较高，受冰川作用、构造作用等影响易形成风化物堆积，为泥石流的发育和形成提供良好的物源。实景三维解译显示多期泥石流叠覆特征明显。

研究点部分山坡坡度大于50°，加之沟道狭窄、基岩破碎裸露等特征，汇水流速巨大，冰川切割效应明显，甚至泥石流活跃期水流切穿早期泥石流堆积物形成典型泥石流剖面。

实景三维技术通过无人机、卫星遥感、激光雷达等手段获取高精度的研究点地形数据。详细反映泥石流发源地、流经区域及堆积区的地形特征，为泥石流的发育研究提供基础数据。定期对冰川区域进行测量，监测冰川的变化情况，包括冰川消融的速度和范围，有助于评估冰川融水对泥石流形成影响，并预测潜在的泥石流暴发风险。基于实景三维数据，构建泥石流的三维路径模拟模型。通过模拟泥石流的流动路径、速度和堆积量，可以预测泥石流的影响范围和破坏程度，为灾害防范和应急响应提供科学依据；实景三维技术可以对历史泥石流事件进行重建和分析，帮助研究人员了解泥石流的形成机制、发展过程和影响因素。这些信息对于未来泥石流的预测和防治具有重要参考价值。

2. 物源条件

研究点位于博罗科努山一依连哈比尔尕山典型碰撞造山带，岩石产状陡峭，地质构造相对复杂，沿独库公路断层、褶皱极为发育，加之部分断层活动与地震有关，地质剖面中岩石裂隙密集发育，岩石常形成崩塌、滑坡、碎石流等，一定程度上该种地貌和岩石构造特征为泥石流的发育提供了丰富的物源条件。加之泥岩、板岩、千枚岩等抗风化能力较弱，在冰川作用下极易脱落。

实景三维、高分辨率遥感资料显示研究点沟道内部的冰碛物、冰碛垄解译特征较为明显，冰川进退特征在冰碛物等形态中能明显反映。早期遥感影像显示，研究点冰舌发育，冰垄特征明显。冰碛物多见以灰—灰黑色棱角状凝灰岩、板岩、千枚岩等为主，填隙物多见为砂、黏土等，无胶结或弱胶结，胶结物遇水即可崩解。

据实景三维、遥感、实地调查(图5-10～图5-13)，泥石流固体物质多粒度发育呈不同的分带特征，该特征对泥石流的发育和动力特征影响较大。上游汇水面积较小，河道陡峭，部分冰舌末端与泥石流直接接触，融水直接入渗冰碛物中，表面粒径较大，孔隙较大，因导水性较好，形成泥石流可能性较小。中上游，因部分坡道较缓，雪水、雨水冲刷下粒径较小填隙物明显增多，部分冰碛物导水性较差，可阻断水流，在较强的水动力或其他外因下易形成泥石流。

3. 气象条件

6—10月气温回升山坡积雪、冰川融化，其中季节性降雨和冰雪融水参与了泥石流的前期孕育，融水进入泥石流、山坡堆积物孔隙，当连续的高温冰川融水径流量增多，沟道内固体含水量增加并且其流动性增加，极易激发形成冰川型泥石流。6—10 月雨水增多，雨水与冰川融水融合后，泥石流风险增加。6—10 月降雨强度分布不均，短时降雨强度大、时间短，山坡植被发育较少，在陡峭山壁的加持下，短时降雨激活山坡堆积物，诱发降雨型泥石流。部分短时强度降雨冲刷沟部碎石，使其不断堆积增厚，多期强度降雨后泥石流活动性激发，研究点位置多次因降雨引发泥石流堵塞道路及河道。

雨热同期是研究点泥石流特别发育的主要原因，强度降雨和温度异常，使水体、土地、岩体相互作用，为泥石流提供物源条件。温度异常使冰川融化，多余的水分进入稳定性差、结构松散的泥石流物源区，融水使得粒径较大的块体之间填隙物流失，即细小颗粒或黏土物质软化，增加了堆积物的活动性，水润滑后，堆积物的流动性增加。

研究点泥石流的发育与地形、温度、基岩等条件密不可分，利用实景三维技术估算泥石流物源区的物质来源，依据不同方法推测泥石流的含水量以及流动性特征，对峰顶冰川的面积、体积以及其融化特征进行综合研究综合分析，对其驱动因素一水的作用进行定量化研究有利于本地泥石流的预警(图 5-11)。为研究天山泥石流的赋存、物源和水动力条件，实景三维技术可以提供详细且精确的数据支持。实景三维技术工作流程和预期成果如下：

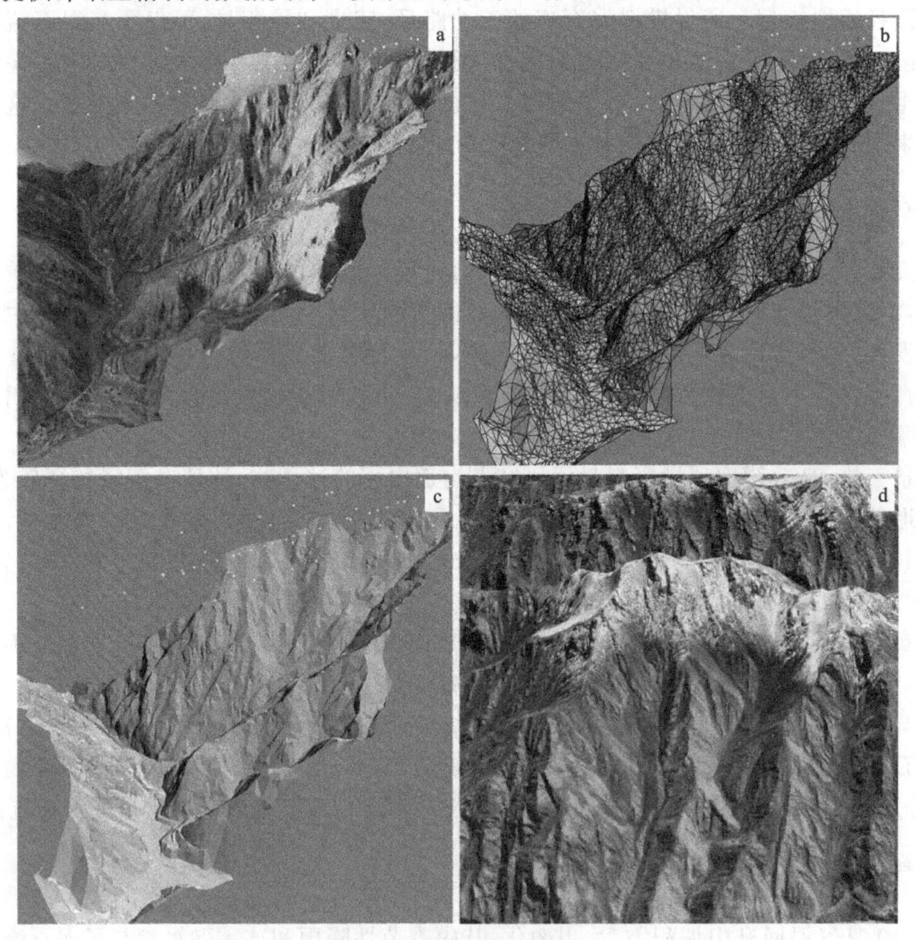

图 5-11　调查区三维影像

a. 无人机三维影像；b. 三角网图；c. 白膜图；d. 卫星三维影像

通过实景三维技术获取高精度地形数据，构建泥石流三维模型，分析泥石流的空间分布特征。确定泥石流发源地、流动路径和堆积区域。

利用高分辨率影像和三维建模技术，对沟谷两侧山坡进行详细解译，识别和分类物源种类及其分布情况。识别泥石流的固体物质来源，包括冰碛物、风化物和崩塌堆积物等。

结合实景三维数据和水文气象数据，建立水动力学模型，模拟降雨和冰雪融水的流动路径和作用力。研究泥石流形成的水动力条件，包括降雨径流和冰雪融水的贡献。

三、喀什巴斯阿热散

喀什河上游地区地质和气候条件较为复杂，雪灾、泥石流、崩塌、滑坡等灾害发育较多。该地区冬季漫长且严寒，夏季短暂而凉爽。由于海拔较高，6—9月气温变化显著，随着冰川型融水的增多泥石流等现象时有发生。冬季常出现大规模降雪，由于该处位于北西西向—北东向—南北向3处沟道的交汇处(图5-14)，冬季极易形成典型的风吹雪灾害。春季积雪融化迅速，形成大量冰川融水。研究点岩性多以花岗岩为主，北西西喀什河断裂与北北西向断裂研究点交会，多见崩塌、风吹雪等灾害。由于构造活动比较频繁，北侧山峰处发育较多温泉，目前已经局部开发。

1. 雪崩

结合人工方式现场调查，询问当地牧民雪灾异常点，雪灾异常位置等信息；利用实景三维方式结合气象、水文、地质等资料进行雪灾模拟和交互式验证。完善野外调查数据，结合地表气象数据进行灾害数据库构建。

以道路工程为中心进行传统地表雪灾调查和研判，对初步工作的结果结合实景三维资料进行重点工作区确定，明确重点研究区域、一般研究区域、弱影响区域等。重点研究区域中重点结合地形、地表风场、温度、雪灾等资料进行雪灾道路灾害诱发条件研究，判断预防措施，结合工程进行预防措施优化；一般研究区域是指距离重要工程较远或无相关雪灾潜在条件的区域，结合雪灾的诱发条件进行研判，极端条件下是否对重要工程造成一定影响；弱影响区是指距离重要工程较远或历史时期无雪灾等发生，结合实景三维进行调查。

结合多期冬季大雪厚遥感影像和重点研究区域位置，采用无人机航线调查方法，进行无人机雪灾调查。结合前期气象数据、勘查结果、无人机航线规划结果，设置无人机飞行参数，完成倾斜摄影测量，按照航空摄影测量要求完成航向、旁向重叠度的设置。通过自动设置航线重叠度间隔拍摄等方式保证实景三维测量的数据精度。

通过实景三维及实景三维单张照片识别雪灾轮廓和纹理，识别雪灾的释放区、运动区、堆积区，调查其位置、体积、运动路径等信息(图5-12)。

2. 泥石流

泥石流地面形态一般可分为物源区、流通区和堆积区3部分，物源区地形应具备山高沟深地形陡峻、沟床纵坡降大，流域形状便于水流汇集，中游流通区地形多为狭窄陡深的峡谷，使泥石流能迅猛下泻，其流速增大，下游堆积区地形为开阔平坦的山前平原或河谷阶地，使得

图 5-12 调查区实景三维影像

堆积物有沉淤场所。物质方面是指泥石流发生所必需的松散固体物质、水量的汇集储存，物源区崩塌、滑坡等不良地质现象发育，表层的坡残积物和破碎岩石受扰动后为泥石流提供了丰富的固体物质来源，同时树林砍伐、矿山开采和工程渣土堆放等活动也为泥石流提供大量的物质来源。环境条件指泥石流的暴发需要短时间较大的水流，才能在物源区裹挟固体物质并向下游流动，如强降雨、冰雪融水和水库溃决水体等。

天山一带泥石流发育主要取决于地形、物质、气象条件关系密切。研究点上游泥石流较为发育，是本地道路工程形成潜在危害。研究点道路设计线路穿越峡谷，气象条件复杂多变、地形起伏大，沿线地质构造发育，雪崩、滑坡、泥石流等地质灾害多发(图 5-13)。通过遥感方法、无人机实景三维方法、野外调查等手段，将研究点及其周边内泥石流分为坡面型泥石流、冲沟型泥石流、河谷型泥石流、冰川型泥石流。

实景三维或高分遥感影像中坡面型泥石流多发育于陡峭山坡，物源区是周边山体碎石，遥感解译中与周边牧草区别较大，可以明显解译；由于山势陡峭，流通区较短不明显，几乎与物源区相连接，地貌与传统的滑坡、碎石坡无明显区别；实景三维或高分遥感影像中可解译堆积区明显的粒径，粒径分选性较差，无磨圆、棱角分明，部分巨石在山坡清晰可见，其集聚势能较大，泥石流激活后破坏大、行进距离较短，防治难度低。

高分遥感影像或实景三维中，冲沟型泥石流的物源区、流通区、堆积区地形特征显著，由于冲沟坡度较缓，泥石流沿冲沟行进距离较长，该类泥石流在研究点周边发育较多，在长度较大山谷中有一定发育；泥石流沉积物分选性较坡面型泥石流略好，但洪流暴发后泥质、碎石、巨石等发育较多，该类泥石流多期活动特性遥感影像中可清晰解译。由于该类泥石流黏土、沙等含量较多，泥石流行进中导水性较差，破坏力较强且突发性较高，所以危害较大。

研究点河谷较为平直且宽阔，不利于河谷型泥石流发育，结合地形资料和遥感资料，研究点河谷型泥石流存在一定爆发可能，即河谷上游大量坡面型泥石流可能突然爆发淤塞河道形

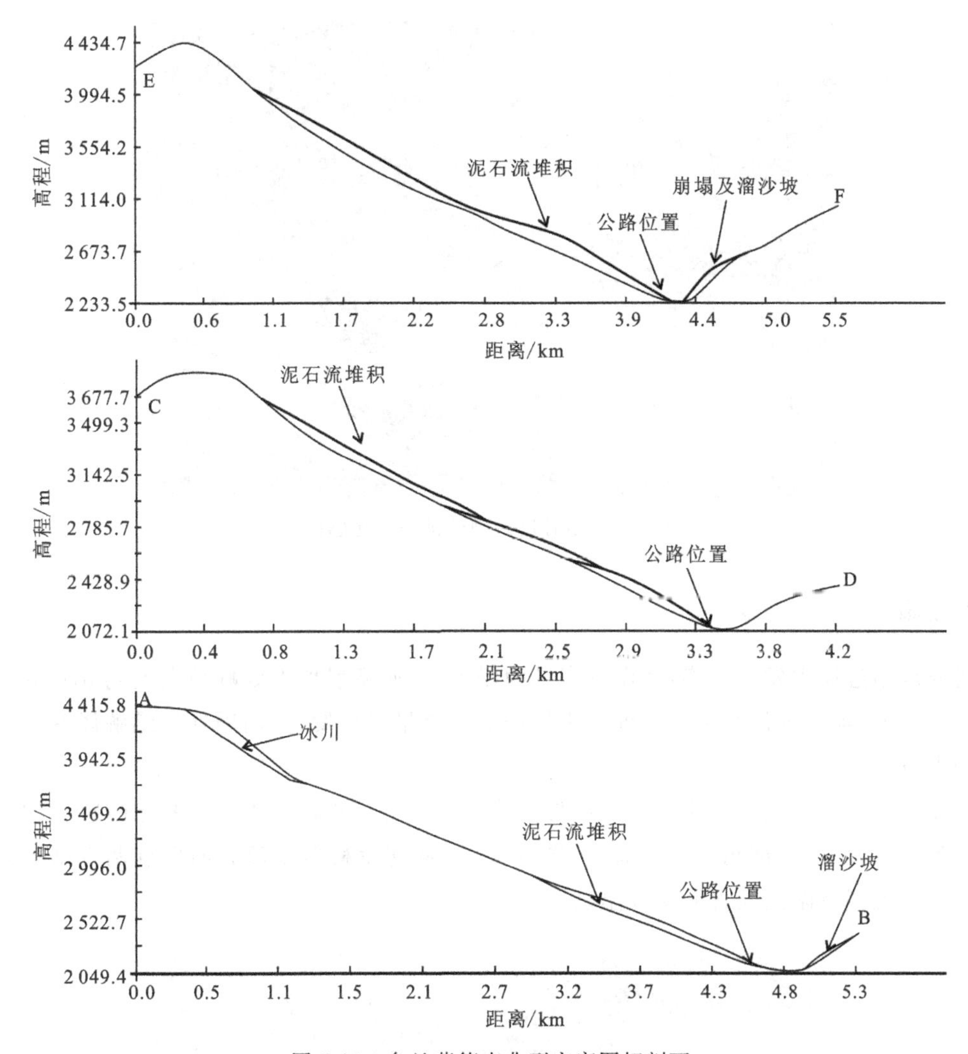

图 5-13　乌兰萨德克典型灾害图切剖面

成堰塞，堰塞体淤积大量河水（即坡面型泥石流后溃坝）形成非常严重的河谷型泥石流，危及下游独库高速公路工程。研究点上游野外调查中，发现早期河谷型泥石流行迹；研究点河谷宽大、河流呈串珠状或糖葫芦状，部分地区已经形成少量堰塞，泥石流沉积物多见为泥质、粉砂等，漂砾、砾石较为发育，较坡面型泥石流、沟谷型泥石流其砾石磨圆较好，略有分选。研究过程中应结合探槽等工程研究历史最大泥石流，以优化道路工程位置。

研究点上游冰川型泥石流密集发育，需结合气象、冰川活动特征密切关注泥石流发育，该发育区可能激活下游坡面型泥石流，或为沟谷型泥石流提供物源和水动力条件（图 5-14）。野外调查研究区崩塌发育较多，推测可能与伊犁河谷断层或地震活动有关，且研究区为典型地震活动带，地震作用可能同时激发冰川型泥石流、坡面型泥石流、沟谷型泥石流、冲沟型泥石流，可能危及下游研究点道路工程。

图 5-14　喀什巴斯阿热散一带遥感图

3. 崩塌

研究点附近崩塌发育较多，崩塌点多见为侵入岩，典型崩塌点处峰顶高度约 3700m，河谷高程约 2680m，崩塌体沿峰顶陡崖处发生崩塌崩塌物呈扇形发育，崩塌处遥感解译有 2～3 处密集崩塌点。

崩塌点实景三维或高分辨率遥感影像解译方法较全，实景三维航片参与遥感过程解译，崩塌点附近发育温泉，推测与断裂有关(图 5-15)。从博罗科努山部分崩塌点调查结果来看，典型侵入岩崩塌点附近发育断层或温泉。

图 5-15　喀什巴斯阿热散实景三维

研究点是拟建独库高速公路选址的重要位置，基于实景三维及遥感工作需要开展雪害的专项工作，其中需要完成基础资料包括以下几个方面。

（1）基于高精度的地形资料，通过地面气象站形式收集气温、降雨、风速、降雪厚度的地表或气象梯度资料，为精确评价雪害影响提供基础资料。

（2）基于积雪遥感、积雪无人机摄影等方法获取基础数据。如积雪厚度、分布位置、成因、类型等，并通过模拟软件分析雪崩的堆积特征、位置、厚度等，为规避雪害影响提供合理化建议。

（3）依据雪害发育的状况及分布位置、影响因素等结合地质、水文、道路等情况进行选址，推荐综合方案避免雪灾影响。

四、218国道雪崩点

天山西部伊犁河上游山区的年平均降雪量为140mm，是全疆降雪量最多的地区。天山一带特别是巩乃斯河上游巩乃斯河谷是研究雪崩的天然场所（图5-16）。天山西段伊犁河谷上游，西风气流带来湿润水汽，在地势抬升作用下，形成新疆，乃至整个中国西北干旱区最大降水中心。1970年全年降水量达到1 140.8mm。1968—1993年，平均年降水量832.2mm，以气候学划分四季的尺度衡量，该区域内没有明显的春、秋季，只有冬、夏季，而且，冬季长达7个月的年份，在26年中约占一半。从1968—1993年的气候记载看，26年平均气温1.4℃。7月最热，多年平均气温仅有13.8℃。26年中，1980年7月气温最高，也才15.0℃，极端最高气温达到30℃的天数，一年中屈指可数。夏半年（4—9月）平均气温10.0℃，同期，降水充沛，占年降水量的70%，约580mm，而且分布上比较均匀。最多降水月多年平均在126.4mm左右（6月）。9月是夏半年降水量最少的月份，多年平均降水量在70mm左右。研究点冬半年不仅普遍存在着稳定积雪，而且积雪厚，以干寒型特征区别于湿暖型的海洋性气候作用地带的积雪，积雪是造成山区雪崩和风吹雪灾害的物质基础。干寒型积雪是构成大陆性雪崩的基本条件之一，同时又是酿成天山山地强风雪流的根本原因之一。研究区雪害每年都有发生（胡汝骥等，1997）。

图5-16 218国道雪崩频发点

随着技术的更新迭代，实景三维技术在雪崩研究中起到了重要的辅助作用，特别在复杂地形和气候条件下，该技术能够提供精确的地形数据，支持多因素研究的可视化分析、定量化。常见实景三维技术在雪崩研究中的应用如下(图 5-17～图 5-19)。

图 5-17 218 国道雪崩点实景三维影像(一)

图 5-18 218 国道雪崩点实景三维影像(二)

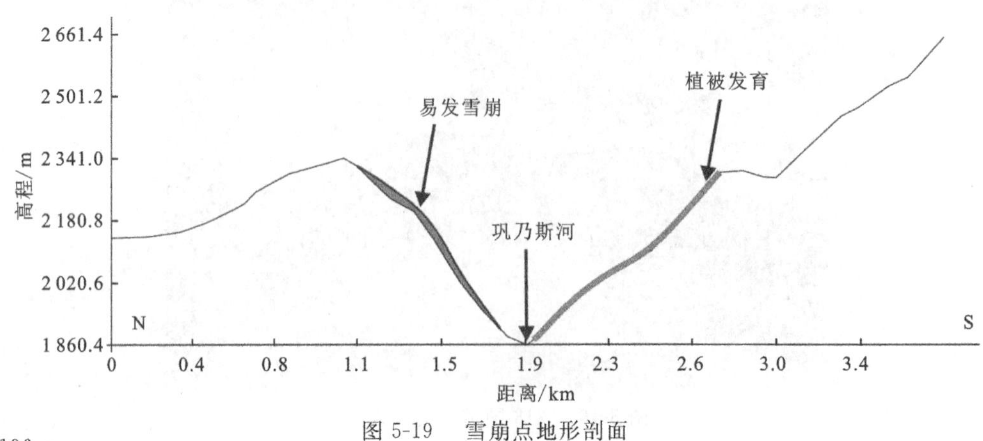

图 5-19 雪崩点地形剖面

(1)高精度地形建模。实景三维技术可以通过无人机航拍、激光雷达(LiDAR)和卫星遥感等手段,生成巩乃斯河流域高精度地形模型。模型能够定量勾绘区域内地形特征,包括山脉、谷地和河流等,有助于确定雪崩的潜在起始区域和路径。

(2)雪崩风险评估。基于高精度地形模型,结合气象数据(如降雪量、气温、风速等)和历史雪崩记录,进行雪崩风险评估。实景三维技术能够模拟不同条件下雪崩过程,评估其影响范围和破坏程度,帮助确定高风险区域和关键防护点。

(3)实时监测与预警。通过安装监测设备(如气象站、摄像头、传感器等),实景三维技术可以实时监测积雪变化和潜在的雪崩触发因素。建立雪崩预警系统,及时发布预警信息,降低雪崩对人员和财产的威胁。

(4) 应急响应与救援。雪崩发生后,实景三维技术可快速生成受灾区域三维模型,帮助应急响应团队评估灾害影响,制定救援方案。三维模型能够清晰展示积雪堆积情况、受阻道路和被困人员位置,提高救援效率和安全性。

(5)灾害防治与工程设计。实景三维技术可以用于设计和评估防雪崩工程(如防雪棚、防雪栏、防雪坝等)。通过模拟不同工程方案在雪崩条件下的效果,可以优化设计,确保防护设施的有效性和经济性,从而减少雪崩对巩乃斯河流域的影响。

(6)数据存档与复盘分析。实景三维技术能够记录和存档雪崩发生前后各类数据,为后续复盘分析提供重要参考。通过对历史雪崩事件详细分析,总结经验教训,可以不断优化雪崩防治策略,提高整体防灾能力。

(7)生态环境评估。通过高精度三维模型和遥感数据,分析雪崩对植被、土壤和水资源破坏程度,评估生态恢复的可能性和时间表。对制定环境保护和恢复计划具有重要意义。

(8)社区参与与教育。基于实景三维技术的虚拟现实和增强现实应用,向巩乃斯河流域的社区居民展示雪崩成因、风险和防范措施。有助于提高公众的防灾意识,直观了解雪崩灾害的严重性和应对策略,从而在灾害发生时采取正确的行动。

(9)科研与数据共享。实景三维技术生成的大量高精度数据和模型,为科研机构提供了丰富的研究素材。数据可以用于深入研究雪崩的触发机制、运动过程和影响范围,推动雪崩科学的发展。同时,建立数据共享平台,促进各方信息互通,有助于提高整体防灾减灾能力。

(10)长期监测与动态更新。实景三维技术可以实现对巩乃斯河流域的长期监测和动态更新。通过定期航拍和遥感获取最新数据,及时更新三维模型,保持对地形地貌和积雪情况的最新掌握。有助于持续优化雪崩风险评估和防治措施,确保应对策略的有效性和科学性。

五、艾肯达坂

新疆境内的国道218是疆内沟通南北交通的重要通道,同时也是疆内三大通道之一,战略地位十分重要。艾肯达坂海冬季长达6个月以上,极端最低气温−39.2℃,全年下雪天数最多可达161天,最大积雪255天,最大积雪深108cm,公路雪害严重,冬季交通安全不能保证。公路部门常常迫不得已封闭交通,严重影响伊犁地区与南疆其他地区的人员往来、物资交流。伊宁市的汽车需绕道乌鲁木齐,然后走国道314线到南疆,单趟多走约690km(图5-20)。

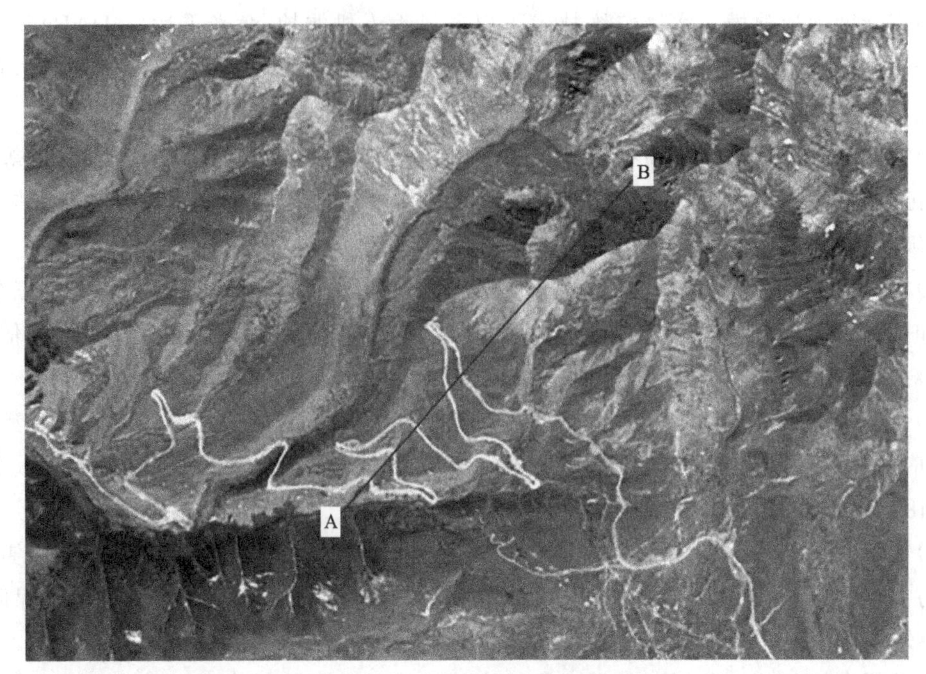

图 5-20　艾肯达坂遥感影像

艾肯达坂(海拔 2840～3050m),位于天山西部,居于西风气流的迎风坡,对西、西北两个方向末的低槽和冷锋只有屏障作用:由此使当地成为天山降水最多的地区之一,年降水量约 1000mm,当年 10 月下旬至翌年 4 月为主要降雪期,均温小于 0℃,最低气温达－37℃;降雪总量约 350mm,最大降雪总量 394mm,最大自然积雪深度大于 145cm。我国的积雪分为两类,即"干寒型"和"湿暖型",其中"干寒型"积雪是在行星西风带控制区内形成的一种典型积雪。它的特点为密度低,负温大,雪层温度低,积雪密实化,固结作用速率小与力学强度低等。艾肯达坂的积雪属"干寒型",它利于雪粒起动与运行,使吹雪发育长度较短,一般为 20～210m(王中隆等,1994)。

风对自然积雪有重新分布的作用,艾肯达坂地貌形态复杂,公路攀山而行(图 5-20～图 5-22),不少路段走向与吹雪风向的夹角大于 70°,路基断面又多便于吹雪堆积的类型,故使本区公路雪阻频繁而又严重,有些路面积雪深度大于 8m。需指出的是,大风雪期间能见度极差,路面积雪深厚,不仅机械除雪速度很慢,有时一台机械一天推出单车道仅长 50m,而且已造成几起机翻人亡的事故(王中隆和李长治,1994)。

研究点降雪量大,积雪类型为有利于雪粒启动和运行的"干寒型",风力较强,以便于吹雪堆积的公路路基断面类型为主,这些均为艾肯达坂风雪流的形成及严重雪阻的产生创造了条件(王中隆和李长治,1994)。

艾肯达坂地区的特殊地理和气候条件,使该区域成为频繁受到风雪灾害影响的高风险地带。为了有效防治灾害,提高公路的安全性和通行能力,实景三维技术在艾肯达坂的应用显得尤为重要。艾肯达坂实景三维在灾害防治方面应用具体如下(图 5-21、图 5-22)。

图 5-21　艾肯达坂实景三维

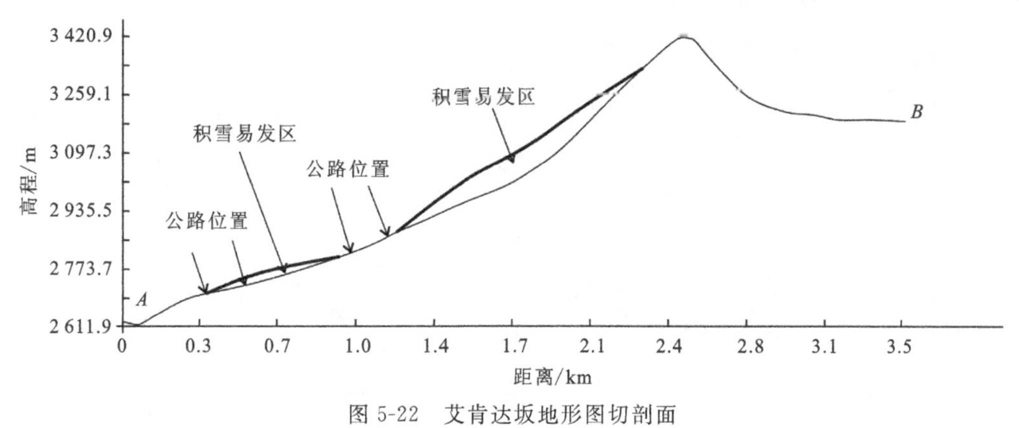

图 5-22　艾肯达坂地形图切剖面

实景三维技术能够通过高精度地理信息系统(GIS)和遥感技术，实时监测艾肯达坂地区气象变化和积雪情况。通过对气温、风速、降雪量等数据的实时监测，提前预测潜在风雪灾害，及时发布预警信息，减少人员和物资损失。

利用实景三维技术构建艾肯达坂精细地形模型，对公路沿线的地形地貌进行详细分析。通过模拟不同气象条件下的积雪和吹雪过程，评估各路段雪阻风险，确定高风险区域，从而制定针对性的防灾减灾措施。

通过实景三维技术，对艾肯达坂地区公路路基进行全面评估，识别容易积雪和吹雪堆积的路段。根据评估结果，优化公路设计，如调整路基断面、增加防雪设施(如防雪栏杆、防雪墙等)，从而减少风雪对公路的影响。

在发生风雪灾害后，实景三维技术可以用于快速评估灾害影响，生成灾后应急救援路线图。通过高精度三维模型，救援人员能够快速识别受灾严重的区域，规划最优救援路线，提高救援效率。同时还能提供灾后重建的精确数据支持，辅助制定科学重建方案。

通过实景三维技术，制作艾肯达坂地区虚拟现实和增强现实应用，展示风雪灾害成因及防范措施。实景三维技术可以将艾肯达坂地区的多源数据(气象数据、地形数据、交通数据等）进行集成和共享，为政府部门、科研机构和社会公众提供统一的灾害防治信息平台。通过数据共享，促进各方协同合作，共同提升灾害防治能力。

六、独库公路乌苏市山口

1. 风积黄土

地形是影响风积黄土分布差异的重要因素。高原隆起不仅改变了环流系统，还阻挡了冬季风和低层西风环流的入侵，迫使微小颗粒绕过高原或在低层爬升。由于高原边缘的许多山脉走向与绕流方向一致，在各山脉之间，特别是在较宽阔的山间盆地边沿，会形成下沉急流，对地面造成强烈的风蚀作用。而在博罗科努山山前，由于地形开阔，加上乌苏市至四棵树河上游附近天山的阻挡以及乌苏盆地内宽阔平坦的地形（图 5-23），各因素共同促成了山前地区一定范围黄土的堆积。研究区山前大部分地区为宽广的夷平面，这不仅有利于粉尘的产生，也有利于粉尘的堆积和保存（方小敏，1994）。

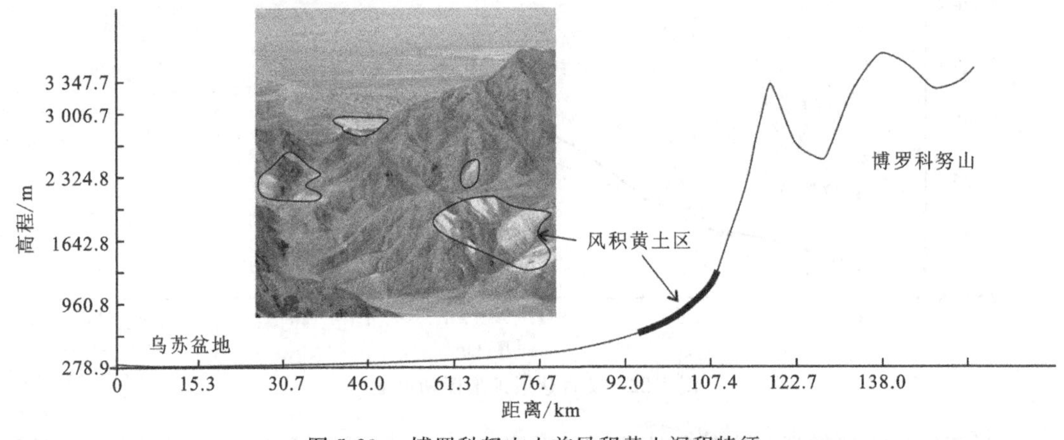

图 5-23　博罗科努山山前风积黄土沉积特征

通过无人机航拍或者卫星影像获取高分辨率的实景三维数据。利用实景三维数据生成地形三维模型，提供直观的地形特征展示。利用 DEM 数据进行地形分析，包括坡度、坡向、坡降等地形参数计算，辅助解释风积黄土沉积环境和过程。主要地形特征识别：通过三维模型和 DEM 数据，识别出有利于黄土堆积的地形特征，如宽阔的平坦地区、山间盆地等。结合气象数据，分析主导风向和风速分布，确定风积黄土的潜在堆积区。利用风沙沉积模型，模拟不同风向和风速条件下黄土的沉积过程和分布规律。

利用 GIS 软件和三维建模工具，将分析结果以图形形式展示，直观反映风积黄土的分布规律。研究结果应用于土地利用规划，指导农业、建筑等活动、道路规划，避免风积黄土对环境和生产的不利影响。通过风积黄土的分布规律，制定生态保护措施，防止风沙侵蚀和土地荒漠化。

2. 风吹雪

新疆位于温带大陆性气候区，冬季漫长，尤其在天山地区，全年有 4～5 个月的时间气温低于零度，年均气温约为 －20℃。年平均降水量在 300～800mm 之间，气温变化幅度超过 25℃，降雪量约为 300mm，稳定积雪期长达 160 天。由于全球变暖的影响，新疆地区冬季降雪量逐年增加，为公路风吹雪灾害提供了自然条件，使得灾害愈发严重（吴鹏，2018）。

新疆冬季积雪特点为分布广泛、危害广。最大积雪量从北向南、从西向东逐渐减少。统计数据显示，新疆降雪面积占全疆总面积的 80％以上，约有 50％的区域遭受雪害。北疆的降雪期一般从当年 11 月持续到翌年 4 月，南疆则从 11 月持续到翌年 2 月。过去 50 年中，新疆最大积雪深度超过 162cm（吴鹏，2018）。

独库公路乌苏段山口是典型的风吹雪灾害区域，位于典型的准噶尔盆地－伊犁地块造山带山盆边缘。每到冬季，特殊地形导致高气压到达准噶尔盆地后形成东高西低的大气压场，气压梯度沿狭管状地形向西运行，产生“狭管效应”和“滑坡效应”，从而形成大风。当冬季来临时，大风携带雪粒，形成严重的风吹雪灾害。由于新疆特有的地形、地貌和山岭区较多，加之冬季漫长、降雪量大、风力强，受经济、技术等多方面的影响，使得公路风吹雪灾害频繁发生。公路风吹雪已经给新疆造成了巨大的经济损失，成为长期阻碍新疆公路运输发展的难题，亟待研究解决（吴鹏，2018）。

公路风吹雪雪害形成必须具备 3 个条件：大量的雪、搬运雪粒的动力——风，以及适合雪粒堆积的公路路基断面及其周边地形地貌。其中，一定量的降雪和积雪是雪害形成的物质来源。而且，雪的性质与雪害形成与否以及雪害程度有很大的关系，如，疏松的新雪遇到较小的风速，就易形成风雪流，而若积雪表面形成薄消融壳，无论是多大的风，也不能形成风雪流。雪的性质不仅与积雪本身的物理力学性质（如积雪密度、雪粒粒径、积雪深 度、硬度等）有关，而且又与太阳辐射、气温、地温等相联系。风则是雪害形成的动力，它决定着风雪流的发展方向和运动规律。但光有风和雪只会形成风雪流，其最终是否形成公路雪害，以及形成什么样的雪害，还取决于公路路基断面形式及其周边地形地貌特征。而关于这一点，可以通过研究公路及其周边的地形地貌下的流场特性，来判别是否具备形成雪害的条件。研究发现，具有典型全路堑、背风半路堑、迎风半路堑、过高或过低的路堤横断面结构的路段和弯道绕流路段，当具有一定风速且风向与公路纵断面形成较大夹角时，容易形成较为严重的风吹雪雪害（席建锋，2007）。风吹雪雪害影响因素分为以下 3 种。

（1）与雪有关的因素：降雪强度及时间、积雪的数量、积雪的新旧程度、积雪的堆积形态等；积雪深度、密度、温度、粘性、雪粒粒径、容重、孔隙度、微结构、硬度等物理性质；影响雪物理性质的气压、气温、地表温度、太阳辐射等气候因素。

（2）与风有关的因素：风向及变化、风速及变化。

（3）与公路路基断面及其周边地形地貌有关的因素：路基断面形式（路基高度、边坡角度等）、道路线形（平曲线、纵曲线）、下垫面粗糙度、周边植被（草皮、灌木、乔木的密度和高度）、道路附属设施（护栏、隔离带等）、路侧结构物（桥墩、电线杆、房子等）、山坡及周边地貌等（席建锋，2007）。

实景三维技术在解决山口雪害主要策略如下。

(1)利用 DEM 和 DOM 数据构建的三维模型，模拟风雪在地表的流动路径，评估其对公路的影响。利用计算流体动力学软件模拟风雪在地形上的流动路径，评估风雪对公路等关键基础设施的影响；通过模拟结果，识别出易受风雪影响的路段，提前采取防护措施。

(2)通过模拟，确定易积雪区域，优化除雪和防风雪设施的布置。基于三维模型和气象数据，模拟不同条件下的积雪分布，识别出风雪容易堆积的区域；根据模拟结果，优化除雪设备、防风雪设施(如防风墙、挡雪坝等)的布局，提高除雪和防护效率。

(3)根据三维模型分析结果，优化护栏和防风墙的设计和位置，提升其防风雪效果。实景三维模型提供了精确的地形和风场信息，可以用于优化防护设施的设计和位置，根据风场模拟结果，调整护栏和防风墙的高度、角度和材料，增强其防风雪效果；确定防护设施最佳位置，确保其在关键区域发挥最大作用。

(4)利用模型数据，优化周边植被的种植布局，起到防风固雪的作用。根据三维模型和风场模拟结果，选择适宜的植物种类和种植位置，形成有效的防风固雪屏障；利用三维模型监测植被生长情况和防风效果，进行必要的调整和优化。

(5)通过无人机定期获取最新的 DEM 和 DOM 数据，实时监测地表变化和风吹雪情况。通过无人机定期获取最新的 DEM 和 DOM 数据，更新三维模型；利用最新数据进行实时风吹雪情况监测和分析，及时发现和应对潜在风险。

(6)根据最新的数据和三维模型分析结果，及时调整防风雪措施和路基维护方案。根据最新数据，调整防风墙、护栏和除雪设备的位置和设置；通过三维模型分析，发现由于风吹雪导致的路基损坏区域，及时进行维护和修复，保证交通安全(图 5-24)。

图 5-24　山前公路实景三维获取

七、巩乃斯阿尔先沟

天山地处欧亚大陆腹地，贯穿新疆南北，是世界上距离海洋最远的山地系统。其独特的地理位置和复杂的地质结构，使得天山成为研究自然灾害尤其是雪崩的重要区域。独库高速公路作为连接新疆南北的重要交通干线，横跨天山中部，沿线地形复杂，气候条件恶劣，雪崩灾害频发。通过综合分析天山地区的气候特征、地质条件以及独库高速公路沿线的雪崩、崩塌、地震成因等灾害现象，探讨雪崩的形成机制及其对公路的影响，并提出相应的防治措施。

独库高速公路由北向南横穿中天山山脉，连接独山子和库车。公路沿线雪峰雄峙、冰川遍布，地质条件复杂。以阿尔先沟段为研究点，该段海拔为2000～3500m，沟谷两侧山体地形起伏较大，山势陡峭，斜坡坡度一般在40°～60°之间，为雪崩、崩塌发育提供了良好的地形条件。年平均温度在－6℃以下，最低气温可达－42℃。冬半年(10月至翌年4月)为主要降雪期，此期间降雪量总计约350mm，最大降雪总量可达394mm以上。这些气候条件为雪崩、崩塌等灾害的发生提供了必要的物质基础。

1. 雪崩

雪崩是新疆高寒地区常见的自然灾害之一，毁坏道路、毁坏森林、威胁村庄等，给人民生活造成巨大威胁。雪崩自然灾害的识别、防治、灾后重建等仍然是目前社会可持续发展的主要矛盾。目前，各地均有报道高寒地区雪崩造成人员失踪、死亡等案例，或雪崩造成国道、高速公路阻断，车辆停滞等事件。开展基于无人机及遥感技术的雪崩研究工作对雪崩自然灾害的防治和研究点拟建基础设施有较大的作用。

影响雪崩因素较多诸如积雪深度、气温、降雨、风速、地形等条件，新疆地区雪崩灾害的诱因既具有普遍性也具有地域特殊性，阿尔先沟的雪崩灾害发育典型，春季融雪及降雨条件出发因素较大。近地表空气风速、风向、地形与风速风向相互作用等与积雪的厚度有关，积雪深度或厚度又是雪崩发育的物质条件等；阿尔先沟地形条件又影响积雪厚度及雪崩易发性的重要条件等。因此，基于研究遥感方法、实景三维方法的地形因素的研究(其中包括地形坡度、地表植被、地表的粗糙程度、地表切割等)要素成为雪崩灾害研究的危险性、易发性研究的重要因素。

通过多源、多时域遥感影像或无人机实景三维技术获取不同级别高分辨率雪崩资料，研究重要工程雪崩影响程度图。通过走访当地牧民了解近几年具体雪崩位置、规模、时间、影响程度等，结合面上排查定点重点研究的方法开展研究。对重要工程设施例如桥梁、道路、路基、隧道等结合雪崩初期解译结果进行评估。结合遥感资料，识别整理阿尔先沟多处雪崩隐患点。在实景三维或DEM基础上，利用GIS工具结合坡度、高程等因素进行雪崩稳定性评价。

2. 崩塌

前人研究天山一带常见崩塌类型及形成机理的成果具体如下。

(1)滑坡式崩塌的形成机理与失稳模式。地层岩性变化和地下水的作用是滑坡式崩塌形成的主要原因。在地质历史中，雨水渗透导致岩层间润滑，减少摩擦力，使上部岩层在重力作用下沿着滑动面发生滑移。这种滑动往往具有突发性和破坏性，在雨季尤为明显。

(2)剥落式崩塌的形成机理与失稳模式。剥落式崩塌主要出现在岩层表面受风化、温差作用明显的区域。岩层表面因温度变化、冻融循环而产生裂缝，逐渐剥落。随着时间的推移，岩层表面形成大量松散碎块，在重力和自然应力作用下发生剥落。

(3)破碎式崩塌的形成机理与失稳模式。破碎式崩塌主要受地震和地下采矿等人为活动影响。地震产生的震动波使岩层结构松动，或地下采矿导致地层支撑减弱，形成大面积的破碎带。这些破碎岩体在重力作用下发生崩塌，危害范围广，破坏性强。

研究点周边崩塌地质灾害绝大多数位于公路沿线陡峻山崖、低山陡坎。部分崩塌体位于路基开挖边坡，部分为受地质构造等自然因素影响形成的陡坡地貌，后期风化裂隙发育形成较浅的裂缝，在其他结构面叠加作用下被切割成小块体，或由于上硬下软的岩体结构因上覆岩体荷载的长期作用使软层岩体产生压缩变形或破坏形成小凹岩腔，使其上部岩体向临空方向倾斜拉裂失稳而发生崩落；崩塌多见于陡峭山崖地区，坡度及高程相对较大，崩塌集聚势能较高，其危害性一般较大。研究区崩塌灾害点多见以零星滚石、剥落等为主，常见以石质为主。规模以上崩塌较为少见(王若飞等，2021)。

依据研究点崩塌灾害的运动方式，崩塌灾害主要划分类型为滑坡式、剥落式、破碎式，针对不同类型灾害遥感及实景三维工作方式不同，具体划分方式如下。

受地壳应力、地表水、地下水、岩石裂隙等影响，滑坡式崩塌岩石间存在软弱面或裂隙面，岩石间摩擦力减少，沿着裂隙面或软弱面发生位移，在阻力小于重力或地震等因素影响下发生崩落，冲击下游设施。该类灾害规模一般较大，危害深灾害的调查主要依靠高分辨率实景三维，识别岩石位移面、节理面、断层等，结合 DEM 研究崩塌势能等。

受岩石裂隙、风化作用等影响局部岩石剥落脱离母体，在重力势能驱动下形成剥落式崩塌。岩石温差和冰川冻融循环作用是研究点该类型灾害的重要驱动因素，该类型崩塌规模较小，但对下游道路设施安全影响较大。遥感、实景三维解译一般通过目视方法完成。

研究点位于典型的地质构造带，地震作用明显，受地震作用、岩石风化作用等影响，岩石表面、构造带等位置形成破碎带或碎裂带，受多因素影响岩石崩落形成灾害。该类型崩塌研究点附近较多发育，其规模和破坏较小但分布范围较广。

研究点土质崩塌发育较为普遍，其主要发育的公路两侧开挖的山坡、河流两侧台地等位置，其主要破坏模式如下。

山坡或道路两侧坡积物、崩塌物等在雨水、积雪、风化作用下，突然激活崩落，顺坡或沿断崖滚落，造成下部人员、财产受损。

道路、山坡两侧土体、土地碎石混合物在雨水、积雪等因素驱动下造成局部范围失稳坠落或崩落，该类型灾害主要发育在道路两侧坡脚开挖部位。

3. 地震地质灾害

新源-和静 6.6 地震极震区引发大量地震地质灾害(图 5-25)，研究点位于震极区附近，地震地质灾害发育明显。地震地质灾害调查还应考虑以下几方面的因素。

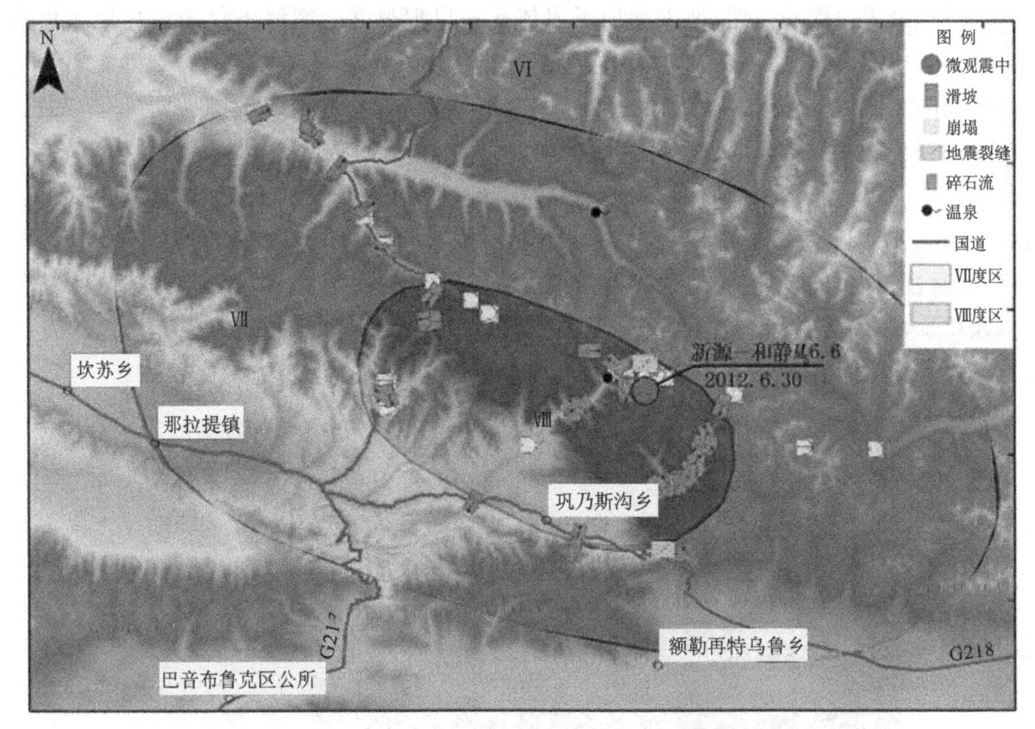

图 5-25　新源-和静 6.6 级地震地质灾害分布图(李帅等,2015)

极震区位于依连哈比尔尕一博罗科努山高山区,山势陡峻挺拔河谷深切,地形条件使崩塌和滑坡等地质灾害极易发生。陡峭山体在地震作用下更容易失去稳定,从而引发大规模崩塌和滑坡(李帅等,2015)。

极震区海拔多在 3000m 左右,该高度是冰川地貌发育区域。冰蚀作用使得岩体风化加剧,风化岩体在地震的作用下更容易崩解,从而加剧地质灾害的发生。冰川融水会进一步削弱岩体稳定性,增加地质灾害的风险。

极震区内人类活动、工程等活动影响下,沟谷内边坡因坡脚稳定性遭到破坏。地震发生时,地震动进诱发了小型滑坡产生。同时人为活动对地质环境扰动,显著增加地质灾害发生的频率和规模。

据野外调查结果,新源-和静地震引发地震地质灾害可以分为 4 种类型:地震崩塌、地震滑坡、地震裂缝和碎石流(李帅等,2015)。

地震引发山体或岩体大规模崩落现象研究点发育较多。崩塌发生通常与地震波传播和震动强度有关。在极震区,由于山体陡峻,岩体风化严重,崩塌现象尤为明显。地震崩塌不仅会对山体结构造成破坏,还可能堵塞河道,引发次生灾害。

地震引发土体或岩体沿着一定滑动面向下滑动。滑坡发生通常与地震动、地质结构以及土体性质等多种因素有关。在极震区,由于地形陡峭、岩体风化严重,滑坡现象普遍存在。地震滑坡不仅会直接造成土体和岩体的损失,还可能破坏道路、桥梁等基础设施,阻碍救援和恢复工作。

地震引发地表或地下岩体裂开现象。裂缝产生通常与地震波的传播路径和岩体性质有关。极震区，由于地震动强烈，地表和地下岩体普遍出现裂缝。裂缝不仅会破坏地表植被和土壤结构，还可能引发次生灾害，如水土流失、滑坡等。调查点附近发现地震裂缝主要为构造裂缝，极震区北侧阿尔先沟上游山体边坡上，发现有多处裂缝，裂缝多为顺坡向（图 5-26）。其中较为明显的一处裂缝，其地理坐标为距微观震中 2.9km，海拔 2771m，裂缝从山体一直延续至河床边，走向 13°，长约 200 m，宽约 30cm，裂缝通过处植被破坏，且在坡脚处，有一大坑，直径在 50cm 左右，到达河床上的裂缝相对较窄，宽度为 13～50cm。通过对裂缝下部进行开挖，发现裂缝通过处内土体与两侧地层岩性有明显差异，裂缝通过处土体较为松散，土体颜色为黑色，颗粒状，裂缝两侧粉土呈土黄色，呈上下盘分布，由此认为此裂缝应为此次地震发生时形成（李帅等，2015）。

图 5-26 阿尔先沟一带典型遥感影像

碎石流是指地震引发含有大量碎石高速流动泥石流现象，在强震影响下研究区部分岩石迅速破裂形成碎石流。碎石流的发生通常与地震动、地形条件和岩体性质有关。在极震区，由于山体陡峭、岩体风化严重，碎石流现象尤为明显。碎石流不仅会对沿途的植被和基础设施造成破坏，还可能对下游的居民区和农田造成严重威胁。碎石流的解译主要依靠实景三维影像完成。通过影像技术，能清晰地观察到碎石流分布和特征。在阿尔先沟温泉疗养院东侧的支沟内，碎石流发育较多，成为此次地震灾害的一个显著特征。

碎石流的解译影纹特征与周围草地色调纹理区别明显，多呈直线状沿支沟直线状排列，受重力影响弯曲较少，其下部多见呈扇状，高分影像中其下部碎石粒径明显大于上部；碎石流多发育于陡峭的山壁，其坡度在 30°～50°之间；碎石主要来源于山壁上部或侧壁地震震落碎石、风化后坡积物等；沟系上游细沟成为典型碎石流的主要通道，水流、地震、冰川作用下，碎石流运动特征加速。

大量山顶、山壁风化脱落碎石因地震后不稳定，重力、水力作用下加速下滑，汇聚于细沟，细沟中碎石、粉砂、泥质等在地震、水力等作用下形成碎石流，加速下滑或发生蠕动。部分碎石流的解译结合实景三维、高分影像的解译标准直接判读。

主要参考文献

安然，2022. 基于FY-3D数据的华北平原地表温度热红外遥感反演研究[D]. 石家庄：河北地质大学.

白峰，刘玲，2013. 高分辨率卫星影像立体测图分析研究[J]. 测绘与空间地理信息，36(10)：233-234＋237.

蔡耀军，周招，杨兴国，等，2022. 堰塞湖风险评估快速检测与应急抢险技术和装备研发[J]. 岩土工程学报，44(7)：1266-1280.

常祖峰，安晓文，张艳凤，2012. 畹町断裂晚第四纪活动与水系构造变形[J]. 地震地质，34(2)：228-239.

常祖峰，周荣军，安晓文，等，2014. 昭通-鲁甸断裂晚第四纪活动及其构造意义[J]. 地震地质，36(4)：1260-1279.

陈安泽，2013. 旅游地学大辞典[M]. 北京：科学出版社.

陈邦贤，2015. 大路出天山，天险变通途：记新疆天山铁力买提隧道[J]. 中国公路(21)：34.

陈光剑，2022. 江西明月山地区遥感矿化蚀变信息提取研究[D]. 上海：东华理工大学.

陈华慧，1984. 遥感地质学[M]. 北京：地质出版社.

陈洁，蔡君，李京，2020. AMC 5100倾斜航空遥感系统及其在地质行业的应用[J]. 地质装备，21(4)：30-34＋48.

陈君，庞义杰，2024. 基于GIS的和静县—轮台县重要区域崩塌易发性评价[J]. 西部探矿工程，36(4)：1-5＋9.

陈荣，2018. 基于CMORPH融合产品的新疆夏季逐时雨强时空特征及影响因素分析[D]. 兰州：西北师范大学.

陈游东，2012. 中天山地区冰缘作用与公路灾害防治对策研究[D]. 西安：长安大学.

陈玉鑫，2022. 基于噪声面波直接反演法研究天山中段及邻区地壳速度结构[D]. 兰州：中国地震局兰州地震研究所.

陈远芳，2022. 基于倾斜摄影测量与BIM技术的室内外一体化三维场景建模及可视化[D]. 南京：东华理工大学.

程秋连，刘杰，杨治纬，等，2024. 独库高速阿尔先沟段雪崩空间分布及因子探测[J]. 干旱区研究，41(2)：220-229.

程秋连，刘杰，杨治纬，等，2024. 独库高速公路克扎依-巩乃斯段雪崩易发性评价[J]. 中国地质灾害与防治学报,35(1):60-71.

崔建军,2006.东疆地区后峡—博格达石炭纪盆地分析[D].西安:长安大学.

崔智林,梅志超,屈红军,等. 新疆伊犁盆地上二叠统研究[J]. 高校地质学报, 1996,(3): 93-99.

崔智林,梅志超. 陕西镇安"海棠山灰岩"的时代[J]. 地层学杂志, 1996, (3): 213-216+242.

董强强,蒲仁海,钟红利,2011.伊宁凹陷三叠系小泉沟群沉积相分析及其生油意义[J].地质科技情报,30(1):80-84.

董文川,张文,李腾跃,等,2022.高陡岩质斜坡坡表实景模型构建与岩体结构面自动解译方法及平台研发[J].地球科学与环境学报,44(6):1066-1082.

董玉刚,2022.不同分辨率 DEM 对影像正射纠正精度的影响[J].经纬天地(4):98-100.

杜磊,2020.倾斜航空摄影技术在地质灾害集中分布区的应用研究[D].北京:中国地质大学(北京).

杜晓川,娄德波,张长青,等,2022.基于 GF-5、Landsat8 与 GF-2 遥感数据的蚀变信息提取研究:以四川宁南铅锌矿集区为例[J].矿床地质,41(4):839-858.

方小敏,1994.青藏高原东部边缘及邻区马兰黄土成因与来源的初步研究[J].中国科学(B辑)(5):539-546.

冯端国,桑学佳,刘敦龙,等,2023.基于虚拟仿真的无人机野外地质调查智能路径训练研究[J].地质论评,69(S1):588-590.

冯建辉,陶国强,梅志超,等,1996.新疆伊犁盆地地层划分与对比[J].断块油气田(3):22-28.

付德荃,王珊珊,吴彬,等,2023.基于无人机摄影测量技术的高陡边坡危岩体特征构建与分析[J/OL]. 地球学报:1-10[2023-08-31]. http://kns.cnki.net/kcms/detail/11.3474.P.20230302.1626.004.html

高俊,钱青,龙灵利,等. 西天山的增生造山过程[J]. 地质通报, 2009, 28 (12): 1804-1816.

高猛,陈川,付翰泽. 阿尔金南段断层解译并可视化表达[J]. 煤炭技术, 2019, 38 (12): 49-51.

高猛,付翰泽,陈川. 遥感技术在和田玉成矿要素识别与找矿预测中的应用——以南阿尔金塔什萨依一带为例[J]. 西北地质, 2019, 52 (3): 240-252.

高旭,2020.基于深度学习的围岩钻孔裂隙识别技术研究及应用[D].徐州:中国矿业大学.

高永年,张万昌. 遥感影像地形校正物理模型的简化与改进[J]. 测绘学报, 2008, (1): 89-94+120.

高永年,张万昌. 遥感影像地形校正研究进展及其比较实验[J]. 地理研究, 2008, (2): 467-477+484.

龚诚,黄海,陈龙,等, 2023. 藏东地区冻错曲流域崩塌发育特征与链式成灾模式研究

[J]. 钻探工程，50 (5)：1-10.

龚明劼，张鹰，张芸，2009. 卫星遥感制图最佳影像空间分辨率与地图比例尺关系探讨[J]. 测绘科学，34(4)：232-233+60.

龚洲，2023. 基于航摄实景三维的地质灾害调查与稳定性分析研究[D]. 重庆：重庆交通大学.

郭倩，2008. 基于 EOS/MODIS 数据的地表温度反演及多层土温估算研究[D]. 南京：南京信息工程大学.

郭欣桐，2018. 基于图像的昆虫标本自动采集与三维观察方法研究[D]. 大庆：黑龙江八一农垦大学.

郭永峰，白宗亮，苏英明，等，2020. 中天山博罗科努地区温泉岩群地质特征及时代归属研究[J]. 内蒙古煤炭经济(9)：168-169.

韩东亮，2014. 数字近景摄影测量获取岩体结构面几何信息的方法研究[D]. 长春：吉林大学.

贺丹，2021. 倾斜摄影测量与机载 LiDAR 点云融合在三维建模中的应用[J]. 城市勘测，(3)：77-80.

洪彦哲，张云望，郭萌萌，等，2023. 准噶尔盆地永进地区及天山北缘中段齐古组沉积物源分析[J]. 矿物岩石，43(3)：131-143.

胡涵，汪晓峰，赵金，等，2022. 高山峡谷地区高速公路施工组织设计方法分析[J]. 四川建筑，42(4)：107-112.

胡江顺，傅荣华，何天牛，等，2005. 墨脱公路地质灾害发育分布特征[J]. 地质灾害与环境保护(3)：231-234+242.

胡美娟，2021. 基于三维 GIS 技术的尾矿库在线监测预警系统的研究[D]. 武汉：中南财经政法大学.

胡汝骥，马虹，姜逢清，1997. 中国天山积雪雪崩站区的地理环境[J]. 干旱区地理(2)：25-33.

胡晓晨，2020. FY-3C/MERSI 热辐射波段在轨定标及误差分析[D]. 青岛：青岛科技大学.

黄坤朋，2020. 山东省马头崖铜金矿成矿规律及找矿方向[D]. 北京：中国地质大学(北京).

黄小龙，吴中海，刘锋，等，2021. 滇西北程海断裂带主要古地震滑坡及其分布特征的构造解释[J]. 地学前缘，28(2)：125-139.

吉雄，1983. 外来岩块的特征及其划分[J]. 地质地球化学(8)：16-19.

蒋立军，2011. 分区标准化方法在遥感找矿中的应用研究[D]. 长春：吉林大学.

蒋子琴，2021. 2017 年伊朗 Mw7.3 地震的震后形变 InSAR 监测与机制反演[D]. 成都：西南交通大学.

金燕. 遥感影像地形校正算法的研究[D]. 河南：河南大学，2021.

金鎏，林华章，2020. 天山公路沿线不良地质现象遥感解译分析[J]. 山西建筑，46(19)：72-74.

柯佳宏，张强，李勇，等，2019. 基于 SuperMap 的矿山三维地理信息系统的设计与实现[J]. 地矿测绘，35(1)：21-24.

孔德锋，廖乐军，杨海燕，等，2012. 固 1 井钻盐膏层钻井液技术分析[J]. 现代商贸工业，24(7)：197-198.

乐黎明，覃雪梅，王祥，等. 实景三维模型的建设技术与应用[J]. 地理空间信息，2022，20 (11)：96-99.

李长伟. 内蒙古必鲁台地区遥感地质调查研究[D]. 长春：吉林大学，2017.

李道震，张越，赖志华，等，2022. 基于三维 WebGIS 的边坡地质灾害监测信息系统设计与实现[J]. 测绘与空间地理信息，45(2)：55-57.

李晋明. 神头泉水文地质调查中遥感方法的应用[J]. 地球科学，1985，(1)：44.

李莉，强跃，何泽平，2011. 卫星遥感制图最佳空间分辨率与地图比例尺的适配关系研究[J]. 安徽农业科学，39(30)：18996-18997＋19033.

李盼盼，陈国旭，刘盛东，等，2020. 基于高分卫星影像的断层构造识别及三维地质建模应用[J]. 合肥工业大学学报(自然科学版)，43(5)：680-687.

李三希，王铮，胡伟，等，2024. 基于近景摄影测量技术的三峡翻坝码头不良地质体识别[J]. 中国水运(5)：88-90.

李帅，陈建波，吴国栋，2015. 2012 年新疆新源—和静 M_S6.6 地震极震区地质灾害特征研究[J]. 地震研究，38(3)：389-395＋517.

李特，2022. 基于高分 2 号卫星影像的兰州市城市绿地提取[D]. 兰州：兰州交通大学.

李晓，连蓉，罗鼎，等，2023. 无人机倾斜摄影及实景三维建模技术在应急测绘中的应用：以巫溪 6・23 湖塘滑坡为例[J]. 测绘地理信息，7(2)：1-4.

李艳，伍陶，屈仁飞，等，2023. 机载激光雷达技术在水电站地质灾害解译中的应用[J]. 成都航空职业技术学院学报，39(3)：58-61＋65.

李永铁，1993. 新疆博罗科努地区志留系库茹尔组头足类等化石的发现及其时代讨论[J]. 新疆地质(3)：204-206.

李永铁，1995. 新疆博罗霍洛山地区上志留统博罗霍洛山组沉积构造背景分析[J]. 沉积学报(1)：110-116.

李芸芸，2016. 地震滑坡危险性初步研究及城市地震灾害三维场景模拟新方法[D]. 北京：中国地震局工程力学研究所.

李喆，陈圣宾，陈芝阳. 地表温度与土地利用类型间的空间尺度依赖性——以成都为例[J]. 生态环境学报，2022，31 (5)：999-1007.

李喆. 基于地表景观时空变化的城市热环境研究[D]. 成都：成都理工大学，2022.

李治，朱文斌，吴海林. 北山马鬃山地区野马泉和勒巴泉韧性剪切带构造变形特征与年代学约束[J]. 高校地质学报，2019，25 (6)：932-942.

李治. 北山造山带马鬃山地区推覆构造与韧性剪切带变形特征研究[D]. 南京：南京大学，2019.

李忠权，张寿庭，应丹琳，等，2010. 准噶尔盆地南缘托斯台地区构造特征研究[J]. 成都理工大学学报(自然科学版),37(6):593-598.

刘博,翟明国,彭澎,等,2020.大数据驱动下变质岩岩石学研究展望[J].高校地质学报,26(4):411-423.

刘刚,金鼎坚,吴芳,等,2022.机载激光雷达在水下地貌识别与断裂构造精细解译中的应用[J].海洋地质与第四纪地质,42(2):190-199.

刘桂卫,李国和,陈则连,等,2019.多源遥感技术在艰险山区铁路地质勘察中应用[J].铁道工程学报,36(8):4-8.

刘磊,周军,冯敏,等,2013.甘肃北山辉铜山地区镁铁岩体遥感识别方法研究[J].遥感技术与应用,28(3):520-525.

刘士中,张雷,2015.基于独山子组含水层的富水性恒源煤矿风井施工探讨与实践[J].内蒙古煤炭经济(3):131-132.

刘文,余天彬,王猛,等,2023.缓倾红层地区岩质崩塌基本特征及成因机理初步分析:以四川洪雅铁匠湾崩塌为例[J].中国地质灾害与防治学报,34(5):54-63.

刘志龙,朱怀亮,胥博文,等,2020.河南尉氏县西部地质地球物理综合解译及地热资源远景区预测[J].地质论评,66(5):1446-1456.

刘了侠,王凤艳,韩东亮,2019.岩体边坡影像的控制测量方法研究[J].地理信息世界,26(2):21-25.

卢立吉,王凤艳,王明常,等,2016.基于误差理论的产状测量精度评定[J].世界地质,35(2):567-574.

吕锋锋,2022.基于无人机倾斜摄影的农村不动产精准测量研究[J].测绘与空间地理信息,45(6):188-191.

罗娇,董恒棣,2020.无人机航测技术在场地抄平检测中的应用初探[J].现代测绘,43(5):44-49.

马维林,1981.雪崩成因及天山西部雪崩站区1978/1979年雪崩特征的分析[J].新疆地理(2):41-47.

马旭东,2023.LiDAR技术在九寨沟滑坡地质灾害识别及易发性评价中的应用[D].绵阳:西南科技大学.

毛文军,左正一,2013.高分辨率立体卫星影像测绘应用潜力分析[J].矿山测量(1):1-2+7.

孟令华,张树淇,吴树明,等,2019.新疆温泉县卓勒萨依一带乌郎组火山岩锆石U-Pb年龄、地球化学特征及其构造意义[J].科学技术与工程,19(5):35-46.

帕力旦·麦麦提,卡德丽亚·卡合热曼,2016.Landsat8OLI数据在矿化蚀变信息提取中的应用——以吐拉苏地区为例[J].西部探矿工程(12):160-162.

潘光永,王鑫,张景发,等,2021.太阳山断裂带及周边地区多源遥感断层构造解译与分析[J].大地测量与地球动力学,41(7):754-758.

彭思元,李晓晖,袁峰,等,2022.基于Unity3D的三维虚拟化构造产状测量系统研发[J].金属矿山(9):180-187.

彭艺伟,董琦,田冲,等,2021.基于机载激光雷达的地质灾害识别关键技术及应用研究

[J]. 安全与环境工程,28(6):100-108.

秦启勇,2023. 中国天山中段雪崩危险评估[D]. 兰州:兰州交通大学.

任宇鹏,2019. 基于激光雷达的褶皱裂缝力学系统及裂缝分布模型构建[D]. 杭州:浙江大学.

佘金星,程多祥,刘飞,等,2018. 机载激光雷达技术在地质灾害调查中的应用——以四川九寨沟 7.0 级地震为例[J]. 中国地震,34(3):435-444.

施海霞,韦玉春,徐晗泽宇,等,2021. 高分遥感图像相对辐射校正中的伪不变地物自动提取和优化选择[J]. 地球信息科学学报,23(5):903-917.

施海霞,韦玉春,徐晗泽宇,等. 高分遥感图像相对辐射校正中的伪不变地物自动提取和优化选择[J]. 地球信息科学学报, 2021, 23 (5): 903-917.

石宽,刘琪璟,李法玲,等,2014. 大气校正对九连山植被覆盖度遥感估算的影响[J]. 广东农业科学,41(9):198-202+2.

石宽. 江西九连山自然保护区植被覆盖动态遥感监测[D]. 北京:北京林业大学, 2014.

时建民,石绍山,江山,等,2016. 环形构造与地球化学异常相关性分析及其找矿意义[J]. 地质与资源,25(2):181-185.

宋彩英,2015. 基于 Landsat8 的地表温度像元分解算法研究[D]. 南京:南京大学.

孙浩越,2015. 青川断裂晚第四纪活动性及其对区域构造运动模式的约束[D]. 北京:中国地震局地质研究所.

孙萍萍,张茂省,贾俊,等,2022. 中国西部黄土区地质灾害调查研究进展[J]. 西北地质,55(3):96-107.

孙兴文,1996. 沉积学研究的兴盛[J]. 石油知识(5):16+36.

覃志豪,Zhang M H, Arnon K,等. 用陆地卫星 TM6 数据演算地表温度的单窗算法[J]. 地理学报, 2001, (4): 456-466.

谭宏婕,刘洪成,叶发旺,等,2023. 近红外-短波红外岩心光谱成像及矿物识别 [J]. 世界核地质科学, 40(2): 405-415.

唐哲民,陈方远,2007. 剪切指向转换的韧性剪切带——中国大陆科学钻探工程(CCSD)主孔中韧性剪切带(深度 2010~2145m)的 EBSD 特征及运动学研究[J]. 岩石学报(12):3309-3316.

田社权,2023. 遥感综合地质解译方法在中尼铁路勘察中的应用研究[J]. 现代地质,37(4):1054-1064.

王斌峰,2020. 新疆大哈拉军山铜金矿成矿模式初探[J]. 华北自然资源(2):58-60+63.

王长海,刘登忠,刘金龙,等,2012. 洞错混杂带内部结构及构造岩片组合特征[J]. 国土资源遥感(2):75-78.

王崇云,1986. 地球化学找矿基础[M]. 北京:地质出版社.

王初一,1984. 新疆天山艾肯达坂的防雪工程竣工[J]. 冰川冻土(1):24.

王登红,唐菊兴,应立娟,等,2011. 西藏甲玛矿区角岩特征及其对深部找矿的意义[J]. 岩石学报,27(7):2103-2108.

王登红，应立娟，唐菊兴，等，2011. 与角岩有关的矿床主要类型及其对深部找矿的意义[J]. 地球科学与环境学报，33(3)：221-229.

王斐斐，赵民，李涛，等，2020. 隐伏区活动断层遥感地质解译研究：以新乡—商丘断裂南支为例[J]. 地震地磁观测与研究，41(4)：55-63.

王吉源，2022. 基于高光谱图像的矿物种类深度识别方法 [J]. 有色金属科学与工程，13(5)：114-119.

王健，2024. 基于 G218 线那巴公路智慧交通建设方案研究[J]. 中国交通信息化(S1)：72-74.

王俊锋，白宗亮，田琮，等，2014. GoogleEarth 在地质解译中的应用[J]. 新疆地质，32(1)：136-140.

王俊锋，韩立钦，过磊，等，2023. 新疆尼勒克 1812 年地震地质灾害遥感解译研究 [J]. 内陆地震，37(4)：334-345.

王康，2020. 基于多源多时相热红外遥感技术的丹东地热资源探测方法研究[D]. 长春：吉林大学.

王立临，2007. 中国天山艾肯达坂公路雪害研究[J]. 交通世界(建养·机械)(4)：58-61.

王梦蝶，唐菊兴，林彬，等，2023. 西藏甲玛 3000m 科学深钻矽卡岩矿物分带及地质意义[J]. 地质学报，97(6)：1956-1971.

王若飞，鄢发斌，张铁硬，等，2021. 崇州市地质灾害特点与发育规律[J]. 四川地质学报，41(S1)：113-121.

王树基. 天山夷平面上的晚新生代沉积及其环境变化[J]. 第四纪研究，1998，(2)：186.

王文文，朱亚胜，高丹，2020. 新疆西天山伊犁盆地南缘呼独克达坂组火山岩岩石地球化学特征研究[J]. 世界有色金属(8)：263-264.

王永文，2016. 新疆伊犁盆地南缘侏罗纪沉积构造特征及原型盆地性质[D]. 北京：中国地质大学(北京).

王中隆，1994. 中国天山艾肯达坂透风式下导风防雪工程[J]. 山地研究(4)：193-200.

王中隆，李长治，1995. 艾肯达坂风雪流形成机制及其治理[J]. 中国沙漠(2)：105-108.

魏车车，2021. 节理岩体尺寸效应 DEM 模拟分析及其多尺度计算方法[D]. 济南：山东大学.

魏丽，2019. 沉积岩岩性的遥感解译及应用[D]. 西安：西北大学.

魏荣誉，柴利娜，王念秦，等，2023. 石泉县公路崩塌灾害调查及防治技术探讨 [J]. 公路，68 (10)：325-328.

魏学利，陈宝成，李宾，等，2020. 地质灾害对旅游公路高质量发展的影响及适应性分析：以新疆独库公路为例 [J]. 中外公路，40 (S2)：279-284.

吴鹏，2018. 新疆公路风吹雪雪害数值模拟及防治技术研究[D]. 乌鲁木齐：新疆大学.

吴员，李玺，王刚，2023. 伊宁凹陷侏罗系含煤岩系层序地层及聚煤规律[J]. 山西煤炭，43(3)：100-103.

吴正义,2017.伊宁盆地中二叠统沉积相及控制因素分析[D].西安:西安石油大学.

席建锋,2007.公路风吹雪雪害形成机理及预测研究[D].长春:吉林大学.

席建锋,李江,张霞,2005.公路风吹雪积雪深预测模型研究[C]//国务院学位委员会,教育部学位管理与研究生教育司.可持续发展的中国交通——2005全国博士生学术论坛(交通运输工程学科)论文集(下册).吉林大学交通学院;吉林大学交通学院;吉林大学交通学院.

肖冬生,王柏然,姚宗森,等,2023.吐哈盆地丘东洼陷三工河组致密砂岩油气成藏过程分析[J/OL].天然气地球科学:1-20[2023-11-02].http://kns.cnki.net/kcms/detail/62.1177.TE.20231024.1127.004.html.

肖克炎,樊铭静,孙莉,等,2023.矿床成矿系列综合信息预测理论方法及其应用[J].地球学报(3):1-12.

肖鹏,2022.甘孜-玉树断裂带当江段晚第四纪构造变形与地貌响应研究[D].三河:防灾科技学院.

徐贵青,魏文寿,2004.天山西部中山带在气候变化中的启示:以天山积雪雪崩站为例[J].干旱区资源与环境(4):19-22.

徐继山,董培杰,2022.认识我国的构造分区[J].科学24小时(5):9-13.

徐龙军,彭龙强,谢礼立,2023. 地震断层形态研究综述[J]. 世界地震工程,39(1):28-37.

徐娜,2020.基于StreetFactory的实景三维模型编辑方案研究[J].测绘与空间地理信息,43(7):142-144.

徐岳仁,2013.山西霍山山前断裂带晚第四纪活动特征研究[D].北京:中国地震局地质研究所.

杨宝林,张国丽,2015. 改进的光谱角法在Landsat-8 OLI影像土地利用分类中的应用[J]. 航天返回与遥感,36(6):80-86.

杨大学,2023.基于GIS的杭州市富阳区地质灾害风险评价[D].合肥:安徽理工大学.

杨光华,郭永峰,张炳社,等.新疆1∶5万其立幅(L44E023024、L44E024024、K44E001024、K44E002024、K45E001001、K45E002001)等六幅区域地质矿产调查1/5万区域地质调查报告[R].西安:西安地质矿产勘查开发院,2017.

杨婷婷. 基于遥感综合分析的灾害地质研究[D]. 北京:中国地质大学(北京),2020.

杨源源,高战武,徐伟,2012.华山山前断裂中段晚第四纪活动的地貌表现及响应[J].震灾防御技术,7(4):335-347.

姚生海,黄伟,姜文亮,等,2014.大柴旦-托素湖断裂带遥感解译及其晚更新世活动特征研究[J].地震研究,37(S1):55-60.

叶思远,2021.旋翼无人机倾斜摄影测量技术在三维实景建模中的应用[J].测绘与空间地理信息,44(1):222-224.

仪政,2022.侏罗系砂泥岩互层岩质边坡渐进破坏机制研究[D].宜昌:三峡大学.

尹光华,蒋靖祥,吴国栋. 1812年尼勒克地震的宏观震中位置研究[J]. 内陆地震,2009,23(4):424-429.

云金表,宁飞,宋海明,2019.新疆南部皮山北环形构造:古陨石撞击的记录[J].地质论评,65(1):16-25.

张保平,张玉明,2007.遥感蚀变信息提取方法在西天山班禅沟一带铜、铁矿找矿中的应用[J].矿产与地质(1):90-93.

张兵,袁永江,徐海山,1997.库松木切克组与呼独克达坂组的地球化学特征及划分对比[J].新疆地质(1):28-33.

张博,2006.天山公路地质灾害发育分布特征及防治对策研究[D].成都:成都理工大学.

张川,叶发旺,童勤龙,等,2023.内蒙古本巴图铀资源勘查远景区航空高光谱数据不同大气校正方法评价及应用[J].铀矿地质,39(1):101-109.

张迪,李家存,吴中海,等,2021. 利用地面 LiDAR 精细化测量活断层微地貌形态:以毛垭坝断裂禾尼处断层崖为例 [J]. 地质力学学报,27 (1): 63-72.

张军,杨军义,申静,2021.无人机倾斜摄影测量冗余影像预处理技术研究及应用程序开发[J].矿山测量,49(4):50-54.

张俊,范云松,方强,等,2017.基于 3D GIS 的智慧天府新区解决方案[J].城市勘测(6):23-25.

张俊峰,2008.天山公路地质灾害危险性评价与决策支持系统设计与实现[D].成都:成都理工大学.

张天继,李永军,王晓刚,等,2006.西天山伊什基里克山一带东图津河组的确立[J].新疆地质(1):13-15+99.

张天意,刘杰,杨治纬,等,2023.基于空-地协同调查的西天山阿尔先沟雪崩过程数值模拟[J].干旱区研究,40(11):1729-1743.

张婷,2015.新疆天山公路地质灾害危险性评价研究[D].重庆:重庆交通大学.

张文彤,邝春伟,2011.SPSS 统计分析基础教程[M].北京:高等教育出版社.

张旭,2019.泥石流启动机理研究及危险性评价[D].成都:西南交通大学.

张雪锋,2015.桂北四堡韧性剪切带研究[D].北京:中国地质大学(北京).

张雪莹,2023.中国天山地形复杂度及其空间分异研究[D].石河子:石河子大学.

张宜伟,2023.金沙江上游苏哇龙-奔子栏河段滑坡-堵江灾害评价[D].长春:吉林大学.

张玉君,曾朝铭,陈薇,2003.ETM+(TM)蚀变遥感异常提取方法研究与应用:方法选择和技术流程[J].国土资源遥感,56(2):44-49.

张昭,陈川,李云鹏. 多源遥感数据在新疆卡拉麦里地区岩矿识别中的应用[J]. 地质论评, 2022, 68 (6): 2365-2380.

张昭,邱兆泰,田锦瑞,等. 基于地震多属性技术解释煤层冲刷变薄[J]. 中国煤炭地质, 2022, 34 (11): 63-68.

张昭,张大明,殷全增,等.“物探+遥感”技术在矿山生态修复中的应用——以邢台园博园为例[J]. 地质与资源, 2022, 31 (6): 798-803+810.

张子鸣,2012.多层次遥感地质解译体系研究[D].北京:中国地质大学(北京).

张子鸣. 多层次遥感地质解译体系研究[D]. 北京:中国地质大学(北京), 2012.

赵尚民,2008.基于遥感和 DEM 的青藏高原数字冰缘地貌提取方法研究[D].太原:太原理工大学.

赵桐远,解玄,刘银,等,2023.基于数字近景摄影测量的隧道围岩结构面产状自动提取方法研究[J].武汉大学学报(工学版),56(7):885-893.

郑明,宋扬,唐菊兴,等,2022.青藏高原高海拔—难进入地区无人机地质调查试验研究与应用展望[J].地质论评,68(4):1423-1438.

郑盼,2018.基于 Smart 3D 软件的无人机倾斜摄影三维建模及精度评价[D].成都:成都理工大学.

钟启明,陈小康,梅胜尧,等,2022.滑坡堰塞湖溃决风险与过程研究进展[J].水科学进展,33(4):659-670.

周存忠,1991.地震词典[M].上海:上海辞书出版社.

周福军,2021.高原复杂山区铁路无人机倾斜摄影勘察技术应用研究[J].铁道标准设计,65(6):1-5.

周林辉,2022.无人机三维建模在地质调查中的应用研究[J].工程勘察,50(6):57-62.

周留煜,2024.我国西部某地区冲沟型泥石流特征及防治研究[J].建筑技术开发,51(7):123-125.

周政一,1998.《亚洲中部山地夷平面研究:以天山山系为例》简评[J].干旱区地理(4):8.

朱第植,耿亚星.航空遥感技术在研究坝派泉水来源中的应用[J].煤田地质与勘探,1980,(6):39-43.

朱鹏先,项巧敏.空间直线与平面的交点[J].数学学习与研究,2021,(13):149-150.

朱志澄,曾佐勋,樊光明,2008.构造地质学[M].武汉:中国地质大学出版社.

卓宝熙.工程地质遥感判译与应用(第二版)[M].北京:中国铁道出版社,2011.